中級財務會計

胡世強 等 主編

（第二版）

崧燁文化

前　言

「財務會計」課程是會計學專業核心課程，其內容是從事會計職業必備的專業知識和基本技能。從會計理論研究和高等會計教育規律出發，財務會計應當分三個層次進行研究和教學：

第一層次，會計學原理（初級財務會計），是財務會計的入門課程，主要研究會計的基本理論、基本方法和基本技能，以及憑證、帳簿和報表的會計核算技能、程序與方法。

第二層次，中級財務會計，主要圍繞通用的財務報表的組成要素及編製展開，研究一般企業共有的經濟業務及事項的會計確認、計量、記錄及報告。

第三層次，高級財務會計，主要研究中級財務會計沒有涵蓋的其他經濟業務及事項以及今後可能發生的新的經濟業務或事項的會計確認、計量、記錄及報告。

我們以培養應用型會計人才目標為出發點，根據中級財務會計課程在應用型大學會計學專業課程體系中的地位，依據最新的企業會計準則、收、金融、財政等政策規範以及國際財務報告準則等國際會計規範，借鑒國內外財務會計理論研究的新成果和新經驗，在緊密結合企業會計實務的基礎上確定了本教材的基本框架和具體內容，並全面、系統地闡述了中級財務會計的基本理論、基本知識和基本技能。

本教材的編寫既遵循財務會計課程教學的客觀規律，又符合最新《企業會計準則》的規範要求，並在結構上做了一些新的嘗試。

本教材分為5篇17章，較為系統和完整地介紹了財務會計核算的理論、方法、程序和核算技能。第一篇是財務會計基本理論篇，介紹財務會計的基本理論和方法；第二篇是資產核算篇，分8章介紹企業資產的會計核算方法；第三篇是權益核算篇，分兩章介紹負債和所有者權益的會計核算方法；第四篇是損益核算篇，分兩章介紹企業的收入、費用和利潤的會計核算方法；第五篇是財務報表篇，分4章介紹企業財務報

表及相關業務的會計處理方法。

由於編者水準有限，書中難免有疏漏和不足之處，懇請廣大讀者批評、指正。

胡世強

目 錄

第一篇 財務會計基本理論篇

第一章 總論 (3)
第一節 財務會計的內涵 (3)
第二節 財務會計的理論框架 (5)
第三節 財務會計的職能與方法 (20)
第四節 企業會計準則體系 (23)
復習思考題 (25)

第二篇 資產核算篇

第二章 貨幣資金核算 (29)
第一節 貨幣資金的內容 (29)
第二節 庫存現金 (31)
第三節 銀行存款 (35)
第四節 其他貨幣資金 (43)
復習思考題 (46)

第三章 應收及預付款核算 (47)
第一節 應收帳款 (47)
第二節 應收票據 (49)
第三節 預付帳款 (51)
第四節 其他應收款 (52)
復習思考題 (53)

第四章 存貨核算 (54)
第一節 存貨的內涵及確認 (54)
第二節 存貨的初始計量 (55)
第三節 存貨的核算方法 (57)
第四節 原材料 (62)

第五節　周轉材料 ……………………………………………………… (71)
　　第六節　委託加工物資 …………………………………………………… (77)
　　第七節　存貨的期末計量 ………………………………………………… (79)
　　第八節　存貨的清查 ……………………………………………………… (84)
　　復習思考題 ………………………………………………………………… (87)

第五章　非貨幣性金融資產核算 ……………………………………………… (88)
　　第一節　金融資產的內涵及分類 ………………………………………… (88)
　　第二節　交易性金融資產 ………………………………………………… (89)
　　第三節　可供出售金融資產 ……………………………………………… (91)
　　第四節　持有至到期投資 ………………………………………………… (94)
　　第五節　金融資產減值 …………………………………………………… (99)
　　復習思考題 ………………………………………………………………… (104)

第六章　長期股權投資核算 …………………………………………………… (105)
　　第一節　長期股權投資的內涵 …………………………………………… (105)
　　第二節　長期股權投資的初始計量 ……………………………………… (106)
　　第三節　長期股權投資的後續計量 ……………………………………… (112)
　　第四節　長期股權投資的減值與處置 …………………………………… (118)
　　復習思考題 ………………………………………………………………… (120)

第七章　固定資產核算 ………………………………………………………… (121)
　　第一節　固定資產的確認及帳戶設置 …………………………………… (121)
　　第二節　固定資產的初始計量 …………………………………………… (124)
　　第三節　固定資產的後續計量 …………………………………………… (134)
　　第四節　固定資產的處置 ………………………………………………… (142)
　　復習思考題 ………………………………………………………………… (144)

第八章　無形資產核算 ………………………………………………………… (145)
　　第一節　無形資產的確認及帳戶設置 …………………………………… (145)
　　第二節　無形資產的初始計量 …………………………………………… (148)
　　第三節　無形資產的後續計量 …………………………………………… (153)
　　第四節　無形資產的處置 ………………………………………………… (156)
　　復習思考題 ………………………………………………………………… (157)

第九章　資產減值核算 ……………………………………………… (158)
第一節　資產減值的內涵 …………………………………………… (158)
第二節　資產可收回金額的計量 …………………………………… (160)
第三節　資產減值損失的確認與計量 ……………………………… (165)
第四節　資產組的認定及減值處理 ………………………………… (166)
第五節　商譽減值的處理 …………………………………………… (170)
復習思考題 …………………………………………………………… (171)

第三篇　權益核算篇

第十章　負債核算 …………………………………………………… (175)
第一節　應付及預收款項 …………………………………………… (175)
第二節　應付職工薪酬 ……………………………………………… (180)
第三節　應交稅費 …………………………………………………… (186)
第四節　借款 ………………………………………………………… (197)
第五節　應付債券 …………………………………………………… (199)
第六節　長期應付款 ………………………………………………… (204)
復習思考題 …………………………………………………………… (204)

第十一章　所有者權益核算 ………………………………………… (205)
第一節　所有者權益的內容 ………………………………………… (205)
第二節　實收資本 …………………………………………………… (206)
第三節　資本公積和其他綜合收益 ………………………………… (210)
第四節　留存收益 …………………………………………………… (212)
復習思考題 …………………………………………………………… (214)

第四篇　損益核算篇

第十二章　收入、費用核算 ………………………………………… (217)
第一節　收入的含義及帳戶設置 …………………………………… (217)
第二節　商品銷售收入 ……………………………………………… (219)
第三節　提供勞務收入 ……………………………………………… (231)
第四節　讓渡資產使用權收入 ……………………………………… (234)

第五節　費用 …………………………………………………………（235）
　　復習思考題 ……………………………………………………………（238）

第十三章　利潤核算 …………………………………………………（239）
　　第一節　利潤形成 ……………………………………………………（239）
　　第二節　利潤分配 ……………………………………………………（243）
　　復習思考題 ……………………………………………………………（246）

第五篇　財務報表篇

第十四章　財務報表概論 ……………………………………………（249）
　　第一節　財務報表的意義及分類 ……………………………………（249）
　　第二節　財務報表列報基本要求 ……………………………………（250）
　　第三節　財務報表附注 ………………………………………………（252）
　　復習思考題 ……………………………………………………………（254）

第十五章　資產負債表 ………………………………………………（255）
　　第一節　資產負債表的概念與格式 …………………………………（255）
　　第二節　資產負債表的填列方法 ……………………………………（256）
　　第三節　資產負債表編製實例 ………………………………………（257）
　　復習思考題 ……………………………………………………………（267）

第十六章　利潤表和所有者權益變動表 ……………………………（268）
　　第一節　利潤表 ………………………………………………………（268）
　　第二節　所有者權益變動表 …………………………………………（279）
　　復習思考題 ……………………………………………………………（281）

第十七章　現金流量表 ………………………………………………（282）
　　第一節　現金流量表的概念及編製基礎 ……………………………（282）
　　第二節　現金流量表的編製方法及程序 ……………………………（284）
　　第三節　現金流量表的填列方法 ……………………………………（285）
　　第四節　現金流量表編製實務 ………………………………………（295）
　　復習思考題 ……………………………………………………………（303）

第一篇
財務會計基本理論篇

● 總 論
○ 財務會計的內涵
○ 財務會計的理論框架
○ 財務會計的職能與方法
○ 企業會計準則體系

第一章　總論

第一節　財務會計的內涵

一、財務會計的整體含義及層次

1. 會計的定義

會計（Accounting）是以貨幣作為統一的計量尺度，運用一整套專門的方法，遵循會計準則，對會計主體的經濟活動進行全面、系統、連續、綜合的核算和監督，為各種會計信息使用者提供有用的經濟信息，並參與相關經濟決策的一種經濟管理活動。

2. 現代會計兩大分支

（1）財務會計（Financial Accounting）是以公認的會計準則為準繩，運用會計核算的基本原理，主要是對會計主體已經發生的經濟業務，採用一套公認、規範的確認、計量、記錄和報告的會計處理程序和方法，通過一套通用的、標準的財務報表，定期為財務會計信息使用者，特別是企業的外部使用者提供真實、公正、客觀的財務會計信息的會計信息系統。所以，財務會計又稱為對外報告會計（外部會計）。

（2）管理會計（Management Accounting）是以現代管理科學為理論基礎，從傳統會計中分離出來並具有會計特徵，採用一系列特定的技術和專門方法，利用財務會計提供的資料及其他信息，對會計主體的經濟活動進行規劃和控制的會計信息系統。

3. 財務會計的層次

從企業會計實務看，財務會計涵蓋了企業所有的經濟活動或事項，既包括大多數企業共有的經濟業務或事項，也包括企業發生的特殊、不常見經濟業務或事項；也涉及特殊企業（行業）的經濟業務或事項。

但從會計理論研究和高等會計教育規律出發，財務會計應當分為三個層次進行研究和教學：

第一層次，會計學原理（初級財務會計），是財務會計的入門課程，主要研究會計的基本理論、基本方法和基本技能，從憑證、帳簿到報表的會計核算技能程序與方法。

第二層次，中級財務會計，主要圍繞通用的財務報表的組成要素及編製展開，研究一般企業共有的經濟業務及事項的會計確認、計量、記錄及報告。

第三層次，高級財務會計，主要研究中級財務會計沒有涵蓋的其他經濟業務及事項以及今後可能發生的新的經濟業務或事項的會計確認、計量、記錄及報告。

二、財務會計的特徵

1. 財務會計的一般特徵

財務會計是現代會計的一個重要分支，所以具有會計的一般特徵。

(1) 貨幣為統一計量單位。財務會計是一種價值管理活動，它以貨幣為統一計量單位，對會計主體的經濟活動從價值量方面進行核算和監督。人們可以用實物量、勞動量和貨幣量三種量度對會計主體的經濟活動加以反應，但是企業及其他會計主體的經濟活動過程實質上都是其資金運動過程，勞動量度和實物量度都無法綜合反應該會計主體的經濟活動總的情況，最終都必須換算成貨幣單位予以計量。所以，會計是利用貨幣作為統一的量度單位，從價值量上對會計主體的經濟活動進行核算和監督。

(2) 全面性、連續性、系統性和綜合性。全面性是指財務會計對會計主體所有的對象都要進行確認、計量、記錄和報告，完整地、充分地揭示出經濟業務的來龍去脈，不允許任意取舍，不能遺漏；連續性是指會計核算中不能發生中斷，即要求對經濟活動過程中發生的具體事項按照發生的時間順序，從始至終如實地加以反應，不允許有任何間斷；系統性是指會計信息的取得、加工、整理、匯總和提供是科學有序的一個整體；貨幣計量則保證了會計信息的綜合性。

(3) 方法的科學性和特殊性。財務會計有一整套科學的專門的方法，這些方法組成了一個有機的、科學的方法體系。這是從長期會計實踐中總結出來的，特別是財務會計核算的方法具有特殊性，是其他經濟管理方法不能替代的，也是其他經濟管理方式所不用或者極少使用的。

2. 財務會計的顯著特徵

財務會計與管理會計具有明顯的區別，這些區別構成財務會計的顯著特徵。

(1) 財務會計目標的外部性。財務會計的目標主要是為外部會計信息使用者提供財務會計信息，並通過定期編製和披露《企業會計準則》統一規範的財務報表來實現。所以，財務會計必須定期編製並在規定時間內披露資產負債表、利潤表、現金流量表、所有者權益變動表以及附注，來滿足外部信息所有者的不同需要。因此財務會計又稱為外部會計（External Accounting）。

管理會計的目標主要為企業內部各級各類階層和人員提供及時的管理會計信息。管理會計主要通過規劃、控制方法，對財務會計提供的資料及其他資料進行加工、整理、編製內部報表，協助管理當局做出各種專門決策。所以，管理會計又稱為內部會計（Internal Accounting）。

(2) 財務會計主體的整體性。財務會計是以整個企業為會計主體，為之服務，對外提供企業整體的會計信息，而不是局部或部分信息；而管理會計則側重於局部，以項目、部門、分支機構或責任中心為會計主體，對內提供這些局部和匯總的企業信息，為其決策服務。

(3) 財務會計核算方法的特殊性。財務會計繼承了傳統會計的復式記帳法，並廣泛採用先進的借貸記帳法作為財務會計核算的唯一記帳方法，財務會計主要以貨幣為計量單位，運用其特有的核算方法進行事後核算；而管理會計以貨幣、業務量、實務

量等為計量單位，運用統計和數學方法以及電子計算機技術，採用作圖、列表、求解經濟模型等方式，開展定量與定性分析，事前進行預測與決策，事中進行控制。

（4）財務會計核算程序的固定性。財務會計必須按憑證—帳簿—報表核算的固定核算程序進行會計處理；而管理會計一般只服從於管理人員的需要和按照行為科學、決策論、控制論、數學公式的要求進行。

（5）財務會計基礎的固定性。財務會計必須以權責發生制為基礎進行會計確認、計量、紀錄和報告，這是《企業會計準則》對財務會計基礎的規範；管理會計在其規劃、控制中，主要遵循管理原理，可以不遵循權責發生制基礎。所以，權責發生制基礎是財務會計區別於管理會計的顯著特徵之一。

第二節　財務會計的理論框架

根據中國《企業會計準則——基本準則》的規範，中國構建的是以會計目標、會計假設、財務報表構成要素、會計信息質量特徵、會計確認、會計計量為核心的財務會計理論框架結構。

一、財務會計的目標

在市場經濟條件下，財務會計的最終目標是促進會計主體（企業）的經濟效益的不斷提高；具體的會計目標就是向財務報表使用者提供與企業財務狀況、經營成果和現金流量等有關的會計信息，反應企業管理層受託責任的履行情況，有助於財務會計報告使用者做出經濟決策。其具體表現在四個方面：

1. 為國家進行宏觀調控提供會計信息

在現代市場經濟條件下，國家仍然是社會經濟生活的組織者和管理者，具有宏觀調控的職能。國家通過政府有關部門運用經濟手段對國民經濟實行宏觀調控，這種調控所需經濟信息的一個主要來源就是各會計主體所提供的財務會計信息。所以，財務會計提供符合國家宏觀管理要求的財務會計信息，是財務會計的目標之一。

2. 為企業外部信息使用者提供會計信息

在市場經濟條件下，企業是一個獨立的利益實體，在從事生產經營活動時，必然與外界發生各種經濟往來，從而形成企業外部的各種利益集團，比如，企業的投資者、各種債權人、企業的材料供應商和產品經銷商等。尤其在現代企業制度建立和發展的今天，股份公司的大量湧現，這種外部利益集團與個人更趨於復雜化、明確化。如持有公司股票的股東，準備進入股票市場的潛在投資者、國家的有關部門（財政、稅收、審計、國資等部門）、商業銀行和其他金融機構、證券交易所、注冊會計師等，他們出於對各自利益的考慮，都非常關心公司的經營狀況和財務情況，他們是會計信息的主要使用者。所以，財務會計的目標之二就是向他們提供可靠的會計信息，幫助其了解企業的經營成果、財務狀況及其變動情況，以便做出正確的經濟決策。

3. 為企業內部管理者提供會計信息

在市場經濟條件下，企業是法人，是自主經營、自我約束、自我發展、自負盈虧的生產者和經營者。為了保證企業資本的保值與增值，增強企業的市場競爭能力，實現企業價值最大化，必須加強內部管理，進行科學決策。這樣企業的管理當局和各級責任人、公司股東大會或職工代表大會與工會組織、廣大的職工等，都需要利用財務會計信息進行各種經營決策、理財決策和投資決策；利用會計信息來加強企業內部各部門、各環節的管理與控制；利用會計信息來維護廣大職工的利益。所以，財務會計的目標之三就是向企業內部信息使用者提供可靠的會計信息。

4. 反應企業管理層受託責任的履行情況

在經營權和所有權分離的現代企業制度中，企業管理層是接受委託人（投資者和債權人）的委託經營管理企業及其各項資產，負有受託責任，即企業管理層所經營管理的企業各項資產基本上均為投資者投入的資本（或留存收益作為再投資）或者向債權人借入的資金所形成的，企業管理層不僅有責任確保這些資產的安全完整，而且還有責任高效運用這些資產，使其不斷增值，為委託人新創價值。所以企業的投資者和債權人等委託人也需要及時或者經常性地了解企業管理層保管和使用資產的情況，以便客觀地評價企業管理層的履行責任和經營業績情況，並決定是否需要調整投資或者信貸政策，是否需要加強企業內部控制和其他制度建設，是否需要更換管理層等。因此財務會計的目標之四就是反應企業管理層受託責任的履行情況，以便外部投資者和債權人等評價企業的經營管理責任和資源使用的有效性。

二、財務會計基礎

要實現財務會計的目標，發揮財務會計的職能，財務會計核算必須具備基本的條件，即建立在一定的會計基礎上。在具體的會計實務中，有兩個會計基礎，一是權責發生制，二是收付實現制。前者是企業的會計基礎，後者是非營利性單位的會計基礎。

1. 權責發生制

《企業會計準則——基本準則》第九條規定：企業應當以權責發生制為基礎進行會計確認、計量和報告。這是中國對企業會計基礎的制度規範。

權責發生制又稱應收應付制，它是以收入和費用是否已經發生為標準來確認本期收入和費用的一種會計基礎。權責發生制要求：凡是當期已經實現的收入和已經發生或應當負擔的費用，不論款項是否收付，都應當作為當期的收入和費用計入利潤表；凡是不屬於當期的收入和費用，即使款項已在當期收付，也不應當作為當期的收入和費用。

權責發生制是與收付實現制相對的一種確認和記帳基礎，是從時間選擇上確定的基礎，其核心是根據權責關係的實際發生和影響期間來確認企業的收入和費用。建立在該基礎上的會計模式可以正確地將收入與費用相配比，正確地計算企業的經營成果。

在企業交易或者事項的發生時間與相關貨幣收支時間有時並不完全一致。例如，款項已經收到，但銷售並未實現；或者款項已經支付，但並不為本期生產經營活動而發生的。為了更加真實、公允地反應特定會計期間的財務狀況和經營成果，會計準則

明確規定，企業在會計確認、計量、記錄和報告中應當採用權責發生制為基礎。

2. 收付實現制

收付實現制是與權責發生制相對應的一種確認和記帳基礎，也稱現金制或現收現付制，它是以收到或支付現金作為確認收入和費用的依據的一種方法。其主要內容是：凡是在本期收到的款項和支付的費用，不論是否屬於本期，都應當作為本期的收入和費用處理，而對於應收、應付、預收、預付等款項均不予確認。目前，中國的行政單位會計採用收付實現制；事業單位除經營業務採用權責發生制外，其他業務都採用收付實現制。

企業會計核算應當以權責發生制為基礎，要求企業日常的會計帳務處理必須以權責發生制為基礎進行，因此主要會計報表如資產負債表、利潤表、股東權益變動表等都必須以權責發生制為基礎來編製和披露；但是現金流量表的編製基礎卻是收付實現制，必須按照收付實現制來確認現金要素和現金流量。

三、財務會計的基本假設

財務會計的基本假設又稱基本前提，是指財務會計存在、運行和發展的基本假定，是進行財務會計工作的基本前提條件。它是對會計核算的合理設定，是人們對財務會計實踐進行長期認識和分析後所作出的合乎理性的判斷和推論。會計要在一定的前提條件下才能確認、計量、記錄和報告會計信息。中國的《企業會計準則——基本準則》明確了四個基本假設，即會計主體、持續經營、會計分期和貨幣計量。

1. 會計主體假設

會計主體是指財務會計為之服務的特定單位，它不一定是法人，只要具有相對獨立的經濟業務的單位都可以成為會計主體。一般而言，企業、事業、機關、社會團體都是會計主體，但典型的會計主體仍然是公司、企業。

《企業會計準則——基本準則》第五條規定：企業應當對其本身發生的交易或者事項進行會計確認、計量和報告。這是中國對會計主體假設的制度規範。

會計主體假設是指每個企業的經濟業務必須同它的所有者及其他組織和企業（其他主體）分開。換句話講，會計所反應的是一個特定主體的經濟業務，而不是所有者個人或其他主體的經濟活動。會計主體假設的設定，明確了會計服務的對象和會計核算的範圍，即會計核算必須嚴格限定在經濟相對獨立的特定單位，會計核算應當以會計主體發生的各項交易或事項為對象，記錄和反應會計主體本身的各項經營活動，這為會計人員在日常的會計核算中對各項交易或事項做出正確判斷、對會計處理方法和會計處理程序做出正確選擇提供了依據。只有這樣，會計主體的財務狀況和經營成果才能獨立地反應出來，並區別於其他特定的單位，從而為該會計主體有關的單位和個人提供有價值的會計信息，滿足其需要。本書主要是以企業為會計主體編寫的，所以，下面的內容中將主要介紹企業會計核算的基本原理和方法。

2. 持續經營假設

《企業會計準則——基本準則》第六條規定：企業會計確認、計量和報告應當以持續經營為前提。這是中國對持續經營假設的制度規範。

持續經營假設是指會計主體在可預見的未來時期將按照它既定的目標持續不斷地經營下去，企業不會面臨破產、清算；會計核算應當以企業持續、正常的生產經營活動為前提。該假設對企業會計方法的選擇奠定了基礎，主要表現在以下四個方面：

一是企業對資產以其取得時的歷史成本計價，而不是按其破產、清算的現行市價計價；

二是對固定資產折舊、無形資產攤銷問題，均是按假定的折舊年限或者攤銷年限合理地處理；

三是企業償債能力的評價與分析也是基於企業在會計報告期後能夠持續經營為前提；

四是由於考慮了持續經營假設，企業會計核算才選擇了權責發生制為基礎進行會計確認、計量、記錄和報告。

如果說會計主體假設為會計活動規定了空間範圍，那麼持續經營假設則為會計的正常活動做出了時間上的規定。

3. 會計分期假設

會計分期假設是指在會計主體持續經營的基礎上，人為地將持續經營活動時間劃分為若干階段，每個階段作為一個會計期間。《企業會計準則——基本準則》第七條明確規定：企業的會計核算應當劃分會計期間，分期結算帳目和編製財務會計報告。會計期間分為年度和中期。中期是指短於一個完整的會計年度的報告期間，包括半年度、季度和月度。年度、半年度、季度和月度均按公曆起訖日期確定，比如從1月1日起至12月31日，稱為一個會計年度。半年度、季度和月度均稱為會計中期。通常意義上所稱的期末，是指月末、季末、半年末和年末。

會計分期使得企業每一個會計期間的收入、成本費用和利潤都得到了確認，並形成各個會計期間的各種財務報表，從而及時、定期地向企業內部和外部的相關單位及個人提供有效的會計信息。

由於有了會計分期假設，為了分清各個會計期間的經營業績和經營責任，在會計上就需要運用「應計」「遞延」「分配」「預計」「計提」「攤銷」等特殊程序來處理一些應付費用、預收收入、預付費用和折舊、攤銷等事項。這樣就把企業的會計核算建立在權責發生制的基礎上了。

4. 貨幣計量假設

《企業會計準則——基本準則》第八條規定：企業會計應當以貨幣計量。這是中國對貨幣計量假設的制度規範。

貨幣計量假設是指對所有會計核算的對象都採用同一種貨幣作為共同的計量尺度，把企業的經營活動和財務成果的數據轉化為按統一貨幣單位反應的信息。之所以在會計的確認、計量、記錄和報告中選擇貨幣為基礎進行計量尺度，是由貨幣本身屬性決定的。

貨幣是商品的一般等價物，是衡量一般商品價值的共同尺度，具有價值尺度、流通手段、貯藏手段和支付手段等特點。其他計量單位，如重量、長度、容積、臺、件、個等，只能從一個側面反應企業的生產經營情況，無法在量上面進行匯總和比較，不

便於會計計量和經營管理。只有選擇貨幣尺度進行計量，才能充分反應企業的生產經營情況。

貨幣計量假設包含了四層含義：

第一，會計所計量和反應的，只能是企業能夠用貨幣計量的方面，而不能記錄和傳遞其他的非貨幣信息。

第二，不同形態的資產都需要用貨幣作為統一的計量單位，才能據以進行會計處理，揭示企業的財務狀況。

第三，在存在多種貨幣間的交易或者存在境內、外會計報表間的合併時，應當確定某一種貨幣作為記帳本位幣。記帳本位幣是指企業經營所處的主要經濟環境中的貨幣，並在會計核算中所採用的基本貨幣單位。

第四，貨幣計量單位在市場經濟條件下，是借助於價格來完成的，在會計處理中使用的價格，可以是市場交易中的市價，也可以是評估價、協商價以及內部價格。

貨幣計量假設也有一個限制因素即貨幣自身作為計量單位的局限性，因為貨幣本身的「量度」是受貨幣購買力影響的，而貨幣的購買力是隨時變化的，因此，貨幣計量假設必須還有一個附帶假設，即幣值穩定假設。只有假設貨幣本身或它的購買力穩定，才能保證貨幣計量的適用性。當出現持續的通貨膨脹情況下，這一假設也就失去了真實性和可比性。

上述四個會計核算的基本前提的作用各有不同，但他們相互聯系，相互影響，結合起來共同對企業的會計核算進行規範。會計主體確定了會計核算的範圍，持續經營解決了資產的計價和費用的分配，會計分期把會計記錄定期總結為會計報表，以人民幣作為統一的計量尺度，確定了記帳本位幣，為會計核算的整體結構奠定了基礎。

四、會計信息質量要求

會計信息質量要求是對企業財務會計報告所提供的會計信息質量的基本要求，也是這些會計信息對投資者等會計信息使用者決策有用應當具備的基本質量特徵。根據會計基本準則的規定，企業會計信息質量要求包括可靠性、相關性、可理解性、可比性、實質重於形式、重要性、謹慎性和及時性等八個方面。

1. 可靠性

可靠性是指企業應當以實際發生的交易或者事項為依據進行會計確認、計量和報告，如實反應符合確認和計量要求的各項會計要素及其他相關信息，保證會計信息真實可靠，內容完整。企業的會計核算應當以實際發生的交易或事項為依據，如實反應其財務狀況、經營成果和現金流量。該原則包括真實性、中立性和可驗證性三個方面，是對企業會計核算工作的會計信息的基本質量要求。

（1）真實性是指會計確認、計量、記錄必須以企業實際發生的交易或事項即客觀事實為依據，有真憑實據，並將符合會計要素定義及其確認條件的資產、負債、所有者權益、收入、費用、利潤等如實地反應到財務報表之中，不得根據虛構的、沒有發生的或者尚未發生的交易或事項進行確認、計量、記錄和報告。

真實性的保證首先依賴於會計人員實事求是的工作態度，企業的所有會計記錄和

會計報表的編製都不能弄虛作假、歪曲事實；其次，會計資料要有可靠的反應實際情況的原始憑證；最後，選用正確的計量方法也是保證會計信息真實性的重要條件。

(2) 中立性又稱「超然性」，是指會計人員在處理會計事項時應持公正立場，客觀、公正、不偏不倚。會計人員在會計方法和會計程序的選擇上應當不偏不倚，不帶主觀傾向性，因而在會計計量和會計報告時不受主觀意志左右而偏向於個別使用者的需要，特別是不能根據管理當局或者其他利益集團的意願行事，避免使其他會計信息使用者產生誤解。

(3) 可驗證性是指會計數據和會計記錄具有可驗證的證據，從填製記帳憑證、登記帳簿到編製會計報表等過程都要有可靠的原始依據，從而保證會計核算中的帳證、帳帳、帳表與帳實之間的一致性。

2. 相關性

相關性是指企業提供的會計信息應當與會計信息使用者的經濟決策需要相關，有助於會計信息使用者對企業過去、現在或者未來的情況做出評價或者預測。

相關性是會計信息的生命力所在。因為，會計信息的價值在於是否有用，是否與使用者的決策需要有關，是否有助於使用者進行決策。任何一個會計信息使用者，都希望通過對有關會計信息的使用和分析做出相應的正確決策。如果企業提供的會計信息不能幫助他們進行正確的決策，就不具有相關性，會計信息乃至整個會計工作就失去了意義。

所以，企業提供的會計信息應當能夠滿足各種會計信息使用者了解企業財務狀況、經營成果和現金流量的需要，滿足企業加強內部經營管理的需要；有助於會計信息使用者了解和評價企業的過去的決策，證實或者修正過去的有關預測；並根據這些有用的會計信息預測企業的財務情況、經營成果和現金流量情況。

在會計核算中堅持該相關性，就是要求企業在確認、計量、記錄和報告會計信息過程中，充分考慮會計信息使用者的決策模式和信息需求。但是，相關性是以可行性為基礎的，即在會計信息可靠性的基礎上，盡可能做到相關性，以滿足各類會計信息使用者的決策需要。

3. 可理解性

可理解性又稱明晰性，是指企業提供的會計信息應當清晰明了，便於會計信息使用者理解和使用。

會計的目的就是向有關各方提供有用的會計信息，要實現該目標，就要求企業的會計信息清晰、完整地反應企業經濟活動的來龍去脈，會計信息要簡明扼要、通俗易懂，便於使用者正確地理解和加以利用。

在會計核算中堅持清晰性原則，就要求企業的會計記錄準確、清晰，填製會計憑證、登記會計帳簿必須做到依據合法、帳戶對應關係清楚、文字摘要完整；在編製會計報表時做到項目勾稽關係清楚完整、數據準確。

4. 可比性

可比性是指企業提供的會計信息應當具有可比性。其具體體現在以下兩個方面：

(1) 同一企業不同時期可比。為了便於會計信息使用者了解企業財務狀況、經營

成果和現金流量的變化趨勢，比較企業在不同時期的財務會計信息，全面、客觀地評價過去、預測未來，從而做出正確的決策，要求同一企業不同時期發生的相同或者相似的交易或者事項，應當採用一致的會計政策，不得隨意變更。

需要說明的是，並非為了滿足可比性要求就一定不得變更會計政策，如果按照規定或者在會計政策變更後能夠提高更為可靠、更為相關的會計信息，可以變更會計政策，但應當在附注中說明。

（2）不同企業相同會計期間可比。為了便於會計信息使用者評價不同企業的財務狀況、經營成果和現金流量的變動情況，要求不同企業發生的相同或者相似的交易或者事項，應當採用規定的會計政策、確保會計信息口徑一致、相互可比，以使得不同企業按照一致的確認、計量、記錄和報告要求提供有關的會計信息。

5. 實質重於形式

實質重於形式是指企業應當按照交易或者事項的經濟實質進行會計確認、計量和報告，不應僅以交易或者事項的法律形式為依據。

企業發生的交易或事項在多數情況下其經濟實質和法律形式是一致的，但在有些情況下也會出現不一致。例如，為了準確反應企業集團的會計信息，使得投資者等報表使用者了解企業集團的財務狀況、經營成果和現金流量情況，母公司將其子公司合起來編製的合併報表，該合併報表反應的企業集團的經濟實質內容，而沒有反應被合併公司的法律形式。母公司和子公司在法律上是兩個或多個獨立的法人實體，但母公司在編製合併報表時，是無視法律形式（兩個或多個獨立法人）的存在，而將母、子公司的個別報表合二為一（當然不是簡單的相加，而是按照會計準則的規範進行）。

6. 重要性

重要性是指在企業提供的會計信息應當反應與企業財務狀況、經營成果和現金流量等有關的所有重要交易或者事項。

會計信息質量重要性要求企業在會計核算過程中對交易或事項應當區別其重要程度，採用不同的核算方式，以及企業的財務會計報告在全面反應企業的財務狀況、經營成果的同時，對於足以影響會計信息做出正確決策的重要經濟業務，分別核算，單獨反應，並在財務會計報告中作重點說明。

企業在會計核算中，對資產、負債、損益等有較大影響，進而影響財務會計報告使用者據以做出合理判斷的重要會計事項，必須按照規定的會計方法和程序進行處理，並在財務會計報告中予以充分的披露；對於次要的會計事項，在不影響會計信息真實性和不至於誤導會計信息使用者做出正確判斷的前提下，可適當簡化處理。

7. 謹慎性

謹慎性又稱為穩健性，是指企業對交易或者事項進行會計確認、計量和報告時應當保持應有的謹慎，不應高估資產或者收益、低估負債或者費用。

在市場經濟條件下，採用謹慎性原則，有利於增強企業的競爭能力和應變能力，減少經營者的風險負擔。因為在市場經濟環境下，企業的生產經營活動面臨著許多風險和不確定因素，如應收帳款的可回收性、固定資產的使用年限、無形資產的使用年限、售出存貨可能發生的退貨或返修等。面對這些不確定性因素，企業在做出職業判

斷時，應當保持應有的謹慎，充分估計到各種風險和損失，既不高估資產或者收入，也不低估負債或者費用。

比如，當某項經濟業務存在多種不同處理方法時，應當選擇不會導致企業虛增資產或盈利的方法，即對收入、費用和損失的確認持謹慎和穩健的態度。企業在會計核算中，應當遵循謹慎性的要求，對於可能發生的損失和費用，應當加以合理估計，不得壓低負債或費用，也不得抬高資產或收益，更不得計提秘密準備。具體講，就是凡是可以預見的損失和費用均應予以確認，而對不確定的收入則不予確認。

會計實務中計提資產減值準備，採用加速折舊法計提固定資產折舊，確認預計負債等都是謹慎性要求的具體體現。

但謹慎性的應用，絕不允許企業計提秘密準備，如果企業故意低估資產或者收入，或高估負債或者費用，將不符合會計信息的可靠性和相關性要求，將會損害會計信息質量，扭曲企業實際的財務狀況和經營成果，從而對會計信息使用者的決策產生誤導，這是會計準則不允許的。

8. 及時性

及時性是指企業對於已經發生的交易或者事項應當及時進行會計確認、計量和報告，不得提前或者延後。

會計信息的價值在於有助於會計信息使用者能夠及時做出正確的決策，因此會計信息必須具有時效性。即使是可靠的、相關的、重要的會計信息，如果不能夠及時提供並傳遞給使用者，就失去了時效性，以後再獲得該信息，對使用者的效用將大大降低，甚至不再具有實際意義。

及時性要求企業在會計核算中應當在經濟業務發生時及時進行，不得提前或延後，並按規定的時間提供會計信息，以便會計信息得到及時利用。及時性要求有以下三層含義：

一是要求及時搜集會計信息，即在經濟交易或事項發生後，會計及相關人員應當及時進行搜集、整理各種原始單據和憑證。

二是要求及時處理會計信息，即按會計準則的規定，及時對經濟交易或事項進行確認、計量、記錄，及時編製財務會計報告，不得拖延。

三是要求及時傳遞會計信息，即在國家規定的期限內，及時對外披露財務會計報告及其他應該披露的會計信息，使得各方面的信息使用者能夠及時了解企業的情況，以利於他們做出正確決策。

五、財務會計要素

1. 財務會計要素的含義

會計要素是對會計對象進行的基本分類，是構成會計客體的必要因素，是會計對象的具體化。財務會計在其核算中必須對其交易或者事項按不同的經濟特徵進行歸類，並為每一個類別取一個相應的名稱，這就是會計要素，它是財務會計核算的具體內容，也是財務報表的基本項目。中國的《企業會計準則》列示了六類會計要素，即資產、負債、所有者權益、收入、成本費用和利潤。按照它們各自反應的內容可分為兩類，

一類是從靜態方面反應企業財務狀況的會計要素——資產、負債和所有者權益，它們構成資產負債表的基本框架，所以又稱為資產負債表要素；另一類是從動態方面反應企業經營成果的會計要素——收入、成本費用和利潤，它們構成利潤表的基本框架，因此又稱為利潤表要素。

2. 資產負債表要素

（1）資產

資產是企業過去的交易或者事項形成的、由企業擁有或控制的、預期會給企業帶來經濟利益的資源。資產具有以下五個特徵：

①資產的本質特徵是能夠預期給企業帶來經濟利益的資源。預期會給企業帶來經濟利益，是指直接或者間接導致現金和現金等價物流入企業的潛力，這種潛力在某些情況下可以單獨產生淨現金流入，而某些情況則需要與其他資產結合起來才能在將來直接或間接地產生淨現金流入。按照這一基本特徵判斷，不具備可望給企業帶來未來經濟利益流入的資源，便不能確認為資產。

②作為企業資產的資源必須為企業現在所擁有或控制。這是指企業享有某項資源的所有權，或者雖然不享有某項資源的所有權，但該資源能被企業所控制。擁有即所有權歸企業；而控制則是由企業支配使用，但不等於企業取得所有權。資產儘管有不同的來源渠道，但是，一旦進入企業並成為企業擁有或控制的財產，便置於企業的控制之下而失去了原來歸屬於不同所有者的屬性，成為企業可以自主經營和運用、處置的法人財產。

③作為企業資產必須是由過去交易或事項形成的資源。企業過去的交易或者事項包括購買、生產、由企業建造行為或其他交易或者事項。預期在未來發生的交易或者事項不形成資產。

④作為資產的資源必須能夠用貨幣計量其價值，從而表現為一定的貨幣額。

⑤資產包括各項財產、債權和其他權利，並不限於有形資產。也就是說，一項企業的資產，可以是貨幣形態的，也可以是非貨幣形態的；可以是有形的，也可以是無形的。只要是企業現在擁有或控制，並通過有效使用，能夠為企業帶來未來經濟利益的一切資源，均屬於企業的資產。

企業的資產按流動性可分為流動資產和非流動資產兩大類。

第一類，流動資產。

流動資產是指滿足下列條件之一的資產：

① 預計在一個正常營業週期中變現、出售或耗用。

② 主要為交易目的而持有。

③ 預計在資產負債表日起一年內（含一年，下同）變現。

④ 在資產負債表日起一年內，交換其他資產或清償負債的能力不受限制的現金或現金等價物。

以上條件中的正常營業週期通常是指企業從購買用於加工的資產起至實現現金或現金等價物的期間。正常營業週期通常短於一年，在一年內有幾個營業週期。但是，也存在正常營業週期長於一年的情況，比如房地產開發企業開發用於出售的房地產開

發產品、造船企業製造用於出售的大型船只等，往往超過一年才能變現、出售或耗用，仍應劃分為流動資產。

流動資產按其性質劃分為庫存現金、銀行存款、交易性金融資產、應收及預付款項、存貨等。

第二類，非流動資產。

非流動資產是指流動資產以外的所有資產。非流動資產按其性質劃分為持有至到期投資、可供出售金融資產、長期應收款、長期股權投資、投資性房地產、固定資產、無形資產、長期待攤費用等。

(2) 負債

負債，是指企業過去的交易或者事項形成的、預期會導致經濟利益流出企業的現時義務。負債具有三個基本特徵：

①負債是企業承擔的現時義務。現時義務是指企業在現行條件下已承擔的義務，未來發生的交易或者事項形成的義務不屬於現時義務，不應當確認為負債。

②負債由過去的交易或者事項形成的。只有過去的交易或者事項才能形成負債，企業在未來發生的承諾、簽訂的合同等交易或者事項不形成負債。

③負債預期會導致經濟利益流出企業，這是負債的本質特徵。企業在履行現時義務清償負債時，導致經濟利益流出企業的形式多種多樣，比如用現金償還或以實物償還；以提供勞務形式償還；以部分實物資產、部分提供勞務形式償還等。

負債按其流動性，分為流動負債和非流動負債兩大類。

第一類，流動負債。

流動負債是指滿足下列條件之一的負債：

① 預計在一個正常營業週期中清償。

② 主要為交易目的而持有。

③ 在資產負債表日起一年內到期應予以清償。

④ 企業無權自主地將清償推遲至資產負債表日後一年以上。

以上條件中的正常營業週期同流動資產中的解釋內容。

流動資產按其性質分為短期借款、應付票據、應付帳款、預收帳款、應付職工薪酬、應付股利、應交稅費、應付利息、其他應付款以及一年內到期的非流動負債等。

第二類，非流動負債。

流動負債以外的負債應當歸類為非流動負債，按其性質分為長期借款、應付債券、長期應付款、專項應付款、預計負債等。

(3) 所有者權益

所有者權益是指企業資產扣除負債後由所有者享有的剩餘權益。所有者權益又稱為股東權益。

所有者權益的來源包括所有者投入的資本、直接計入所有者權益的利得和損失、留存收益等。

①所有者投入的資本，是指企業的股東按照企業章程或合同、協議，實際投入企業的資本。其中，與小於或等於註冊資本部分作為企業的實收資本（股份公司為股

本），超過注冊資本部分的投入額計入資本公積。

②直接計入所有者權益的利得和損失，是指不應計入當期損益、會導致所有者權益發生增減變動的、與所有者投入資本或者向所有者分配利潤無關的利得或者損失。

利得，是指由企業非日常活動所形成的、會導致所有者權益增加的、與所有者投入資本無關的經濟利益的流入。

損失，是指由企業非日常活動所發生的、會導致所有者權益減少的、與向所有者分配利潤無關的經濟利益的流出。

③留存收益，是指由企業利潤轉化而形成、歸所有者共有的所有者權益，主要包括盈餘公積和未分配利潤。

盈餘公積，是企業按規定一定比例從淨利潤中提取的各種累積資金。它一般又分為法定盈餘公積金和任意盈餘公積金。

未分配利潤，是指企業進行各種分配以後，留在企業的未指定用途的那部分淨利潤。

上述反應企業財務狀況的三個會計要素的數量關係構成了會計恒等式：

$$資產＝負債＋所有者權益$$

3. 利潤表要素

（1）收入

收入是指企業在日常活動中形成的、會導致所有者權益增加的、與所有者投入資本無關的經濟利益的總流入。根據收入的定義，收入具有以下三個特徵：

①收入是企業在日常活動中形成的。日常活動是指企業為完成其經營目標所從事的經常性活動以及與之相關的活動。例如，工業企業製造並銷售產品、商品流通企業銷售商品、保險公司簽發保單、安裝公司提供安裝業務、軟件公司為客戶開發軟件、租賃公司出租資產、咨詢公司提供咨詢服務等都屬於企業的日常活動。明確日常活動是為了將收入與利得區分開來。企業非日常活動形成的經濟利益流入不能確認為收入，而應當確認為利得。

②收入會導致所有者權益增加。與收入相關的經濟利益應當導致企業所有者權益的增加，但又不是所有者的投入。不會導致企業所有者權益增加的經濟利益流入不符合收入的定義，不能確認為收入。例如，企業向銀行借入款項，儘管也導致了經濟利益流入企業，但該流入並不導致所有者權益的增加，不應當確認為收入，應當確認為一項負債。

③收入是與所有者投入資本無關的經濟利益的總流入。收入應當導致經濟利益流入企業，從而導致企業資產的增加。但是，並非所有的經濟利益流入都是收入，比如投資者投入資本也會導致經濟利益流入企業，但它只會增加所有者權益，而不能確認為收入。

企業的收入主要包括銷售商品收入、提供勞務收入、讓渡資產使用權收入和建造合同收入。

收入按企業經營業務的主次不同分為主營業務收入和其他業務收入。

（2）費用

費用是指企業在日常活動中發生的、會導致所有者權益減少的、與向所有者分配利潤無關的經濟利益的總流出。根據費用的定義，費用具有以下三個特徵：

①費用是在日常活動中形成的。費用必須是企業在其日常活動中所形成的，這裡的日常活動與收入定義中涉及的日常活動的界定是一致。將費用定義為日常活動形成的，其目的是為了將其與損失相區別。企業非日常活動所形成的經濟利益流出企業不能確認為費用，而應當計入損失。

②費用會導致所有者權益減少。與費用相關的經濟利益流出企業應當會導致所有者權益的減少，不會導致所有者權益減少的經濟利益流出企業不符合費用定義，不應當確認費用。例如，企業用銀行存款購買原材料200萬元，該購買行為雖然使得企業的經濟利益流出去了200萬元，但是並不會導致企業的所有者權益減少，它使得企業的另外一項資產（存貨）增加，所以在這種情況下經濟利益流出企業就不能確認為費用。

③費用是與向所有者分配利潤無關的經濟利益的總流出。費用的發生應當會導致經濟利益流出企業，從而導致資產的減少或者負債的增加（最終也會導致資產的減少）。其表現形式包括現金或者現金等價物的流出，存貨、固定資產和無形資產等的流出或者消耗等，雖然企業向所有者分配利潤也會導致經濟利益流出企業，但是，該經濟利益流出企業顯然屬於所有者權益的抵減項目，不應當確認為費用，應當排除在費用定義之外。

企業的費用主要包括生產成本、主營業務成本、其他業務成本、營業稅金及附加、銷售費用、管理費用和財務費用，後三種費用合稱為期間費用。

（3）利潤

利潤是指企業在一定會計期間的經營成果。利潤的大小代表了企業的經濟效益高低。通常情況下，企業實現了利潤，表明企業的所有者權益將增加，業績得到了提升；企業發生了虧損（利潤為負），表明企業的所有者權益將減少，業績滑坡。

企業利潤包括營業利潤、利潤總額和淨利潤。

①營業利潤是收入減去費用後的淨額，反應的是企業日常經營活動的經營業績。

②利潤總額等於營業利潤加上直接計入當期利潤的利得和損失。

直接計入當期利潤的利得和損失，反應的是企業非經營活動的業績。它是指應當計入當期損益、最終會導致所有者權益發生增減變動的、與所有者投入資本或者向所有者分配利潤無關的利得或者損失。

③淨利潤等於利潤總額減去所得稅費用後的餘額。

上述反應企業經營成果的三個會計要素的數量關係構成了會計的另外一個等式：

$$收入-費用=利潤$$

4. 利得和損失

利得是指由企業非日常活動所形成的、會導致所有者權益增加的、與所有者投入資本無關的經濟利益的流入。

損失是指由企業非日常活動所發生的、會導致所有者權益減少的、與向所有者分

配利潤無關的經濟利益的流出。

利得和損失在會計處理中有兩種計入方式：

一是直接計入所有者權益的利得和損失，是指不應計入當期損益、會導致所有者權益發生增減變動的、與所有者投入資本或者向所有者分配利潤無關的利得或者損失。比如將可供出售金融資產發生公允價值變動，計入資本公積帳戶，從而導致所有者權益的增加或減少。直接計入所有者權益的利得和損失一般都是通過「資本公積」帳戶進行核算的。

二是直接計入當期利潤的利得和損失，是指應當計入當期損益、會導致所有者權益發生增減變動的、與所有者投入資本或者向所有者分配利潤無關的利得或者損失。比如企業接受的財產捐贈、債務重組收益等計入營業外收入，導致利潤的上升，最終導致所有者權益增加；而稅收罰款、滯納金等支出計入營業外支出，導致利潤降低，從而減少企業的所有者權益。直接計入當期利潤的利得和損失，是通過「營業外收入」和「營業外支出」帳戶核算的。

六、財務會計要素的確認

1. 會計要素確認的含義

會計要素確認是指決定將交易或事項中的某一項目作為一項會計要素加以記錄和列入財務報表的過程，是財務會計的一項重要程序。確認主要解決某一個項目應否確認、如何確認和何時確認三個問題，它包括在會計記錄中的初始確認和在會計報表中的最終確認。中國的《企業會計準則——基本準則》採用了國際會計準則的確認標準。

2. 初始確認條件

（1）符合會計要素的定義。有關項目要確認為一項會計要素，必須符合該會計要素的定義。

（2）與該項目有關的任何未來經濟利益很可能會流入或流出企業，這裡的「很可能」表示經濟利益流入或流出的可能性在50%以上。

（3）該項目具有的成本和價值以及流入或流出的經濟利益能夠可靠地計量。如果不能可靠計量，確認就沒有任何意義了。

滿足了以上三個條件的項目就能夠確認為某一會計要素。

3. 最終確認條件

經過確認和計量後，會計要素必須在財務報表中列示。其在報表中列示的條件是，符合會計要素定義和會計要素確認條件的項目，才能列示在報表中。僅僅符合會計要素定義，而不符合要素確認條件的項目，是不能在報表中列示的。

資產、負債、所有者權益要素列入資產負債表。

收入、費用、利潤要素列入利潤表。

4. 各會計要素的確認條件及報表列示

（1）資產要素的確認條件及列示

符合前述資產定義的資源，在同時滿足以下條件時，確認為資產：

一是與該資源有關的經濟利益很可能流入企業；

二是該資源的成本或者價值能夠可靠地計量。

符合資產定義和資產確認條件的項目，應當列入資產負債表；符合資產定義，但不符合資產確認條件的項目，不應當列入資產負債表。

（2）負債要素的確認條件及列示

符合前述負債定義的義務，在同時滿足以下條件時，確認為負債：

一是與該義務有關的經濟利益很可能流出企業；

二是未來流出的經濟利益的金額能夠可靠地計量。

符合負債定義和負債確認條件的項目，應當列入資產負債表；符合負債定義，但不符合負債確認條件的項目，不應當列入資產負債表。

（3）所有者權益要素的確認條件及列示

所有者權益體現的是所有者在企業中的剩餘權益，因此，所有者權益的確認主要依賴於其他會計要素，尤其是資產和負債的確認；所有者權益金額的確定也取決於資產和負債的計量。例如，企業接受投資者投入的資產，在該資產符合資產定義且滿足確認條件確認為資產後，就相應地符合了所有者權益的確認條件；當該資產的價值能夠可靠地計量，所有者權益的金額也就可以確定了。

所有者權益項目應當列入資產負債表。

（4）收入的確認條件及列示

企業收入的來源渠道很多，不同收入來源的特徵有所不同，其收入確認條件也就存在差異。一般而言，收入只有在經濟利益很可能流入從而導致企業資產增加或者負債減少、經濟利益的流入額能夠可靠計量時才能予以確認。即收入的確認至少符合以下條件：

①符合收入的定義；

②與收入相關的經濟利益很可能流入企業；

③經濟利益流入企業的結果會導致資產的增加或者負債的減少；

④經濟利益的流入額能夠可靠計量。

符合收入定義和收入確認條件的項目，應當列入利潤表。

（5）費用的確認條件及列示

費用的確認除了應當符合費用的定義外，只有在經濟利益很可能流出從而導致企業資產減少或者負債增加，且經濟利益的流出額能夠可靠計量時才能予以確認。因此費用的確認條件是：

①符合費用的定義；

②與費用相關的經濟利益很可能流出企業；

③經濟利益流出企業的結果是導致資產的減少或者負債的增加；

④經濟利益的流出額能夠可靠計量。

企業為生產產品、提供勞務等發生的可歸屬於產品成本、勞務成本等的費用，應當在確認產品銷售收入、勞務收入等時，將已銷售產品、已提供勞務的成本等予以確認並計入當期損益。

企業發生的支出不產生經濟利益的，或者即使能夠產生經濟利益但不符合或者不

再符合資產確認條件的，應當在發生時確認為費用，計入當期損益。

企業發生的交易或者事項導致其承擔了一項負債而又不確認為一項資產的，應當在發生時確認為費用，計入當期損益。

符合費用定義和費用確認條件的項目，應當列入利潤表。

（6）利潤的確認與列示

利潤是收入減去費用再加上利得減去損失後的淨額，因此利潤的確認主要依賴於收入、費用、利得、損失的確認；利潤金額取決於收入和費用、直接計入當期利潤的利得和損失金額的計量。

利潤項目應當列入利潤表。

七、財務會計要素的計量屬性

1. 會計計量的含義

會計計量是指為了在會計帳戶記錄和財務報表中確認、計列有關會計要素，而以貨幣或其他度量單位確定其貨幣金額或其他數量的過程，它主要解決記錄多少的問題，由計量單位和計量屬性兩個要素構成，這兩個要素的不同組合形成了不同的計量模式。企業必須按照會計準則規定的會計計量屬性對會計要素進行計量，確定相關金額。

2. 計量屬性的含義

計量屬性是指所予以計量的某一要素的特性方面，如原材料的重量、廠房的面積、道路的長度等。從會計角度講，計量屬性反應的是會計要素的確定基礎。在企業會計準則中規定了五種計量屬性，即歷史成本、重置成本、可變現淨值、現值和公允價值。

3. 會計計量屬性的種類

（1）歷史成本，又稱為實際成本，就是企業取得或製造某項財產時所實際支付的現金或現金等價物。在歷史成本計量下，資產按照購置時支付的現金或者現金等價物的金額，或者按照購置資產時所付出的對價的公允價值計量。負債按照因承擔現時義務而實際收到的款項或者資產的金額，或者承擔現時義務的合同金額，或者按照日常活動中為償還負債預期需要支付的現金或者現金等價物的金額計量。

（2）重置成本，又稱為現行成本，是指在當期市場條件下，重新取得同樣一項資產所需支付的現金或現金等價物金額。在重置成本計量下，資產按照現在購買相同或者相似資產所需支付的現金或者現金等價物的金額計量；負債按照現在償付該項債務所需支付的現金或者現金等價物的金額計量。在現實中，重置成本多用於固定資產盤盈的計量等。

（3）可變現淨值，是指在正常生產經營過程中，以預計售價減去進一步加工成本和預計銷售費用以及相關稅額後的淨值。在可變現淨值計量下，資產按照其正常對外銷售所能收到現金或者現金等價物的金額扣減該資產至完工時估計將要發生的成本、估計的銷售費用以及相關稅費後的金額計量。可變現淨值通常應用於存貨資產減值情況下的後續計量。

（4）現值，是指對未來的現金流量以恰當的折現率進行折現後的價值，它是考慮了貨幣時間價值的一種計量屬性。在現值計量下，資產按照預計從其持續使用和最終

處置中所產生的未來淨現金流入量的折現金額計量，負債按照預計期限內需要償還的未來淨現金流出量的折現金額計量。現值通常應用於非流動資產可回收金額和以攤餘成本計量的金融資產價值的確定等。

（5）公允價值，是指市場參與者在計量日發生的有序交易中，出售一項資產所能收到或者轉移一項負債所需支付的價格。有序交易，是指在計量日前一段時期內相關資產或負債具有慣常市場活動的交易。被迫交易不屬於有序交易，如清算等。

4. 計量屬性的應用原則

《企業會計準則——基本準則》第四十三條明確規定：企業在對會計要素進行計量時，一般應當採用歷史成本，採用重置成本、可變現淨值、現值、公允價值計量的，應當保證所確定的會計要素金額能夠取得並可靠計量。這就是會計準則對企業應用計量屬性的原則性規範。

第三節　財務會計的職能與方法

一、財務會計的職能

1. 核算職能

財務會計核算貫穿於企業經濟活動的全過程，是會計最基本的職能。財務會計核算的基本內涵是以貨幣為主要計量單位，運用一系列的專門方法和程序對企業經濟活動進行確認、計量、記錄，最後以財務報表的形式對企業的經濟活動進行全面、連續、系統、綜合的反應，以滿足各有關利益方對財務會計信息的需求。財務會計的核算職能包括了三層含義：

一是財務會計主要從價值方面反應各企業的經濟活動情況，通過一定的核算方法，為經濟管理提供數據資料。

二是財務會計對企業實際發生的經濟活動進行核算，要以憑證為依據，要有完整的、連續的帳簿記錄，最終以財務報表的形式，全面反應企業整體的經營成果、財務狀況和現金流量情況。

三是財務會計主要進行事後核算，它是通過算帳和報帳，提供能夠綜合反應經濟活動現狀的核算指標。

2. 監督職能

財務會計的監督職能是指按照一定的目的和要求，利用財務會計核算所提供的信息，對企業經濟活動的全過程進行分析、控制和指導，促進各企業改善經營管理，維護國家的財經制度，保護各單位的財產安全，不斷提供經濟效益。財務會計的監督職能主要表現在事中監督和事後監督上。

事中監督是指在日常財務會計核算的過程中，對已出現的問題提出解決的方法和措施，促使有關部門調整經濟活動，使之沿著正確的方向運行。

事後監督是指以事先制定的目標、標準，通過對財務會計信息的分析、研究，對

已經完成的經濟活動的合法性、合理性和效益性進行客觀的評價和考核。

上述財務會計的兩項職能，是相輔相成、辯證統一的關係。核算職能是監督職能的基礎，沒有核算所提供的各種信息，監督就失去了依據；而監督又是會計核算質量的保證，只有會計核算而沒有會計監督，就難以保證核算所提供信息的真實性和可靠性。所以，核算職能是基礎，監督職能是指導，在核算的基礎上進行監督，在監督的指導下進行核算。

二、財務會計的記帳方法

《企業會計準則——基本準則》規定：企業應當採用借貸記帳法記帳。

1. 借貸記帳法的含義

借貸記帳法是以「資產 = 負債+所有者權益」會計等式為理論依根據，以「借」和「貸」作為記帳符號，按照「有借必有貸，借貸必相等」的記帳規則來記錄經濟業務的一種復式記帳方法。

2. 借貸記帳法的內容

（1）記帳符號。記帳符號是在會計核算中採用的一種抽象標記，表示經濟業務的增減變化應當計入帳戶中的方向。借貸記帳法的記帳符號是「借」和「貸」。

（2）帳戶結構。在借貸記帳法下，所有帳戶都分為借方和貸方兩個部分，通常左方為借方、右方為貸方。記帳時，帳戶的借貸兩方必須作相反的記錄，即對於每一個帳戶來講，如果借方登記增加額，那麼貸方必然登記減少額；反之亦然。我們將六大類帳戶分為兩類，一類是增加額登記在借方的帳戶，包括資產類和費用類帳戶；另一類是增加額登記在貸方的帳戶，包括負債類、所有者權益類、收入類和利潤類帳戶。

（3）記帳規則。借貸記帳法的記帳規則是「有借必有貸，借貸必相等」，即對發生的每一筆經濟業務都以相等的金額，借貸相反的方向，在兩個或兩個以上相互聯系的帳戶中進行登記，即在一個帳戶中記借方，同時在另一個或幾個帳戶中記貸方；或者在一個帳戶中記貸方，同時在另一個或幾個帳戶中記借方，記入借方的金額同記入貸方的金額相等。記帳規則是通過會計分錄表現出來的。

（4）試算平衡。借貸記帳法的試算平衡，是指根據會計等式的平衡原理，按照記帳規則的要求，通過匯總計算和比較，編製試算平衡表，來檢查帳戶記錄的正確性和完整性的方法。

借貸記帳法的試算平衡有帳戶發生額試算平衡法和帳戶餘額試算平衡法兩種。前者是根據借貸記帳法的記帳規則來確定的，後者是根據「資產＝負債+所有者權益」的平衡關係原理來確定的。

按照「有借必有貸，借貸必相等」的記帳規則記帳，保證了每一項會計分錄的借貸雙方發生額必然相等，因而過帳以後，全部帳戶的借方發生額合計必然要等於全部帳戶的貸方發生額合計，從而全部帳戶的借方餘額合計與貸方餘額合計就必然相等。其平衡公式如下：

餘額平衡法：

期末（初）餘額借方合計 = 期末（初）餘額貸方合計

發生額平衡法：

$$本期發生額借方合計 = 本期發生額貸方合計$$

三、財務會計核算的方法

財務會計核算的方法就是對企業的經濟交易或者事項進行確認、計量、記錄和報告，以核算和監督企業經濟活動的方法，包括設置帳戶、復式記帳、填製和審核憑證、登記帳簿、成本計算、財產清查和編製會計報表等七種專門方法。

1. 設置帳戶

設置帳戶是對會計對象的具體內容進行確認、歸類和監督的一種專門方法，其實質是對會計要素進一步的科學分類。會計要素是對會計對象具體內容的基本分類，是第一個層次的類別。由於企業的經濟活動是復雜多樣的，各項經濟業務所涉及會計對象基本要素的具體存在形式各有所不同，這就需要對會計要素作進一步的合理分類，並賦予一定的結構形式，才能使復雜多樣的經濟業務得以分門別類地予以登記和歸集，產生各種類別的財務會計指標。所以設置帳戶是會計記錄和匯總的前提。

2. 復式記帳

復式記帳是記錄經濟業務的一種方法。這種方法的特點是對每一項經濟業務都要以相等的金額，同時在兩個或兩個以上的相關帳戶中進行登記。採用復式記帳，既可以通過帳戶的對應關係了解有關經濟業務的全貌，又可以通過帳戶的平衡關係檢查有關經濟業務的記錄是否正確。因此，復式記帳是一種比較完善、科學的記帳方法，為世界各國所普遍採用。目前中國企業會計核算採用的借貸記帳法就是一種復式記帳方法。

3. 填製和審核會計憑證

會計憑證是記錄經濟業務，明確經濟責任的書面證明，是會計信息資料的最初載體，是登記帳簿的依據。填製和審核會計憑證是為了保證會計資料完整、可靠，審查經濟業務是否真實、合理合法而採用的一種專門方法。對於任何一項經濟業務都要按照實際情況填製會計憑證，而且必須有專門的部門和人員對這些憑證進行審核，只有經過審核無誤的憑證，才能作為登記帳簿的依據。對會計憑證的填製和審核，才能保證會計資料的真實、完整，保證會計信息的質量。

4. 登記帳簿

會計帳簿是用來記錄各項經濟業務的簿籍，是加工和保存會計資料的重要工具。登記帳簿就是在帳簿上全面、系統、連續地記錄和反應企業經濟活動的一種專門方法。登記帳簿把復式記帳和設置帳戶融為一體，它以會計憑證為依據，利用帳戶和復式記帳的方法，把所有經濟業務分門別類而又相互連續地加以全面反應，以便提供完整而又系統的會計信息資料。在帳簿上，既要將所有經濟業務按照帳戶加以歸類記錄，進行分類核算，又要將全部或部分經濟業務按其發生時間的先後，序時記錄，進行序時核算；登記帳簿既要提供總括的核算指標，又要提供明細核算指標，為編製會計報表提供必要的資料。登記帳簿是會計核算工作的主體部分。

5. 成本計算

成本計算是對企業在生產經營活動中發生的全部費用，按照一定的對象和標準進行歸集和分配，借以計算確定各個對象的總成本和單位成本，以及企業的總成本費用的一種專門方法。成本計算可以正確地對會計核算對象進行計價，核算和監督生產經營活動中所發生的各項費用是否符合節約原則，以便採取對策，挖掘潛力，減少消耗，節約費用，不斷降低成本，提高經濟效益。

6. 財產清查

財產清查是通過盤點實物、核對帳目來查明各項財產物資、債權債務、貨幣資金實有數額，並進行帳實核對，檢查帳實是否相符的一種專門方法。為了提高會計記錄的準確性，保證帳實相符，必須定期或不定期地對各項財產物資、往來款項進行清查、盤點和核對。在清查中如果發現帳實不符，應當查明原因，明確責任，並調整帳簿記錄，使其帳實完全一致。財產清查還可以查明物資儲備是否能夠保證生產經營活動的需要，有無超儲、積壓和呆滯的情況；物資保管和使用是否妥善合理，有無損失、浪費、霉爛、丟失的情況；各項債券債務款項是否及時結算，有無長期拖欠不清的情況。所以，財產清查既對於保證會計信息的客觀、真實性有積極作用，又具有監督財產物資安全完整與合理使用的重要作用。

7. 編製會計報表

編製會計報表是定期概括反應企業的財務狀況、經營成果和現金流量情況以及所有者權益變動情況，提供系統的會計信息的一種專門方法。會計報表是以一定格式的表格，對一定會計期間內帳簿記錄內容的概括反應，它是會計數據加工的最終成果，是企業輸出會計信息的主要載體。平時，有關的會計數據是分散在各個會計帳戶中記錄的，為了滿足會計信息用戶的需要，就要求會計人員定期將帳戶資料加工成為規範化的會計信息，通過會計報表輸送出去。企業對外會計報表主要包括資產負債表、利潤表、現金流量表和所有者權益變動表。

第四節　企業會計準則體系

一、會計準則的內涵

財務會計必須嚴格按照企業會計準則的規範進行核算。

會計準則是會計人員從事會計工作的規則和指南，同時也是中國政府管理會計工作的法規。會計準則的內涵主要包括三個方面：

第一，會計準則是反應經濟活動、確認產權關係、規範收益分配的會計技術標準，是生成和提供會計信息的重要依據。

第二，會計準則是資本市場的一種重要游戲規則，是實現社會資源優化配置的重要依據。

第三，會計準則是國家社會規範乃至強制性規範的重要組成部分，是政府干預經

濟活動、規範經濟秩序和從事國際交往等的重要手段。

正因如此，世界各國越來越重視會計準則建設並注重發揮其在社會經濟活動中的作用。

二、企業會計準則體系的框架結構

會計準則作為技術規範，有著嚴密的結構和層次。中國企業會計準則體系由三部分構成：基本準則、具體準則、應用指南。具體如圖1-1所示。

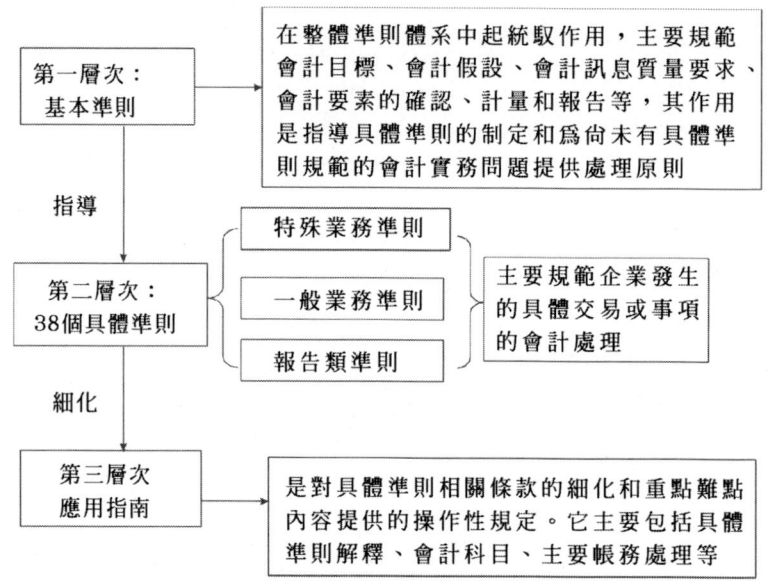

圖1-1　會計準則體系框架結構圖

除此之外，財政部還會發布《企業會計準則解釋》，它雖然不屬於一個層次，但仍然屬於會計準則體系中的內容。

三、中國會計準則體系的法律地位

中國的會計法規體系包括四個層次：

第一層次，會計法律——由全國人民代表大會常務委員會通過，國家主席簽署頒布，如《中華人民共和國會計法》。

第二層次，行政法規——由國務院通過，總理簽署頒發。如《企業財務會計報告條例》、《總會計師條例》等。

第三層次，部門規章——國務院主管會計的部門即財政部以部長令公布。如會計準則體系中的基本準則。

第四層次，規範性文件——由國務院主管會計的部門即財政部以部門文件形式印發。如具體準則和應用指南。

復習思考題

1. 會計分為哪兩大分支？它們各自的定義為何？兩者之間的聯系與區別是什麼？
2. 如何理解財務會計的整體含義？中級財務會計涉及的主要內容包括哪些？
3. 財務會計具有哪些特徵？
4. 根據中國《企業會計準則——基本準則》的規範，中國構建的財務會計理論框架結構是什麼？它具體包括哪些內容？
5. 財務會計的職能是什麼？
6. 什麼是財務會計核算方法？它包括哪些具體方法？
7. 中國企業會計準則的內涵是什麼？是否具有法律地位？
8. 中國企業會計準則包括哪幾個層次？各個層次規範的內容是什麼？

第二篇　資產核算篇

- 貨幣資金核算
- 應收及預付款核算
- 存貨核算
- 非貨幣性金融資產核算
- 長期股權投資核算
- 固定資產核算
- 無形資產核算
- 資產減值核算

第二章　貨幣資金核算

第一節　貨幣資金的內容

一、貨幣資金的含義

貨幣資金是指在企業生產經營過程中處於貨幣形態的那部分金融資產，按其形態和用途不同可分為庫存現金、銀行存款和其他貨幣資金。它是企業中最活躍、變現能力及流動性最強的資產，是企業的重要支付手段和流通手段。

二、庫存現金

1. 庫存現金的含義

庫存現金是指存放於企業，由出納人員保管，主要用於日常零星開支的現金，包括庫存的人民幣和外幣。庫存現金是流動性最強的一種貨幣性資產，可以隨時用於購買企業所需物資、支付有關費用、償還債務等，也可以隨時存入銀行。

2. 庫存現金的使用範圍

企業可在下列範圍內使用現金：

（1）職工工資、津貼；
（2）個人勞務報酬；
（3）根據國家規定頒發給個人的科學技術、文化藝術、體育等各種獎金；
（4）各種勞保、福利費用以及國家規定的對個人的其他支出；
（5）向個人收購農副產品和其他物資的價款；
（6）出差人員必須隨身攜帶的差旅費；
（7）結算起點（1,000元）以下的零星支出；
（8）中國人民銀行確定需要支付現金的其他支出。

企業與其他單位的經濟往來，除規定的範圍可以使用現金外，其他款項的支付應當通過開戶銀行轉帳結算。

3. 庫存現金的限額

按照企業3~5天日常零星開支的需要確定，邊遠地區和交通不便地區開戶單位的庫存現金限額，可多於5天，但不得超過15天的日常零星開支。

4. 現金的日常管理

企業在辦理有關現金收支業務時，應當遵循以下幾項規定：

（1）企業現金收入應當於當日送存開戶銀行。

（2）企業支付現金，可以從本企業庫存現金限額中支付或者從企業開戶銀行提取，不得從本企業的現金收入中直接支付（即坐支）。

（3）企業從開戶銀行提取現金時，應在取款憑證上寫明用途，由財會部門負責人簽字蓋章，經開戶銀行審核批準後，方可支付現金。

（4）企業因採購地點不固定，交通不便以及其他特殊情況必須使用現金的，應向開戶銀行提出申請，經開戶銀行審核批準後，予以支付現金。

（5）不準用不符合制度的憑證頂替庫存現金（如不得「白條頂庫」）；不準謊報用途套取現金；不準用銀行帳戶代其他單位和個人存入或支取現金；不準用單位收入的現金以個人名義存儲；不準保留帳外公款；不得設置「小金庫」。

銀行對於違反上述規定的單位，將按照違規金額的一定比例予以處罰。

三、銀行存款

1. 銀行存款的含義

銀行存款是指企業存放在銀行或其他金融機構中的貨幣資金。它是現代社會經濟交往中的一種主要資金結算工具。根據國家有關規定，凡是獨立核算的企業，都必須在當地銀行開設帳戶。企業在銀行開設帳戶後，除按銀行規定的企業庫存現金限額保留一定的庫存現金外，超過限額的現金都必須存入銀行。

企業經濟活動所發生的一切貨幣收支業務，除按《中華人民共和國現金管理暫行條例》中規定的可以使用現金直接支付的款項外，其他都必須按銀行支付結算辦法的規定，通過銀行帳戶進行轉帳結算。

2. 銀行帳戶管理

銀行結算帳戶是指銀行為存款人開立的辦理資金收付結算的人民幣活期存款帳戶。存款人是指在中國境內開立銀行結算帳戶的機關、團體、部隊、企事業單位、其他組織（以下統稱為單位）、個體工商戶和自然人。

銀行結算帳戶是各單位通過銀行辦理轉帳結算、信貸以及現金收付業務的工具，它具有反應和監督國民經濟各部門經濟活動的作用。凡新辦的企業或公司在取得工商行政管理部門頒發的法人營業執照後，可選擇離辦公場地近、辦事工作效率高的銀行申請開設自己的銀行結算帳戶。對於非現金使用範圍的開支，都要通過銀行帳戶辦理。

根據中國人民銀行總行發布的《人民幣銀行結算帳戶管理辦法》的規定，銀行結算帳戶分為基本存款帳戶、一般存款帳戶、臨時存款帳戶和專用存款帳戶。

（1）基本存款帳戶，是存款人因辦理日常轉帳結算和現金收付需要而開立的銀行結算帳戶。它是編報財政預決算報表的獨立預算會計單位或實行獨立經濟核算的企業單位在銀行開立的主要帳戶。按規定，每一存款人只能在銀行開立一個基本存款帳戶。基本存款帳戶是存款人的主辦帳戶。存款人日常經營活動的資金收付及其工資、獎金和現金的支取，應通過該帳戶辦理。

（2）一般存款帳戶是存款人因借款或其他結算需要，在基本存款帳戶開戶銀行以外的銀行營業機構開立的銀行結算帳戶。一般存款帳戶用於辦理存款人借款轉存、借

款歸還和其他結算的資金收付。該帳戶可以辦理現金繳存，但不得辦理現金支取。

（3）臨時存款帳戶是存款人因臨時需要並在規定期限內使用而開立的銀行結算帳戶。存款人可以通過該帳戶辦理轉帳結算和根據國家現金管理規定辦理現金收付。臨時存款帳戶用於辦理臨時機構以及存款人臨時經營活動發生的資金收付。臨時存款帳戶應根據有關開戶證明文件確定的期限或存款人的需要確定其有效期限。存款人在帳戶的使用中需要延長期限的，應在有效期限內向開戶銀行提出申請，並由開戶銀行報中國人民銀行當地分支行核準後辦理展期。臨時存款帳戶的有效期最長不得超過兩年。臨時存款帳戶支取現金，應按照國家現金管理的規定辦理。

（4）專用存款帳戶是存款人按照法律、行政法規和規章，對其特定用途資金進行專項管理和使用而開立的銀行結算帳戶。專用存款帳戶用於辦理各項專用資金的收付。

四、其他貨幣資金

其他貨幣資金是指除庫存現金、銀行存款外的各種貨幣資金，主要包括銀行匯票存款、銀行本票存款、信用卡存款、信用證保證金存款、存出投資款、外埠存款等貨幣資金。

第二節　庫存現金

一、庫存現金的總分類核算

1. 帳戶設置

為了概括地反應庫存現金的收入、支出和結存情況，企業應設置「庫存現金」帳戶核算現金收支業務。該帳戶屬於資產類帳戶，借方登記庫存現金的增加，貸方登記庫存現金的減少，期末餘額在借方，反應企業持有的庫存現金金額。

2. 庫存現金的帳務處理

【例2-1】光輝公司2013年年初現金餘額為15,000元，銀行核定的庫存限額為20,000元。公司1月份發生經濟業務及會計處理如下：

（1）4日，章化借支差旅費2,000元，填製了借款單，並報請領導簽了字。

借：其他應收款——章化　　　　　　　　　　　　　　　　2,000
　　貸：庫存現金　　　　　　　　　　　　　　　　　　　　　　2,000

（2）4日，銷售部李明天持手續齊備的領款單，領取備用金1,000元。

借：其他應收款——銷售部門　　　　　　　　　　　　　　1,000
　　貸：庫存現金　　　　　　　　　　　　　　　　　　　　　　1,000

（3）4日，銷售A產品，收到5筆現金，開出增值稅專用發票5份，價款共計4,000元，稅款共計680元。

借：庫存現金　　　　　　　　　　　　　　　　　　　　　　4,680
　　貸：主營業務收入——A產品　　　　　　　　　　　　　　4,000

　　　　應交稅費——應交增值稅（銷項稅額）　　　　　　　　　　680

（4）4日，職工陳對歸還借款800元。

　　借：庫存現金　　　　　　　　　　　　　　　　　　　　　800
　　　　貸：其他應收款——陳對　　　　　　　　　　　　　　　800

（5）4日，將銷售款項4,680元存入銀行，帶回現金繳款單第一聯。

　　借：銀行存款　　　　　　　　　　　　　　　　　　　　4,680
　　　　貸：庫存現金　　　　　　　　　　　　　　　　　　　4,680

（6）8日，出納簽發一張現金支票，到銀行提取現金5,000元。

　　借：庫存現金　　　　　　　　　　　　　　　　　　　　5,000
　　　　貸：銀行存款　　　　　　　　　　　　　　　　　　　5,000

（7）8日，單位用現金購買辦公用品1,900元。

　　借：管理費用——辦公費　　　　　　　　　　　　　　　1,900
　　　　貸：庫存現金　　　　　　　　　　　　　　　　　　　1,900

（8）8日，職工桑名報銷醫藥費100元。

　　借：應付職工薪酬——福利費——桑名　　　　　　　　　　100
　　　　貸：庫存現金　　　　　　　　　　　　　　　　　　　　100

（9）8日，收到職工王枚的賠償款120元，開出內部收據一張。

　　借：庫存現金　　　　　　　　　　　　　　　　　　　　　120
　　　　貸：其他應收款——賠償款　　　　　　　　　　　　　　120

（10）15日，章化出差歸來，報銷差旅費1,800元，並退回多餘款項。

　　借：庫存現金　　　　　　　　　　　　　　　　　　　　　200
　　　　貸：其他應收款——章化　　　　　　　　　　　　　　　200
　　借：管理費用　　　　　　　　　　　　　　　　　　　　1,800
　　　　貸：其他應收款——章化　　　　　　　　　　　　　　1,800

（11）15日，以現金收回乙公司前欠貨款900元。

　　借：庫存現金　　　　　　　　　　　　　　　　　　　　　900
　　　　貸：應收帳款——乙公司　　　　　　　　　　　　　　　900

（12）15日，支付第一季度報刊費600元。

　　借：管理費用——報刊費　　　　　　　　　　　　　　　　600
　　　　貸：庫存現金　　　　　　　　　　　　　　　　　　　　600

（13）15日，退回預收甲公司的包裝物押金800元。

　　借：其他應付款——甲公司　　　　　　　　　　　　　　　800
　　　　貸：庫存現金　　　　　　　　　　　　　　　　　　　　800

（14）30日，車間購買考勤表等辦公用品，款項300元用現金支付，取得普通發票。

　　借：製造費用　　　　　　　　　　　　　　　　　　　　　300
　　　　貸：庫存現金　　　　　　　　　　　　　　　　　　　　300

（15）30日，根據領導已經審批的工資表，上午，開出金額為100,000元的現金支票

一張到銀行提現。下午發放 1 月份工資 100,000 元，其中：生產工人工資 60,000 元，生產車間管理人員工資 5,000 元，行政管理人員工資 25,000 元，銷售人員工資 10,000 元。

借：庫存現金　　　　　　　　　　　　　　　　　100,000
　　貸：銀行存款　　　　　　　　　　　　　　　　100,000
借：應付職工薪酬　　　　　　　　　　　　　　　100,000
　　貸：庫存現金　　　　　　　　　　　　　　　　100,000

（16）出售辦公室廢舊報刊，取得現金 100 元。
該業務根據第三聯登記現金日記帳或編製現金收款憑證，分錄為：
借：庫存現金　　　　　　　　　　　　　　　　　100
　　貸：管理費用　　　　　　　　　　　　　　　　100

（17）31 日，開出現金支票 3,500 元，補足庫存限額。
該業務根據現金支票存根登記現金日記帳或編製銀行存款付款憑證，分錄為：
借：庫存現金　　　　　　　　　　　　　　　　　3,500
　　貸：銀行存款　　　　　　　　　　　　　　　　3,500

二、庫存現金清查核算

為保證庫存現金的安全完整，企業應當對庫存現金進行定期和不定期的清查。庫存現金的清查包括出納人員每日的清點核對和清查小組定期和不定期的清查。

現金清查中發現現金短缺或盈餘應通過「待處理財產損溢」帳戶處理：如為現金短缺，按實際短缺金額借記「待處理財產損溢——待處理流動資產損溢」帳戶，貸記「庫存現金」；如為現金溢餘，按實際溢餘金額，借記「庫存現金」帳戶，貸記「待處理財產損溢——待處理流動資產損溢」帳戶。查明原因後，屬於記帳錯誤的現金短缺或溢餘，要及時進行更正；屬於應由責任人或保險公司賠償的現金短缺，轉入「其他應收款」「庫存現金」帳戶；屬於無法查明原因的現金短缺，計入「管理費用」帳戶；對於查無原因的現金溢餘，計入「營業外收入」帳戶。

【例 2-2】光輝公司在對出納人員進行現金清查中，發現現金短缺 500 元；經查明原因系出納人員的部分責任所致，經批準，由出納人員賠償 200 元，企業承擔損失 300 元。

（1）未查明原因前
借：待處理財產損溢——待處理流動資產損溢　　　500
　　貸：庫存現金　　　　　　　　　　　　　　　　500
（2）查明原因後
借：其他應收款　　　　　　　　　　　　　　　　200
　　管理費用　　　　　　　　　　　　　　　　　300
　　貸：待處理財產損溢——待處理流動資產損溢　　500

三、庫存現金的序時核算

為了全面、連續地反應和監督庫存現金的收支和結存情況，企業還要對庫存現金

進行序時核算。企業應當設置「現金日記帳」，由出納人員根據審核無誤的現金收、付款憑證，按照業務發生順序逐筆登記。每日終了，應當計算當日的現金收入合計額、現金支出合計額和結餘額，並將結餘額與實際庫存額核對，做到帳款相符。月份終了，現金日記帳的餘額須與現金總分類帳的餘額核對相符。有外幣現金的企業，應分別人民幣和各種外幣設置現金日記帳。

現金日記帳的格式及登記方法如表 2-1 所示。

【例 2-3】根據【例 2-1】資料，出納人員登記現金日記帳如表 2-1 所示。

表 2-1　　　　　　　　　　現 金 日 記 帳

2013 年度　　　　　　　　　　　　　第 _1_ 頁

2013年 月	日	憑證號	摘 要	借方 百十萬千百十元角分	貸方 百十萬千百十元角分	借或貸	餘 額 百十萬千百十元角分
1	1		期初餘額			借	1 5 0 0 0 0 0
	4	現付1	借差旅費		2 0 0 0 0 0		
		現付2	領備用金		1 0 0 0 0 0		
		現收1	銷售A產品	4 6 8 0 0 0			
		現收2	歸回借款	8 0 0 0 0			
		現付3	銷款送銀行		4 6 8 0 0 0		
			本日合計	5 4 8 0 0 0	7 6 8 0 0 0	借	1 2 8 0 0 0 0
	8	銀付3	支票提現	5 0 0 0 0 0			
		現付4	購買辦公品		9 0 0 0 0		
		現付5	報銷醫藥費		1 0 0 0 0		
		現收3	收賠償款	1 2 0 0 0			
			本日合計	5 1 2 0 0 0	1 0 0 0 0 0	借	1 6 9 2 0 0 0
	15	現收4	退回多餘款	2 0 0 0 0			
		現收5	收回貨款	9 0 0 0 0			
		現付6	支付報刊費		6 0 0 0 0		
		現付7	退回押金		8 0 0 0 0		
			本日合計	1 1 0 0 0 0	1 4 0 0 0 0	借	1 6 6 2 0 0 0
	30	現付8	購買辦公品		3 0 0 0 0		
		銀付6	提現發工資	1 0 0 0 0 0 0			
		現付9	發工資		1 0 0 0 0 0 0		
		現收6	出售廢報紙	1 0 0 0 0			
			本日合計	1 0 0 1 0 0 0 0	1 0 0 3 0 0 0 0	借	1 6 4 2 0 0 0
	31	銀付10	支票提現	3 5 0 0 0 0			
			本月合計	1 1 5 3 0 0 0 0	1 1 0 3 8 0 0 0	借	1 9 9 2 0 0 0

34

第三節　銀行存款

一、支付結算方式

1. 支付結算的含義及內容

支付結算是指單位、個人在社會經濟活動中使用票據、信用卡和匯兌、托收承付、委託收款等結算方式進行貨幣給付及其資金清算的行為。

2. 支付結算的分類

（1）按支付貨幣的形式不同，結算方式分為現金結算和轉帳結算

① 現金結算，是指企業在其生產經營活動中直接使用現金進行交易和支付的結算方式。

② 轉帳結算，是指通過銀行劃付清算，辦理轉帳的結算方式，所以，轉帳結算也稱銀行結算方式，包括三票、一證、一卡、三種方式，如圖2-1所示。

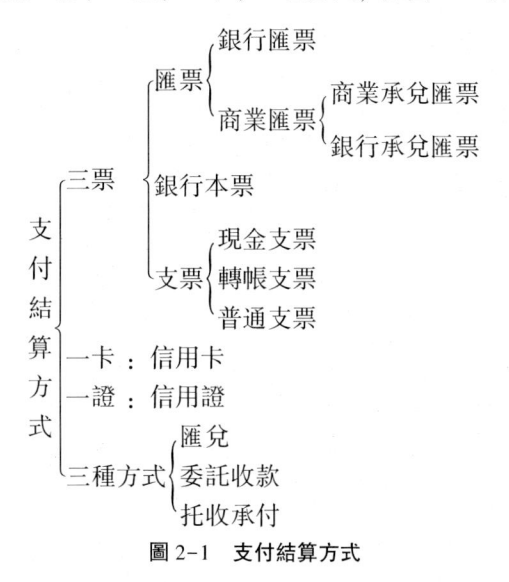

```
                        ┌ 銀行匯票
                 ┌ 匯票 ┤              ┌ 商業承兌匯票
                 │      └ 商業匯票 ────┤
         ┌ 三票 ─┤                     └ 銀行承兌匯票
         │      │ 銀行本票
         │      │      ┌ 現金支票
         │      └ 支票 ┤ 轉帳支票
支付結算 ┤             └ 普通支票
  方式   ├ 一卡：信用卡
         ├ 一證：信用證
         │            ┌ 匯兌
         └ 三種方式 ──┤ 委託收款
                      └ 托收承付
```

圖2-1　支付結算方式

（2）國內轉帳結算方式又分為票據結算方式和非票據結算方式

① 票據結算方式，是指採用匯票（包括銀行匯票和商業匯票）、銀行本票和支票進行結算的方式。

② 非票據結算方式，是由銀行通過記帳形式劃轉款項，包括信用卡、匯兌、托收承付、委託收款四種結算方式。

3. 各種結算方式對應的會計帳戶

支票、匯兌、委託收款、托收承付方式涉及的銀行結算主要通過「銀行存款」帳戶進行會計處理，是本節的主要內容。

銀行匯票存款、銀行本票存款、信用卡存款、信用證保證金存款、存出投資款、外埠存款等方式主要通過「其他貨幣資金」帳戶進行會計處理；商業匯票主要通過

「應收票據」和「應付票據」帳戶進行會計處理。這些內容在下面的內容中再介紹。

4. 支票

支票是指由出票人簽發的，委託辦理支票存款業務的銀行在見票時無條件支付確定的金額給收款人或者持票人的票據。支票上印有「現金」字樣的為現金支票，現金支票只能用於支取現金。支票上印有「轉帳」字樣的為轉帳支票，轉帳支票只能用於轉帳。支票上未印有「現金」或「轉帳」字樣的為普通支票，普通支票既可以用於支取現金，也可以用於轉帳。在普通支票左上角劃兩條平行線的，為劃線支票。劃線支票只能用於轉帳，不得支取現金。

支票的持票人應當自出票日起 10 日內提示付款，但中國人民銀行另有規定的除外。超過提示付款期限的，付款人可以不予付款。

企業開出支票時，根據支票存根和進帳單，借記有關帳戶，貸記「銀行存款」帳戶；企業收到支票並填製進帳單到銀行存款辦理收款手續後，借記「銀行存款」，貸記相關帳戶。

【例 2-4】光輝公司出納人員開出轉帳支票購買原材料，價款 100,000 元，稅額 17,000 元，收到對方開具的增值稅專用發票；開出轉帳支票支付前欠外單位貨款 200,000 元。企業會計處理如下：

(1) 購買原材料

借：原材料　　　　　　　　　　　　　　　　　　　　　　100,000
　　應交稅費——應交增值稅（進項稅額）　　　　　　　　　17,000
　　貸：銀行存款　　　　　　　　　　　　　　　　　　　117,000

(2) 支付貨款

借：應付帳款　　　　　　　　　　　　　　　　　　　　　200,000
　　貸：銀行存款　　　　　　　　　　　　　　　　　　　200,000

【例 2-5】光輝公司銷售 A 產品，價款 200,000 元，稅額 34,000 元，開具了增值稅專用發票，收到對方開具的等額轉帳支票一張；收到 M 公司開具的劃線支票一張，金額 50,000 元，償還前欠本公司的貨款。出納人員將兩張支票都到銀行辦理了轉帳。企業會計處理如下：

(1) 銷售產品

借：銀行存款　　　　　　　　　　　　　　　　　　　　　234,000
　　貸：主營業務收入　　　　　　　　　　　　　　　　　200,000
　　　　應交稅費——應交增值稅（銷項稅額）　　　　　　　34,000

(2) 收回貨款

借：銀行存款　　　　　　　　　　　　　　　　　　　　　50,000
　　貸：應收帳款　　　　　　　　　　　　　　　　　　　50,000

5. 匯兌

匯兌是指匯款人委託銀行將其款項支付給收款人的結算方式。

匯兌按款項劃轉方式不同，可分為信匯和電匯兩種。信匯是指匯款人委託銀行通過郵寄方式將款項劃給收款人。電匯是指匯款人委託銀行通過電報將款項劃轉給收款

人。在這兩種匯兌結算方式中，信匯費用較低，但速度相對較慢；電匯速度快，但費用較高。

單位和個人的各種款項的結算，均可使用匯兌結算方式。

付款企業將款項送交銀行，根據銀行簽發的匯款回單，借記有關帳戶，貸記「銀行存款」帳戶；收款單位根據銀行轉來的收款通知，借記「銀行存款」帳戶，貸記有關帳戶。

6. 托收承付

托收承付，是指根據購銷合同由收款人發貨後委託銀行向異地付款人收取款項，由付款人向銀行承認付款的結算方式。托收承付按結算款項的劃回方法不同，可分為郵劃和電劃兩種。托收承付結算具有使用範圍較窄、監督嚴格和信用度較高的特點。

辦理托收承付的款項，必須是商品交易，以及因商品交易而產生的勞務供應的款項。代銷、寄銷、賒銷商品的款項，不得辦理托收承付結算。收款人辦理托收，必須具有商品確已發運的證件（包括鐵路、航運、公路等運輸部門簽發的運單、運車副本和郵局包裹回執）。

托收承付結算每筆的金額起點為 10,000 元。新華書店系統每筆的金額起點為 1,000 元。

收款單位委託開戶行收取貨款，在收款人辦理托收時，填製一式五聯的托收憑證，銀行受理後在第一聯回單上蓋章後退回收款人，收款人據此作為應收帳款處理。

付款人收到開戶行發出承付通知進行承付。驗單付款的承付期為 3 天，從銀行對付款人發出承付通知日的次日（付款人來行自取的，為銀行收到托收憑證日的次日）算起（承付期內遇法定休假日順延），必須郵寄的，應加郵寄時間；驗貨付款的承付期為 10 天，從運輸部門向付款人發出提貨通知日的次日算起。付款人承付，即作為應付帳款處理。

【例 2-6】成都光輝公司銷售一批產品給重慶的 B 公司，價款 500,000 元，稅額 85,000 元，商品於 2009 年 9 月 5 日發運，用現金墊付運費 3,000 元，取得運輸發票，並在開戶銀行辦妥托收手續；B 公司於 2009 年 9 月 13 日收到承付通知，並於 15 日答應承付；2009 年 9 月 17 日，光輝公司接到銀行通知，該筆款項已入帳。

光輝公司的帳務處理：

（1）2009 年 9 月 5 日辦妥托收承付手續

借：應收帳款　　　　　　　　　　　　　　　　　　　588,000

　　貸：主營業務收入　　　　　　　　　　　　　　　　500,000

　　　　應交稅費——應交增值稅（銷項稅額）　　　　　85,000

　　　　庫存現金　　　　　　　　　　　　　　　　　　3,000

（2）2009 年 9 月 17 日收到款項

借：銀行存款　　　　　　　　　　　　　　　　　　　588,000

　　貸：應收帳款　　　　　　　　　　　　　　　　　　588,000

B 公司的帳務處理：

（1）2009 年 9 月 13 日承付

借：原材料　　　　　　　　　　　　　　　　　　　　503,000

應交稅費——應交增值稅（進項稅額）　　　　　　　　85,000
　　　　貸：應付帳款　　　　　　　　　　　　　　　　　　588,000
　（2）2009 年 9 月 15 日付款
　　借：應付帳款　　　　　　　　　　　　　　　　　　　588,000
　　　　貸：銀行存款　　　　　　　　　　　　　　　　　　588,000
　7. 委託收款
　委託收款是收款人委託銀行向付款人收取款項的結算方式。

　委託收款按結算款項的劃回方式不同，分為郵寄和電報兩種，由收款人選用；具有使用範圍廣、靈活、簡便等特點，在同城、異地均可以使用。

　單位和個人憑已承兌商業匯票、債券、存單等付款人債務證明辦理款項的結算，均可以使用委託收款結算方式。

　收款人辦理委託收款時，應當填寫「托收憑證」，並相關的收款依據及證明，在開戶行辦理委託收款手續。根據加蓋銀行業務受理章的「托收憑證」第一聯回單，借記「應收帳款」，貸記「其他業務收入（或主營業務收入）」帳戶；收款人在收到開戶行轉來的收款通知時，借記「銀行存款」帳戶，貸記「應收帳款」帳戶。

　付款人接到銀行付款通知，審查無誤後付款，借記「應付帳款」等帳戶，貸記「銀行存款」帳戶。

二、銀行存款的總分類核算

　1. 帳戶設置

　企業應設置「銀行存款」帳戶核算企業存入銀行或其他金融機構的各種款項。本帳戶借方登記銀行存款的增加，貸方登記銀行存款的減少，期末餘額在借方，反應企業存在銀行或其他金融機構的各種款項。

　2. 銀行存款帳務處理

　【例 2-7】光輝公司 2013 年「銀行存款」帳戶期初餘額為 2,043,000 元，1 月份發生銀行存款收付業務及帳務處理如下：

　（1）4 日，銷售 B 產品給丙商店，開出增值稅專用發票一張，價款 100,000 元，稅額 17,000 元，對方開具轉帳支票一張，出納人員填製進帳單將其存入開戶銀行。
　　借：銀行存款　　　　　　　　　　　　　　　　　　　117,000
　　　　貸：主營業務收入　　　　　　　　　　　　　　　　100,000
　　　　　　應交稅費——應交增值稅（銷項稅額）　　　　　　17,000
　（2）4 日，公司採購原材料 M，交回增值稅專用發票一張，價稅合計 234,000 元，出納人員開出轉帳支票一張及進帳單，支付貨款。
　　借：原材料　　　　　　　　　　　　　　　　　　　　200,000
　　　　應交稅費——應交增值稅（進項稅額）　　　　　　　34,000
　　　　貸：銀行存款　　　　　　　　　　　　　　　　　　234,000
　（3）4 日，出納人員到銀行辦理金額為 200,000 元的銀行匯票一張。
　　借：其他貨幣資金　　　　　　　　　　　　　　　　　200,000

  貸：銀行存款   200,000

（4）4日，將銷售款項4,680元存入銀行，帶回現金繳款單第一聯。

  借：銀行存款   4,680
   貸：庫存現金   4,680

（5）4日，銀行傳來信匯憑證收帳通知，上月大地氮肥廠所欠貨款58,900元於今日收到。

  借：銀行存款   58,900
   貸：應收帳款——大地氮肥廠   58,900

（6）8日，出納簽發一張現金支票，到銀行提取現金5,000元。

  借：庫存現金   5,000
   貸：銀行存款   5,000

（7）8日，向本市N企業出售B產品一批，取得價款150,000元，增值稅額25,500元，收到對方的銀行本票一張，出納人員開具增值稅專用發票。

  借：銀行存款   175,500
   貸：主營業務收入——B產品   150,000
     應交稅費——應交增值稅（銷項稅額）   25,500

（8）8日，日前將一張銀行承兌匯票送交銀行，今收到進帳單收帳通知（第三聯），收到票款200,000元。

  借：銀行存款   200,000
   貸：應收票據——銀行承兌匯票   200,000

（9）8日，銀行傳來托收承付收款通知（托收承付憑證第四聯），款項117,000元已經收存銀行。

  借：銀行存款   117,000
   貸：應收帳款   117,000

（10）15日，向大江廠出售B產品，價稅合計234,000元，當即收到對方的銀行匯票一張，出納人員開出增值稅專用發票。

  借：銀行存款   234,000
   貸：主營業務收入——B產品   200,000
     應交稅費——應交增值稅（銷項稅額）   34,000

（11）15日，金額為58,500的商業承兌匯票一張到期，收到銀行委託收款憑證收帳通知。

  借：銀行存款   58,500
   貸：應收票據——商業承兌匯票   58,500

（12）15日，採購員王強出差，借支備用金5,000元，出納人員開出現金支票。

  借：其他應收款——王強   5,000
   貸：銀行存款   5,000

（13）15日，以信匯方式支付前欠海洋廠的材料款100,000元。

  借：應付帳款——海洋廠   100,000

貸：銀行存款　　　　　　　　　　　　　　　　　　　　　　　100,000
　　（14）30 日，根據領導已經審批的工資表，開出金額為 100,000 元的現金支票一張到銀行提現。該業務根據支票存根和工資表登記銀行存款日記帳或編製銀行存款付款憑證，分錄為：
　　　借：庫存現金　　　　　　　　　　　　　　　　　　　　　　　100,000
　　　貸：銀行存款　　　　　　　　　　　　　　　　　　　　　　　100,000
　　（15）30 日，公司收到銀行支付到期銀行承兌匯票的付款通知。該匯票是二個月前本公司從光芒公司購進 C 材料時開出的商業匯票。
　　　借：應付票據——銀行承兌匯票　　　　　　　　　　　　　　　351,000
　　　貸：銀行存款　　　　　　　　　　　　　　　　　　　　　　　351,000
　　（16）30 日，收到銀行的商業承兌匯票付款通知。此匯票是三個月前開出的一張金額為 200,000 元的商業承兌匯票。
　　　借：應付票據——商業承兌匯票　　　　　　　　　　　　　　　200,000
　　　貸：銀行存款　　　　　　　　　　　　　　　　　　　　　　　200,000
　　（17）30 日，從本市某機器廠購回機器一臺，價稅合計 234,000 元，採用銀行本票結算。
　　①辦理銀行本票
　　　借：其他貨幣資金——銀行本票存款　　　　　　　　　　　　　234,000
　　　貸：銀行存款　　　　　　　　　　　　　　　　　　　　　　　234,000
　　②支付機器款項
　　　借：固定資產——某機器　　　　　　　　　　　　　　　　　　200,000
　　　　　應交稅費——應交增值稅（進項稅額）　　　　　　　　　　 34,000
　　　貸：其他貨幣資金——銀行本票存款　　　　　　　　　　　　　234,000
　　（18）31 日，開出現金支票 3,500 元，補足庫存限額。
　　　借：庫存現金　　　　　　　　　　　　　　　　　　　　　　　 3,500
　　　貸：銀行存款　　　　　　　　　　　　　　　　　　　　　　　 3,500
　　（19）31 日，購買 K 公司 M 材料，價稅合計 46,800 元，對方開出增值稅專用發票，出納人員開出等額轉帳支票一張交給對方。
　　　借：原材料　　　　　　　　　　　　　　　　　　　　　　　　 40,000
　　　　　應交稅費——應交增值稅（進項稅額）　　　　　　　　　　 6,800
　　　貸：銀行存款　　　　　　　　　　　　　　　　　　　　　　　 46,800

三、銀行存款的序時核算

　　為了全面、連續地反應和監督銀行存款的收支和結存情況，企業還要對銀行存款進行序時核算。企業應當設置「銀行存款日記帳」，由出納人員根據審核無誤的銀行存款收、付款憑證，按照業務發生順序逐筆登記。每日終了，應當計算當日的銀行存款收入合計額、銀行存款支出合計額、結出當日餘額。銀行存款日記帳應當定期與銀行轉來的對帳單進行核對，每月至少核對一次。

【例 2-8】根據【例 2-7】的資料，登記銀行存款日記帳如表 2-2 所示。

表 2-2   銀 行 存 款 日 記 帳
                          2013   年度   第__1__頁

2013年		憑證號	摘 要	借方	貸方	借或貸	餘 額
月	日						
1	1		期初餘額			借	2 0 4 3 0 0 0 0
	4	銀收1	銷售B產品	1 1 7 0 0 0 0 0			
		銀付1	採購M材料		2 3 4 0 0 0 0 0		
		銀付2	辦理銀行匯票		2 0 0 0 0 0 0		
		現付3	銷售款送銀行	4 6 8 0 0 0			
		銀收2	收到貨款	5 8 9 0 0 0 0			
			本日合計	1 8 0 5 8 0 0 0	4 3 4 0 0 0 0 0	借	1 7 8 9 5 8 0 0 0
	8	銀付3	支票提現		5 0 0 0 0 0		
		銀收3	銷售B產品	1 7 5 5 0 0 0 0			
		銀收4	銀行承兌匯票兌現	2 0 0 0 0 0 0 0			
		銀收4	托收承付款項已到	1 1 7 0 0 0 0 0			
			本日合計	4 9 2 5 0 0 0 0	5 0 0 0 0 0	借	2 2 7 7 0 8 0 0 0
	15	銀收5	銀行匯票收款	2 3 4 0 0 0 0 0			
		銀收6	商業承兌匯票收款	5 8 5 0 0 0 0			
		銀付4	借支備用金		5 0 0 0 0 0		
		銀付5	信匯付材料款		1 0 0 0 0 0 0 0		
			本日合計	2 9 2 5 0 0 0 0	1 0 5 0 0 0 0 0	借	2 4 6 4 5 8 0 0 0
	30	銀付6	提現發工資		1 0 0 0 0 0 0 0		
		銀付7	銀行承兌匯票付款		3 5 1 0 0 0 0 0		
		銀付8	商業承兌匯票付款		2 0 0 0 0 0 0		
		銀付9	銀行本票付機器款		2 3 4 0 0 0 0		
			本日合計		8 8 5 0 0 0 0 0	借	1 5 7 9 5 8 0 0 0
	31	銀付10	支票提現		3 5 0 0 0 0		
		銀付11	購買原材料		4 6 8 0 0 0 0		
			本日合計		5 0 3 0 0 0 0	借	1 5 2 9 2 8 0 0 0
			本月合計	9 6 5 5 8 0 0 0	1 4 7 9 3 0 0 0 0	借	1 5 2 9 2 8 0 0 0

四、銀行存款餘額調節表

1. 銀行存款餘額調節表的含義

銀行存款餘額調節表（格式如表 2-3 所示）是出納人員為了核對本單位銀行存款日記帳餘額與銀行方的存款帳面餘額而編製的，通過對雙方未達帳項進行調整而實現雙方餘額平衡的一種報表。

2. 未達帳項及種類

未達帳項，是指由於企業與銀行取得有關憑證的時間不同而發生的，一方已經取得憑證並登記入帳，另一方由於未取得憑證而尚未入帳的款項。

未達帳項主要包括以下情況：

（1）單位出納人員已經入帳，銀行方尚未入帳的款項。它具體包括：

① 單位存入銀行的款項，單位已經作為存款增加入帳，而銀行尚未辦手續入帳。如單位收到外單位的轉帳支票，填好進帳單，並經銀行受理蓋章，即可記帳，而銀行則要辦妥轉帳手續後，才能入帳。

② 單位開出轉帳支票或其他付款憑證，並已作存款減少入帳，銀行尚未支付沒有記帳。如單位已開出支票，而持票人尚未去銀行提現或轉帳等。

（2）銀行方已經入帳，單位尚未入帳的款項。它具體包括：

① 銀行代單位劃轉收取的款項已經收入帳，單位尚未收到銀行的收帳通知而未入帳。如委託銀行收取的貸款，銀行已入帳，而單位尚未收到銀行的收款通知。

② 銀行代單位劃轉支付的款項已經劃出並記帳，單位尚未收到付款通知而未入帳。如扣借款利息、應付購貨款的托收承付、代付水電費、通信費等。

出現第1類第①種和第2類第②種情況時，單位銀行存款日記帳帳面餘額會大於銀行對帳單的餘額；出現第1類第②種和第2類第①種情況時，單位銀行存款日記帳帳面餘額會小於銀行對帳單的餘額。

【例2-9】光輝公司2013年1月31日銀行存款日記帳餘額為1,529,280元，收到的銀行對帳單餘額為1,703,480元，出納人員進行逐筆核對後發現有以下未達帳項：

（1）K公司開出一張轉帳支票給本公司償付貨款，金額為46,800元。支票已送存銀行，但銀行尚未入帳。

（2）本公司開出5,000元現金支票一張供職工胡名作為借支的差旅費，本單位已入帳；但胡名尚未到銀行兌付，所以銀行尚未入帳。

（3）本公司開戶行代為收妥L公司貨款93,600元，銀行已入帳；而本單位尚未收到銀行收帳通知，所以企業尚未入帳。

（4）本公司開戶行代自來水公司和電力局扣本月水電費8,000元，銀行已入帳；而本單位尚未收到銀行的付帳通知，所以公司尚未入帳。

根據以上資料，企業編製銀行存款餘額調節表如表2-3所示。

表2-3　　　　　　　　　光輝公司銀行存款餘額調節表

2013年1月31日

項　目	金　額	項　目	金　額
銀行存款日記帳餘額	1,529,280.00	銀行對帳單餘額	1,401,880.00
加：銀行已收， 　公司未收的款項	93,600.00	加：企業已收， 　銀行未收的款項	46,800.00
減：銀行已付， 　公司未入帳的款項	8,000.00	減：企業已付， 　銀行未付的款項	5,000.00
調整後的銀行存款餘額	1,443,680.00	調整後的銀行存款餘額	1,443,680.00

第四節　其他貨幣資金

一、其他貨幣資金的內容及帳戶設置

1. 其他貨幣資金的內容

其他貨幣資金是指除庫存現金、銀行存款外的各種貨幣資金，主要包括銀行匯票存款、銀行本票存款、信用卡存款、信用證保證金存款、存出投資款、外埠存款等貨幣資金。

2. 帳戶設置

企業應當設置「其他貨幣資金」帳戶核算銀行匯票存款、銀行本票存款、信用卡存款、信用證保證金存款、存出投資款、外埠存款等其他貨幣資金的增減變化。該帳戶屬於資產類帳戶，借方登記增加的其他貨幣資金，貸方登記減少的其他貨幣資金，期末借方餘額，反應企業持有的其他貨幣資金。

本帳戶可按銀行匯票或本票、信用證的收款單位，外埠存款的開戶銀行，分別設置「銀行匯票」「銀行本票」「信用卡」「信用證保證金」「存出投資款」「外埠存款」等科目進行明細核算。

二、銀行匯票存款

1. 銀行匯票的基本知識

銀行匯票存款，是指企業為了取得銀行匯票，按規定存入銀行的款項。

銀行匯票是出票銀行簽發的，由其在見票時按照實際結算金額無條件支付給收款人或者持票人的票據。銀行匯票是目前異地結算中較為廣泛採用的一種結算方式。凡是各單位、個體經濟戶和個人需要在異地進行商品交易、勞務供應和其他經濟活動及債權債務的結算，都可以使用銀行匯票。

銀行匯票的出票人是指簽發匯票的銀行；收款人是指從銀行提取匯票所匯款項的單位和個人；付款人是指負責向收款人支付款項的銀行。

實行銀行匯票結算，持票人可以將匯票背書轉讓給銷貨單位，也可以通過銀行辦理分次支取或轉讓，另外還可以使用信匯、電匯或重新辦理匯票轉匯款項。

單位持銀行匯票購貨，凡在匯票的匯款金額之內的，可根據實際採購金額辦理支付，多餘款項將由銀行自動退回。

銀行匯票的提示付款期為銀行匯票自出票日起 1 個月內（按次月對日計算，無對日的，月末日為到期日，遇法定休假日順延）。持票人超過付款期限提示付款的，代理付款人不予受理。

2. 銀行匯票的帳務處理

（1）企業辦理銀行匯票時，根據「銀行匯票申請書」第一聯存根聯借記「其他貨幣資金──銀行匯票」，貸記「銀行存款」帳戶。

（2）企業採購人員持銀行匯票購買貨物時，借記「材料採購」「在途物資」「庫存

商品」「應交稅費——應交增值稅（進項稅額）」帳戶，貸記「其他貨幣資金——銀行匯票」帳戶。

（3）如有多餘款項，企業根據簽發銀行轉來的銀行匯票第四聯「多餘款收帳通知聯」中列明的「多餘金額」數額借記「銀行存款」，貸記「其他貨幣資金——銀行匯票」帳戶。

三、銀行本票存款

1. 銀行本票基本知識

銀行本票存款是指企業為取得銀行本票而按規定存入銀行的款項。

銀行本票是申請人將款項交存銀行，由銀行簽發的承諾自己在見票時無條件支付確定的金額給收款人或者持票人的票據。銀行本票可以用於轉帳，注明「現金」字樣的銀行本票可以用於支取現金。申請人或收款人為單位的，銀行不得為其簽發現金銀行本票。

單位、個體經濟戶和個人不管其是否在銀行開戶，他們之間在同城範圍內的所有商品交易、勞務供應以及其他款項的結算都可以使用銀行本票。收款單位和個人持銀行本票可以辦理轉帳結算，也可以支取現金，同樣也可以背書轉讓。

銀行本票的提示付款期限自出票日起最長不超過 2 個月。逾期的銀行本票，兌付銀行不予受理，但可以在簽發銀行辦理退款。

銀行本票見票即付，不予掛失。遺失的銀行本票在付款期滿後一個月確未被冒領的，可以辦理退款手續。

2. 銀行本票的帳務處理

（1）企業辦理銀行本票時，借記「其他貨幣資金——銀行本票」，貸記「銀行存款」帳戶。

（2）銀行按規定收取的辦理銀行本票手續費時，企業借記「財務費用——銀行手續費」，貸記「銀行存款或庫存現金」帳戶。

（3）企業持銀行本票購買貨物時，借記「材料採購」「在途物資」「庫存商品」「應交稅費——應交增值稅（進項稅額）」帳戶，貸記「其他貨幣資金——銀行本票」帳戶。

（4）如果實際購貨金額大於銀行本票金額，付款單位可以用支票或現金等補齊不足的款項，借記「材料採購」或「在途物資」等帳戶，貸記「銀行存款（庫存現金）」帳戶。

（5）如果實際購貨金額小於銀行本票金額，則由收款單位用支票或現金退回多餘的款項，借記「銀行存款（庫存現金）」，貸記「其他貨幣資金——銀行本票」帳戶。

【例2-10】光輝公司 2009 年 9 月 5 日用銀行存款辦理了 200,000 元的銀行匯票和 50,000 元的銀行本票各一張。9 月 10 日，採購人員使用銀行匯票到廣州購買材料乙一批，取得增值稅專用發票，金額 160,000 元，稅額 27,200 元，餘款退回銀行，各種發票帳單已經傳遞到財務部門。另外用現金支付採購費用 100 元。9 月 11 日用銀行本票支付廣告費 49,500 元，對方用現金退回多餘款項。光輝公司的會計處理如下：

(1) 辦理銀行匯票與本票

借：其他貨幣資金——銀行匯票存款　　　　　　　　　　　200,000
　　　　　　　　——銀行本票存款　　　　　　　　　　　 50,000
　貸：銀行存款　　　　　　　　　　　　　　　　　　　 250,000

(2) 用銀行匯票購買材料

借：材料採購　　　　　　　　　　　　　　　　　　　　 160,100
　　應交稅費——應交增值稅（進項稅額）　　　　　　　　 27,200
　　銀行存款　　　　　　　　　　　　　　　　　　　　　 12,800
　貸：其他貨幣資金——銀行匯票存款　　　　　　　　　 200,000
　　　庫存現金　　　　　　　　　　　　　　　　　　　　　　100

(3) 支付廣告費

借：銷售費用　　　　　　　　　　　　　　　　　　　　　49,500
　　庫存現金　　　　　　　　　　　　　　　　　　　　　　　500
　貸：其他貨幣資金——銀行本票存款　　　　　　　　　　50,000

四、信用卡存款

1. 信用卡基本知識

信用卡存款，是指企業為取得信用卡，按照規定規定存入銀行的存款。

信用卡，是指商業銀行向個人和單位發行的，憑以向特約單位購物、消費和向銀行存取現金，且具有消費信用的特制載體卡片。

凡在中國境內金融機構開立基本存款帳戶的單位可申領單位卡。單位卡可申請若干張，持卡人資格由申領單位法定代表人或其委託的代理人書面指定和注銷。

單位卡帳戶的資金一律從基本存款帳戶轉帳存入，不得交存現金，不得將銷貨收入的款項存入其帳戶；單位卡在使用過程中，需要向其帳戶續存資金的，一律從其基本存款帳戶轉帳存入。單位卡一律不得支取現金。

持卡人可持信用卡在特約單位購物、消費。單位卡不得用於 100,000 元以上的商品交易、勞務供應款項的結算。

2. 信用卡的帳務處理

(1) 企業從其基本存款帳戶交存備用金，借記「其他貨幣資金——信用卡存款」帳戶，貸記「銀行存款」帳戶。

(2) 企業在取得信用卡後，可用於採購零星物品時，借記「材料採購」「庫存商品」等帳戶，貸記「其他貨幣資金——信用卡存款」帳戶。

五、信用證保證金存款

信用證保證金存款是指採用信用證結算方式的企業為取得信用證而按規定存入銀行保證金專戶的款項。

企業將信用證保證金交存銀行，辦理信用證時，借記「其他貨幣資金——信用證保證金」帳戶，貸記「銀行存款」帳戶。

企業接到開證行通知，根據供貨單位信用證結算憑證及發票等單證，借記「材料採購」「在途物資」「庫存商品」「應交稅費——應交增值稅（進項稅額）」帳戶，貸記「其他貨幣資金——信用證保證金」帳戶。

企業將未用完的信用證保證金餘額轉入開戶銀行時，借記「銀行存款」帳戶，貸記「其他貨幣資金——信用證保證金」帳戶。

六、外埠存款

外埠存款是指企業到外地進行臨時或零星採購時，匯往採購地銀行開立採購專戶的款項。採購資金存款不計利息，除採購人員差旅費可以支取少量現金外，一律轉帳；採購專戶只付不收，付完清戶。

企業將款項匯往外地開立採購專戶時，借記「其他貨幣資金——外埠存款」，貸記「銀行存款」帳戶；收到採購人員提供的採購發票等單證，借記「材料採購」「在途物資」「庫存商品」「應交稅費——應交增值稅（進項稅額）」帳戶，貸記「其他貨幣資金——外埠存款」帳戶；採購完畢收回剩餘款項時，借記「銀行存款」，貸記「其他貨幣資金——外埠存款」帳戶。

【例2-11】光輝公司在上海銀行開立採購專戶並於2009年9月10日將200,000元款項匯往上海，進行採購活動；採購人員於2009年10月15日採購材料到達企業，取得增值稅專用發票注明金額150,000元，稅額22,500元，另有採購費用等相關憑證1,000元。多餘款項轉回當地開戶銀行。會計處理如下：

(1) 辦理外埠存款

借：其他貨幣資金——外埠存款　　　　　　　　　200,000
　　貸：銀行存款　　　　　　　　　　　　　　　　200,000

(2) 材料達到公司驗收入庫

借：原材料　　　　　　　　　　　　　　　　　　151,000
　　應交稅費——應交增值稅（進項稅額）　　　　　25,500
　　貸：其他貨幣資金——外埠存款　　　　　　　　176,500

(3) 將多餘的外埠存款轉回當地銀行結算戶

借：銀行存款　　　　　　　　　　　　　　　　　23,500
　　貸：其他貨幣資金——外埠存款　　　　　　　　23,500

復習思考題

1. 什麼是貨幣資金？企業的貨幣資金包括哪些內容？
2. 庫存現金的使用範圍是什麼？
3. 中國的銀行結算方式有哪些？各自的適用範圍如何？怎樣進行帳務處理？
4. 什麼是未達帳項？為什麼會產生未達帳項？
5. 企業怎樣編製銀行存款餘額調節表？
6. 其他貨幣資金包括哪些內容？如何進行帳務處理？

第三章　應收及預付款核算

第一節　應收帳款

一、應收帳款及核算帳戶

1. 應收帳款的含義

應收帳款，是指企業因銷售商品、產品、提供勞務等，應向購貨單位或者接受勞務單位收取的款項，其帳務處理包括對應收帳款本身的處理和對壞帳準備的處理。所以企業需要設置「應收帳款」和「壞帳準備」帳戶進行核算。

2. 設置帳戶

（1）「應收帳款」帳戶

「應收帳款」是資產類帳戶，核算企業因銷售商品、提供勞務等經營活動應收取的款項。本帳戶借方登記發生的應收未收帳款，貸方登記收回或轉銷的帳款，期末餘額一般在借方，反應企業尚未收回的應收帳款。本帳戶可按債務人進行明細核算。

（2）「壞帳準備」帳戶

「壞帳準備」是「應收帳款」帳戶的備抵帳戶，核算企業按規定從「資產減值損失——壞帳損失」中提取的壞帳準備，其借方登記企業已經發生的壞帳損失，貸方登記按規定提取的壞帳準備或收回的已經確認並轉銷的壞帳損失，期末貸方餘額反應企業已提取尚未轉銷的壞帳準備。

二、應收帳款的帳務處理

【例3-1】光輝公司發生的經濟業務及會計分錄如下：

2013年3月5日銷售A產品100件給M公司，單價100元，並為代購貨單位墊付包裝費、運雜費900元，款項尚未收到；3月19日收到貨款存入銀行。

（1）銷售A產品確認收入

借：應收帳款——M公司　　　　　　　　　　　　　　　　　12,600
　　貸：主營業務收入——A產品　　　　　　　　　　　　　　10,000
　　　　應交稅費——應交增值稅（銷項稅額）　　　　　　　　1,700
　　　　庫存現金　　　　　　　　　　　　　　　　　　　　　　900

（2）收回貨款存入銀行

借：銀行存款　　　　　　　　　　　　　　　　　　　　　　12,600

貸：應收帳款 12,600

三、壞帳準備的帳務處理

企業壞帳準備會計核算的方法是備抵法，即企業按期（一般是一個會計年度）對應收款項進行檢查，預計各項應收款項可能發生的壞帳，並計提壞帳準備；當某一應收款項全部或部分被確認為壞帳時，應當根據其確認的壞帳金額冲減壞帳準備，同時轉銷相應的應收款項金額。備抵法的關鍵在於合理地按期估計壞帳損失，即合理計提壞帳準備。企業計提壞帳準備的方法主要是應收帳款餘額百分比法。

應收帳款餘額百分比法，是根據企業會計期末應收帳款的帳面餘額並按照預先確定的估計壞帳率（計提比率）來估計本期壞帳損失並計算本期應計提壞帳準備的金額的方法。

當期實際計提的壞帳準備＝當期按應收帳款計算的應計提的壞帳準備金額
－「壞帳準備」帳戶的貸方餘額

計提的壞帳準備計入「資產減值損失」帳戶；發生壞帳時，直接用「壞帳準備」進行核銷。

【例3-2】光輝公司採用應收帳款餘額百分比法核算壞帳損失，壞帳準備的提取比例為5‰，根據如下資料編製會計分錄：

(1) 公司從2008年開始計提壞帳準備，該年應收帳款餘額是100萬元。
應計提壞帳準備＝1,000,000×5‰＝5,000（元）（期末餘額）
實際計提5,000元

借：資產減值損失——壞帳損失 5,000
　貸：壞帳準備 5,000

(2) 2009年和2010年年末應收帳款餘額分別為250萬元和220萬元，這兩年均未發生壞帳損失。

2009年：應計提壞帳準備＝2,500,000×5‰＝12,500（元）（期末餘額）
實際計提＝12,500－5,000＝7,500（元）（補提）

借：資產減值損失——壞帳損失 7,500
　貸：壞帳準備 7,500

2010年：應計提壞帳準備＝2,200,000×5‰＝11,000（元）（期末餘額）
實際計提＝11,000－12,500＝－1,500（元）（冲銷）

借：壞帳準備 1,500
　貸：資產減值損失——壞帳損失 1,500

(3) 2011年6月確認一筆壞帳損失18,000元；2011年年末應收帳款餘額為200萬元。

確認壞帳時：

借：壞帳準備 18,000
　貸：應收帳款 18,000

期末未提壞帳準備前帳戶餘額＝11,000－18,000＝－7,000（元）（借方餘額）

期末計算應計提壞帳準備 = 2,000,000×5‰ = 10,000 元（元）（期末餘額）
實際計提壞帳準備 = 10,000 － (－7,000) = 17,000（元）
借：資產減值損失——壞帳損失　　　　　　　　　　17,000
　　貸：壞帳準備　　　　　　　　　　　　　　　　　　17,000
(4) 2012 年又收回 2011 年確認的壞帳；2012 年應收帳款餘額為 300 萬元。
收回 2011 年確認的壞帳：
借：銀行存款　　　　　　　　　　　　　　　　　　18,000
　　貸：應收帳款　　　　　　　　　　　　　　　　　　18,000
同時：
借：應收帳款　　　　　　　　　　　　　　　　　　18,000
　　貸：壞帳準備　　　　　　　　　　　　　　　　　　18,000
期末未提壞帳準備前帳戶餘額 = 10,000+18,000 = 28,000（元）（貸方餘額）
期末計算應計提壞帳準備 = 3,000,000×5‰ = 15,000（元）
實際計提壞帳準備 = 15,000 － 28,000 = －13,000（元）（沖銷）
借：壞帳準備　　　　　　　　　　　　　　　　　　13,000
　　貸：資產減值損失——壞帳損失　　　　　　　　　　13,000

第二節　應收票據

一、應收票據及核算帳戶

應收票據，是企業因銷售商品、產品、提供勞務等而收到的商業匯票，包括銀行承兌匯票和商業承兌匯票。企業應在收到開出、承兌的商業匯票時，按應收票據的票面價值入帳。帶息應收票據，應在期末計提利息，計提的利息增加應收票據的帳面餘額。

企業應當設置「應收票據」帳戶核算企業因銷售商品、提供勞務等而收到的商業匯票。本帳戶借方登記收到的商業匯票的票面金額，貸方登記到期兌現的商業匯票的票面金額，期末餘額在借方，反應企業持有的商業匯票的票面金額。本帳戶可按開出承兌商業匯票的單位進行明細核算。

二、商業匯票

商業匯票是指由收款人或存款人（或承兌申請人）簽發，由承兌人承兌，並於到期日向收款人或被背書人無條件支付款項的一種票據。

商業匯票按其承兌人的不同，可以分為商業承兌匯票和銀行承兌匯票兩種。

(1) 商業承兌匯票，是指由收款人簽發，經付款人承兌，或者由付款人簽發並承兌的一種商業匯票。

(2) 銀行承兌匯票，是指由收款人或承兌申請人簽發，並由承兌申請人向開戶銀

行申請，經銀行審查同意承兌的匯票。

商業匯票的承兌期限最長不得超過 6 個月；商業匯票在同城、異地都可以使用，而且沒有結算起點的限制；商業匯票一律記名並允許背書轉讓。商業匯票到期後，一律通過銀行辦理轉帳結算，銀行不支付現金。

三、應收票據的會計處理

【例3-3】光輝公司為一般納稅人，有關應收票據的經濟業務及帳務處理如下：

(1) 銷售甲產品，價款 200,000 元，增值稅額 34,000 元，對方用支票支付了 34,000 元，另開出 6 個月期限，票面金額為 200,000 元的無息商業承兌匯票一張。

借：應收票據　　　　　　　　　　　　　　　　　　　200,000
　　銀行存款　　　　　　　　　　　　　　　　　　　　34,000
　貸：主營業務收入　　　　　　　　　　　　　　　　　200,000
　　　應交稅費——應交增值稅（銷項稅額）　　　　　　 34,000

(2) 公司將上述商業匯票背書轉讓給 K 公司，按應收票據的面值抵償上個月所欠購貨款 200,000 元。

借：應付帳款——K 公司　　　　　　　　　　　　　　 200,000
　貸：應收票據　　　　　　　　　　　　　　　　　　　200,000

(3) 公司上月收到的 M 公司開出的 6 個月期限，票面金額為 200,000 元的無息商業承兌匯票提前 5 個月到銀行進行貼現，貼現率為 6%。

商業匯票的貼現方法和計算如下：

$$貼現所得 = 票據到期值 - 貼現利息$$
$$貼現利息 = 票據到期值 \times 貼現率 \times 貼現期$$
$$貼現期 = 票據期限 - 企業已持有票據期限$$

貼現會計分錄如下：

① 持未到期的不帶息票據向銀行貼現

借：銀行存款（按實際收到的金額）
　　財務費用（按貼現息）
　貸：應收票據（按應收票據的票面餘額）

② 持未到期的帶息票據向銀行貼現

借：銀行存款（按實際收到的金額）
　　財務費用（按實際收到的金額小於票面帳面餘額的差額）
　貸：應收票據（按應收票據的票面餘額）
　　　財務費用（按實際收到的金額大於票面帳面餘額的差額）

本例：

貼現利息 = 200,000×5×6%/12 = 5,000（元）
貼現所得 = 200,000 - 5,000 = 195,000（元）

借：銀行存款　　　　　　　　　　　　　　　　　　　　195,000
　　財務費用　　　　　　　　　　　　　　　　　　　　 5,000

貸：應收票據　　　　　　　　　　　　　　　　　　　　　200,000
　　如果貼現的商業承兌匯票到期，承兌人（M公司）的銀行帳戶餘額不足支付，貼現銀行將商業承兌匯票退回申請貼現的企業（光輝公司），並從其帳戶上按票據到期值金額扣取款項，申請貼現的企業（光輝公司）收到銀行退回的應收票據、支款通知和拒絕付款理由書或付款人未付票款通知書時，按票面價值（如是帶息票據為到期值即本利和）：
　　借：應收票據　　　　　　　　　　　　　　　　　　　　　200,000
　　貸：銀行存款　　　　　　　　　　　　　　　　　　　　　200,000
　　同時將應收票據轉為應收帳款：
　　借：應收帳款　　　　　　　　　　　　　　　　　　　　　200,000
　　貸：應收票據　　　　　　　　　　　　　　　　　　　　　200,000
　　如申請貼現企業的銀行存款帳戶餘額不足，銀行作逾期貸款處理，按轉作貸款的本息。
　　借：應收帳款　　　　　　　　　　　　　　　　　　　　　200,000
　　貸：短期借款　　　　　　　　　　　　　　　　　　　　　200,000
　　同時將應收票據轉為應收帳款：
　　借：應收帳款　　　　　　　　　　　　　　　　　　　　　200,000
　　貸：應收票據　　　　　　　　　　　　　　　　　　　　　200,000
　　（4）公司4個月前收到的一張期限為3個月、票面利率為12%的100,000元帶息銀行承兌匯票到期，到銀行辦理了手續，收回本金和利息。
　　借：銀行存款　　　　　　　　　　　　　　　　　　　　　103,000
　　貸：應收票據　　　　　　　　　　　　　　　　　　　　　100,000
　　　　財務費用　　　　　　　　　　　　　　　　　　　　　　3,000
　　（5）因付款人（N公司）無力支付票款，收到銀行退回的商業承兌匯票、委託收款憑證、未付票款通知書或拒絕付款證明等，按應收票據的帳面餘額100,000元轉為應收帳款。
　　借：應收帳款　　　　　　　　　　　　　　　　　　　　　100,000
　　貸：應收票據　　　　　　　　　　　　　　　　　　　　　100,000

第三節　預付帳款

一、預付帳款及帳戶設置

　　預付帳款，是指企業按照購貨合同規定預付給供應單位的款項。
　　企業應當設置「預付帳款」帳戶來核算企業按照合同規定預付的款項，其借方登記在採購業務發生之前預付的貨款或採購業務發生之後補付的貨款，貸方登記所購貨物或接受勞務的金額記退回多付的款項，期末餘額一般在借方，反應企業預付的款項；

期末如為貸方餘額，反應企業尚未補付的款項。本帳戶可按供貨單位進行明細核算。預付款項情況不多的，也可以不設置本帳戶，將預付的款項直接記入「應付帳款」帳戶。

二、預付帳款的帳務處理

企業因購貨而預付的款項，借記「預付帳款」帳戶，貸記「銀行存款」等帳戶。

收到所購物資，按應計入購入物資成本的金額，借記「材料採購」或「原材料」「庫存商品」等帳戶，按應支付的金額，貸記本帳戶。補付的款項，借記本帳戶，貸記「銀行存款」等帳戶；退回多付的款項做相反的會計分錄。涉及增值稅進項稅額的，還應進行相應的處理。

【例3-4】光輝公司用銀行存款向 B 公司預付購貨款 50,000 元，8 天後收到材料入庫，並取得增值稅專用發票，價款 100,000 元，增值稅 17,000 元，補付現金 61,700 元。光輝公司的帳務處理如下：

(1) 預付款項

借：預付帳款——B 公司　　　　　　　　　　　50,000
　　貸：銀行存款　　　　　　　　　　　　　　　50,000

(2) 收到材料

借：原材料　　　　　　　　　　　　　　　　100,000
　　應交稅費——應交增值稅（進項稅額）　　　17,000
　　貸：預付帳款　　　　　　　　　　　　　　117,000

(3) 補付貨款（或退回餘款）

借：預付帳款　　　　　　　　　　　　　　　　67,000
　　貸：銀行存款　　　　　　　　　　　　　　　67,000

第四節　其他應收款

一、其他應收款及帳戶設置

其他應收款，是指企業除應收票據、應收帳款、預付帳款的其他各種應收、暫付款項，主要包括：應收的各種賠款、罰款；應收出租包裝物租金；應向職工收取的各種墊付款項；不設置「備用金」帳戶的企業撥出的備用金；以及其他的各種應收、暫付款項。

企業應當設置「其他應收款」帳戶核算企業除存出保證金、應收票據、應收帳款、預付帳款、應收股利、應收利息、長期應收款等以外的其他各種應收及暫付款項。本帳戶借方登記發生的各種應收未收其他應收款項，貸方登記款項的收回或轉銷，期末餘額在借方，反應企業尚未收回的其他應收款項。本帳戶可按對方單位（或個人）進行明細核算。

二、其他應收款的帳務處理

企業發生其他各種應收、暫付款項時，借記本帳戶，貸記「銀行存款」「固定資產清理」等帳戶；收回或轉銷各種款項時，借記「庫存現金」「銀行存款」等帳戶，貸記本帳戶。

【例3-5】2012年12月2日，業務員馬可預借差旅費5,000元，一個星期後回來報銷差旅費5,800元。其帳務處理如下：

（1）借支差旅費

借：其他應收款——馬可　　　　　　　　　　　　　　　　5,000
　　貸：庫存現金　　　　　　　　　　　　　　　　　　　　5,000

（2）報銷費用

借：管理費用　　　　　　　　　　　　　　　　　　　　　5,800
　　貸：其他應收款　　　　　　　　　　　　　　　　　　　5,000
　　　　庫存現金　　　　　　　　　　　　　　　　　　　　　800

【例3-6】光輝公司財產清查後，「帳存實存對比表」所列毀損D材料2,000元。經查屬於自然災害造成的損失，保險公司同意賠付1,300元。相關的會計處理如下：

（1）批準前，調整材料帳存數

借：待處理財產損溢——待處理流動資產損溢　　　　　　　2,000
　　貸：原材料——D材料　　　　　　　　　　　　　　　　2,000

（2）批準後

借：其他應收款——保險公司　　　　　　　　　　　　　　1,300
　　營業外支出　　　　　　　　　　　　　　　　　　　　　700
　　貸：待處理財產損溢——待處理流動資產損溢　　　　　　2,000

復習思考題

1. 企業應收及預付款包括哪些內容？
2. 企業如何進行壞帳準備的會計處理？
3. 「應收票據」帳戶核算的內容是什麼？
4. 企業如何進行票據貼現？其帳務處理為何？

第四章　存貨核算

第一節　存貨的內涵及確認

一、存貨的含義與內容

1. 存貨的含義

存貨，是指企業在日常活動中持有以備出售的產成品或商品、處在生產過程的在產品、在生產過程或提供勞務過程中耗用的材料和物料等。存貨在1年或超過1年的一個營業週期內被消耗或經出售轉換為現金、銀行存款或應收帳款等，具有明顯的流動性和變現性的特徵，所以屬於流動資產。

2. 存貨的內容

存貨具體包括各種原材料、燃料、包裝物、低值易耗品、在產品、產成品和商品、委託加工材料、委託代銷商品等。

（1）原材料，是指企業在生產過程中經加工改變其形態或性質並構成產品主要實體的各種原料及主要材料、輔助材料、外購半成品（外購件）、燃料、修理用備件（備品備件）、包裝材料等。為建造固定資產等各項工程而儲備的各種材料，雖然同屬於材料，但是由於用於建造固定資產等各項工程，不符合存貨的定義，因此不能作為企業存貨進行核算。

（2）在產品，是指企業正在製造尚未完工的產品，包括正在各個生產工序加工的產品和已加工完畢但尚未檢驗或已檢驗但尚未辦理入庫手續的產品。

（3）半成品，是指經過一定生產過程並已檢驗合格交付半成品倉庫保管，但尚未製造完工成為產成品，仍須進一步加工的中間產品。

（4）產成品，是指企業已經完成全部生產過程並已驗收入庫，可以按照合同規定的條件送交訂貨單位，或者可以作為商品對外銷售的產品。企業接受來料加工製造的代製品和為外單位加工修理的代修品，製造和修理完成驗收入庫後，應視同企業的產成品。

（5）商品，指商品流通企業外購或委託加工完成驗收入庫用於銷售的各種商品。

（6）周轉材料，指企業能夠多次使用、逐漸轉移其價值但仍保持原有形態而不確認為固定資產的材料，如包裝物和低值易耗品。其中，包裝物是指為了包裝本企業商品而儲備的各種包裝容器，如桶、箱、瓶、壇、袋等。其主要作用是盛裝、裝潢產品或商品。低值易耗品是指不符合固定資產確認條件的各種用具物品，如工具、管理用

具、玻璃器皿、勞動保護用品，以及在經營過程中周轉使用的容器等。

二、存貨的確認條件

企業的存貨必須在符合其定義的前提下，同時滿足下列兩個條件，才能予以確認：

1. 該存貨有關的經濟利益很可能流入企業

存貨是企業的一項重要資產，資產最重要的特徵是預期會給企業帶來經濟利益。因此，對存貨的確認首先是判斷其是否很可能為企業帶來經濟利益。在實際工作中，擁有存貨的所有權是判斷與該存貨有關的經濟利益很可能流入企業的一個重要標志。因此，企業的存貨，應以企業對存貨是否具有法定所有權為依據來判斷。凡在盤存日期法定所有權屬於企業的，都應作為企業的存貨，不論其存放地點如何。

2. 該存貨的成本能夠可靠計量

成本或者價值能夠可靠計量是資產確認的一項基本條件。因此，只有成本能夠可靠地計量才能確認為存貨。存貨的成本能夠可靠地計量必須以取得的確鑿證據為依據，並具有可驗證性。

第二節　存貨的初始計量

一、存貨初始計量的規定

取得存貨時對存貨價值的確認就是存貨的初始計量。存貨應當按照成本進行初始計量，存貨成本包括採購成本、加工成本和其他成本。

1. 存貨的採購成本

存貨的採購成本，包括購買價款、進口關稅和其他稅費、運輸費、裝卸費、保險費以及其他可歸屬於存貨採購成本的費用。

（1）購買價款，是指企業購入材料或商品的發票價格，是不含增值稅的價格。如存在商業折扣的情況下，應將商業折扣扣除後的餘款作為購買價款；如果是進口商品，採購價格除國外進價還應分攤外匯價差，其國外進價一律以到岸價為基礎，如按合同以離岸價成交，商品離開對方口岸後，應由我方負擔的運雜費、保險費、傭金等費用計入進價。收入的傭金，能夠按照商品認定的，直接沖減該商品的進價，不能夠認定是哪種商品的，則沖減銷售費用。

（2）相關稅費，是指進口關稅、消費稅、資源稅和不能抵扣的增值稅進項稅額，以及相應的教育費附加等應計入存貨採購成本的稅費。

如為小規模納稅企業，價外增值稅計入存貨成本；如為一般納稅企業，且未取得增值專用發票或完稅憑證的，價外增值稅計入存貨成本；如取得增值稅專用發票或完稅憑證中證明的，價外增值稅作為進項稅額抵扣增值稅，則不計入存貨成本。

（3）附加費用，是指可以計入存貨成本但不包括在上述採購成本中的費用。其主要指採購過程中發生的運輸費、裝卸費、保險費、包裝費；運輸途中的合理損耗；入

庫前的挑選整理費用等。

2. 存貨的加工成本

存貨的加工成本，包括直接人工和製造費用。

（1）直接人工，是指企業在生產產品和提供勞務過程中發生的直接從事產品生產和勞務提供人員的職工薪酬。

（2）製造費用，是指企業為生產產品和提供勞務而發生的各項間接費用。其包括企業生產部門管理人員的職工薪酬、折舊費、辦公費、水電費、機物料消耗、勞動保護費、季節性和修理期間的停工損失等。企業應當根據製造費用的性質，合理選擇分配方法。

3. 存貨的其他成本

存貨的其他成本，是指除採購成本、加工成本以外的，使存貨達到目前場所和狀態所發生的其他支出，如在生產過程中為達到下一個生產階段所必需的費用、為特定客戶設計產品所發生的設計費用等。

二、存貨實際成本的構成

1. 外購存貨的成本

外購存貨的成本，指企業的存貨從採購到入庫前所發生的全部支出，包括購買價款、相關稅費、運輸費、裝卸費、保險費、運輸途中的合理損耗、入庫前的挑選整理費用等。

對於採購過程中發生的物資毀損、短缺等，除合理的損耗應當計入存貨的採購成本外，其他應區別不同情況進行會計處理。

（1）從供貨單位、外部運輸機構等收回的物資短缺或其他賠款，應冲減所購物資的採購成本。

（2）因遭受意外災害發生的損失和尚待查明原因的途中損耗，暫作為待處理財產損溢進行核算，查明原因後再作處理。

2. 自制存貨的成本

企業自制的存貨主要包括產成品、在產品、半成品、委託加工物資等，其成本由採購成本、加工成本構成。

委託外單位加工的存貨，以實際耗用的原材料或者半成品成本、加工成本、運輸費、裝卸費等費用以及按規定應計入成本的稅金作為實際成本。

3. 投資者投入存貨的成本

投資者投入存貨的成本應當按照投資合同或協議約定的價值確定，但合同或協議約定價值不公允的除外。在投資合同或協議約定價值不公允的情況下，按照該項存貨的公允價值作為其入帳價值。

4. 接受捐贈的存貨

捐贈方提供了有關憑據（如發票、報關單、有關協議）的，按憑據上標明的金額加上應支付的相關稅費作為實際成本。捐贈方沒有提供有關憑據的，按以下順序確定其實際成本：① 同類或類似存貨存在活躍市場的，按同類或類似存貨的市場價格估計

的金額，加上應支付的相關稅費作為實際成本；② 同類或類似存貨不存在活躍市場的，按該接受捐贈存貨預計未來現金流量的現值，作為實際成本。

5. 以非貨幣性交易換入的存貨

非貨幣性資產交換是指交易雙方以非貨幣性資產進行的交換。在這裡以非貨幣性交易換入的存貨，主要包括以存貨換入的存貨、以固定資產或無形資產換入的存貨等。這其中可能會涉及少量的貨幣支付，稱其為「補價」。企業以非貨幣性資產交換取得的存貨，其實際成本應當根據該項交換是否具有商業實質以及換入存貨或換出資產的公允價值是否能夠可靠地計量，分別以公允價值為基礎進行計量或以歷史成本為基礎進行計量。

6. 債務重組取得的存貨

企業通過債務重組取得的存貨，應當對受讓方的存貨按其公允價值減去可抵扣的增值稅進項稅額後的差額，加上應支付的相關稅費，確認為實際成本。重組債權的帳面餘額與受讓的存貨的公允價值之間的差額，計入當期損益。

有關非貨幣性資產交換取得存貨和債務重組取得存貨的核算的內容將在《高級財務會計》內容中介紹。

7. 盤盈的存貨

盤盈存貨的成本，應按照同類或類似存貨的市場價格作為實際成本。

第三節　存貨的核算方法

一、存貨核算的基本方法

1. 存貨按實際成本計價

存貨按實際成本計價即實際成本法，是指存貨的日常核算採用實際成本為基礎進行核算的方法。在該方法下，企業存貨的採購、收發和結存，不論是總分類核算還是明細分類核算，都按實際成本計價。所以，存按實際成本計價的特點是：從存貨的收發憑證到明細帳和總分類帳都全部採用實際成本計價。

實際成本法適合於規模較小、存貨品種簡單、採購業務不多的企業。

2. 存貨按計劃成本計價

存貨按計劃成本計價即計劃成本法，是指企業對存貨的收入、發出和結存均按預先制訂的計劃成本單價進行日常核算；同時另設「材料成本差異」帳戶，反應實際成本與計劃成本的差異以及差異的分攤情況，並在月末將發出存貨和結存存貨由計劃成本調整為實際成本的方法。

採用計劃成本法的前提是預先要制訂每一種存貨的計劃成本，計劃成本的組成內容要與存貨實際成本的組成內容一致，包括買價、運雜費和相關的稅金等。制訂計劃成本要盡可能接近實際成本。

計劃成本法一般適用於存貨品種繁多、收發頻繁的企業。

二、存貨發出的計價方法

1. 實際成本法下發出存貨成本的確定方法

在實際成本法下，企業發出存貨計價方法應採用先進先出法、加權平均法和個別計價法。

（1）先進先出法，是假設先收到的存貨先出售或耗用，並根據這種假設的實物流轉和成本流轉順序對發出存貨的期末存貨進行計價的方法。採用先進先出法，存貨成本是按最近購入存貨確定的，期末存貨的成本比較接近現行的市場價值，而發出存貨的成本反應以前成本的市場價值，特別是在物價上漲時期，會減少當期成本，會造成收入與成本不配比，致使當期財務成果不夠真實。

【例4-1】光輝公司2013年3月份A材料收發及結存情況如表4-1所示。

表4-1　　　　　　　　　　A材料收發及結存表

2013年		摘要	收入		發出數量（千克）	結存數量（千克）
月	日		數量（千克）	單價（元）		
3	1	月初結存				4,000
	2	購入	4,000	2.20		8,000
	8	發出			6,500	1,500
	12	購入	5,000	2.40		6,500
	23	發出			4,500	2,000
	31	本期合計及期末餘額	9,000		11,000	2,000

採用先進先出法計算A材料發出成本和期末結存成本，A材料明細帳如表4-2所示。

表4-2　　　　　　　　　　A材料明細帳

存貨類別：　　　　　　存貨編號：　　　　　　　　數量單位：千克
最高存量：　　　　　　最低存量：　　　　　　　　金額單位：元
名稱及規格：A材料

2013年		憑證號數	摘要	收入			發出			結存		
月	日			數量	單價	金額	數量	單價	金額	數量	單價	金額
3	1	略	月初結存							4,000	2.00	8,000
	2		購入	4,000	2.20	8,800				4,000 4,000	2.00 2.20	8,000 8,800
	8		發出				4,000 2,500	2.00 2.20	8,000 5,500	1,500	2.20	3,300
	12		購入	5,000	2.40	12,000				1,500 5,000	2.20 2.40	3,300 12,000
	23		發出				1,500 3,000	2.200 2.40	3,300 7,200	2,000	2.40	4,800
	31		本月合計	9,000		20,800	11,000		24,000	2,000		4,800

本例中：
本月發出原材料的成本＝(4,000×2+2,500×2.2)+(1,500×2.2+3,000×2.4)
　　　　　　　　　＝24,000（元）
月末結存存貨成本＝2,000×2.4＝4,800（元）

（2）個別計價法，又稱分批實際法，是以某批原材料收入時的實際成本作為該批原材料存貨發出的實際成本的一種計價方法。採用這種方法，必須使每一批購入的存貨都要分別計量，明細分類帳能分別反應每批存貨購進數量、單價、金額，並能分別存放，出庫時能準確認定。個別計價法下，發出存貨和期末存貨計價的計算公式如下：

發出某批存貨的價值＝發出該批存貨數量×該批存貨實際單位成本

本期發出存貨總成本＝∑ 各批發出存貨成本

期末存貨價成本＝期初存貨結存成本+本期收入存貨成本－本期發出存貨成本

【例4-2】續【例4-1】，假設企業5月8日發出材料6,500千克，其中3,500千克是月初結存，3,000千克是5月2日購入的存貨；5月23日發出材料4,500千克，其中500千克是月初結存，4,000千克是5月12日購入的存貨。採用個別計價法計算A材料發出金額和結存金額情況，如表4-3所示。

表4-3　　　　　　　　　　　A材料明細帳

存貨類別：　　　　　　存貨編號：　　　　　　　　數量單位：千克
最高存量：　　　　　　最低存量：　　　　　　　　金額單位：元
名稱及規格：A材料

2013年		憑證號數	摘要	收入			發出			結存		
月	日			數量	單價	金額	數量	單價	金額	數量	單價	金額
5	1	略	月初結存							4,000	2.00	8,000
	2		購入	4,000	2.20	8,800				4,000 4,000	2.00 2.20	8,000 8,800
	8		發出				3,500 3,000	2.00 2.20	7,000 6,600	500 1,000	2.00 2.20	1,000 2,200
	12		購入	5,000	2.40	12,000				500 1,000 5,000	2.00 2.20 2.40	1,000 2,200 12,000
	23		發出				500 4,000	2.00 2.40	1,000 9,600	1,000 1,000	2.20 2.40	2,200 2,400
	31		本月合計	9,000		20,800	11,000		24,200	2,000		4,600

本例中：
本月發出A材料的成本＝(3,500×2+3,000×2.2)+(500×2+4,000×2.4)
　　　　　　　　　＝24,200（元）
月末庫存存貨成本＝1,000×2.2+1,000×2.4＝4,600（元）

個別計價法能夠準確計算發出存貨和期末存貨的成本，符合實際情況。對於不能替代使用的存貨、為特定項目專門購入或製造的存貨等，通常採用個別計價法確定發

出存貨的成本。在實際工作中，越來越多的企業採用計算機信息系統進行會計處理，個別計價法可以廣泛應用於發出存貨的計價。

（3）月末一次加權平均法，又稱全月一次加權平均法，是指本月全部購入存貨數量加月初存貨數量作為權數，去除本月全部購入存貨的成本加上本月初存貨的成本，計算出存貨的加權平均單價，從而確定存貨的發出和期末存貨成本的一種方法。其計算公式為：

$$加權平均單位成本 = \frac{月初存貨實際成本 + 本月購進存貨實際成本}{月初存貨數量 + 本月購進存貨數量}$$

本月發出存貨成本 = 本月發出存貨數量 × 加權平均單位成本

月末庫存存貨成本 = 月初存貨的實際成本 + 本月進貨總成本 − 本月發出存貨成本

【例4-3】續【例4-1】，採用月末一次加權平均法計算 A 材料發出成本和期末結存成本，A 材料明細帳如表4-4所示。

表 4-4　　　　　　　　　　　A 材料明細帳

存貨類別：　　　　　　存貨編號：　　　　　　　　　數量單位：千克

最高存量：　　　　　　最低存量：　　　　　　　　　金額單位：元

名稱及規格：A 材料

2013年		憑證號數	摘要	收入			發出			結存		
月	日			數量	單價	金額	數量	單價	金額	數量	單價	金額
5	1	略	月初結存							4,000	2.00	8,000
	2		購入	4,000	2.20	8,800				8,000		
	8		發出				6,500			1,500		
	12		購入	5,000	2.40	12,000				6,500		
	23		發出				4,500			2,000		
	31		本月合計	9,000		20,800	11,000	2.22	24,420	2,000	2.22*	4,380*

注：*含尾數調整。

本例中：

$$加權平均單位成本 = \frac{8,000 + (8,800 + 12,000)}{4,000 + (4,000 + 5,000)} = 2.22（元）$$

本月發出材料成本 = 11,000 × 2.22 = 24,420（元）

月末庫存材料成本 = 8,000 + 20,800 − 24,420 = 4,380（元）

採用月末一次加權平均法，平時收入存貨時按數量、單價和金額登記，發出存貨時只登記數量，在月末一次計算發出存貨成本和期末存貨成本，簡化了存貨發出成本的計算工作。但由於成本計算工作集中在月末進行，平時不能從帳上反應發出存貨和結存存貨的單價和金額，不利於存貨成本的日常管理與控制。

（4）移動加權平均法，是指在每次購入存貨後，根據存貨庫存數量和金額計算出新的平均單位成本，再按這平均單位成本計算出隨後發出存貨成本的一種方法。採用移動加權平均法每購進一次存貨就要計算一次平均單價。其計算公式為：

$$移動加權平均單位成本 = \frac{原有庫存存貨的實際成本+本次進貨的實際成本}{原有庫存存貨數量+本次進貨數量}$$

本次發出存貨成本 = 本次發出存貨數量×當前移動平均單位成本

月末庫存存貨成本 = 月末庫存存貨的數量 ×當期移動平均單位成本

　　　　　　　　= 月初存貨的實際成本+本月進貨總成本−本月發出存貨成本

【例4-4】續【例4-1】，採用移動加權平均法計算A材料發出成本和期末結存成本，A材料明細帳如表4-5所示。

表4-5　　　　　　　　　　　　A材料明細帳

存貨類別：　　　　　　　存貨編號：　　　　　　　數量單位：千克

最高存量：　　　　　　　最低存量：　　　　　　　金額單位：元

名稱及規格：A材料

2013年		憑證號數	摘　要	收　入			發　出			結　存		
月	日			數量	單價	金額	數量	單價	金額	數量	單價	金額
5	1	略	月初結存							4,000	2.00	8,000
	2		購入	4,000	2.20	8,800				8,000	2.10	16,800
	8		發出				6,500	2.10	13,650	1,500	2.10	3,150
	12		購入	5,000	2.40	12,000				6,500	2.33*	15,150
	23		發出				4,500	2.33	10,485	2,000	2.33*	4,665
	31		本月合計	9,000		20,800	11,000		24,135	2,000	2.33*	4,665

注：＊含尾數調整。

本例中：

5月2日購入材料後的單位成本 = $\frac{8,000+8,800}{4,000+4,000}$ = 2.10（元）

5月8日發出材料的成本 = 6,500×2.1 = 13,650（元）

5月12日購入材料後的單位成本 = $\frac{3,150+12,000}{1,500+5,000}$ = 2.33（元）

5月23日發出材料的成本 = 4,500×2.33 = 10,485（元）

本月發出材料成本 = 13,650+10,485 = 24,135（元）

月末庫存材料成本 = 8,000+20,800−24,135 = 4,665（元）

採用移動加權平均法能夠使企業管理當局及時了解存貨的發出與結存成本情況，計算的加權平均單位成本比較客觀。但由於每次收貨後都要計算一次平均單位成本，計算工作量較大，對收發貨較頻繁的企業不適用。

2. 計劃成本法下發出存貨成本的確定

存貨按計劃成本計價，要求企業存貨的總分類核算和明細分類核算均按計劃成本計價，並開設相應的「材料成本差異」總分類帳帳戶，根據需要開設「材料成本差異」帳戶的明細分類帳帳戶。

在月末，將發出存貨和結存存貨由計劃成本調整為實際成本。其調整公式為：

發出存貨的實際成本＝發出存貨的計劃成本±材料成本差異

材料成本差異＝發出存貨的計劃成本×材料成本差異率

$$\text{本期材料成本差異率} = \frac{\text{期初結存材料的成本差異} + \text{本期驗收入庫材料的成本差異}}{\text{期初結存材料的計劃成本} + \text{本期驗收入庫材料的計劃成本}}$$

三、存貨期末計價方法

存貨期末計價是指會計期末對存貨價值的重新計量。根據《企業會計準則第1號——存貨》的規定，在資產負債表日，存貨應當按照成本與可變現淨值孰低計量。這裡存貨成本是指期末存貨的實際成本。可變現淨值，是指在日常活動中，存貨的估計售價減去至完工時估計將要發生的成本、估計的銷售費用和相關稅費後的金額。

第四節 原材料

一、原材料按實際成本計價的核算

1. 帳戶設置

（1）「在途物資」帳戶。企業應當設置本帳戶核算企業採用實際成本進行材料、商品等物資的日常核算、貨款已付尚未驗收入庫的在途物資的採購成本。借方登記已支付或開出承兌商業匯票的材料物資實際採購成本，貸方登記驗收入庫材料物資的實際採購成本。期末借方餘額，反應企業在途材料、商品等物資的採購成本。本帳戶可以按照供應單位和物資品種進行明細核算。

（2）「原材料」帳戶。企業應當設置本帳戶核算企業庫存的各種材料的實際成本。借方登記外購、自製、委託加工、盤盈、接受投資等取得原材料的實際成本，貸方登記材料發出耗用、對外銷售、盤虧、毀損及對外投資、捐贈原材料的實際成本。期末借方餘額，反應企業庫存材料的實際成本。本帳戶可以按照材料的保管地點（倉庫）、材料的類別、品種和規格等進行明細核算。

收到來料加工裝配業務的原料、零件等，應當設置備查簿進行登記。

2. 原材料取得的帳務處理

（1）外購材料

企業外購原材料，由於結算方式和採購地點的不同，收料和付款的時間可能有差異，其帳務處理也有所不同。

第一，貨款已支付或開出、承兌商業匯票，同時材料已驗收入庫。這種情況下，企業可根據銀行結算憑證、發票帳單和收料單等憑證，借記「原材料」「應交稅費——應交增值稅（進項稅額）」帳戶，貸記「銀行存款」「其他貨幣資金」「應付票據」等帳戶。

【例4-5】光輝公司2013年5月2日向本地B公司購入甲材料一批，增值稅專用發票上注明價款為12,600元，增值稅稅額為2,142元，材料已驗收入庫，貨款及增值稅

稅額通過銀行轉帳支付。根據有關材料購入憑證，進行會計處理：
  借：原材料   12,600
    應交稅費——應交增值稅（進項稅額）   2,142
   貸：銀行存款   14,742
  第二，貨款已支付或開出、承兌商業匯票，材料尚未到達或尚未驗收入庫。

  【例4-6】光輝公司2013年5月10日購買甲原材料1,000千克，單價100元，乙原材料1,500千克，單價80元。用銀行存款支付款項57,400元，取得增值稅專用發票；同時開出票面金額為200,000元，期限為6個月的無息商業承兌匯票一張；同時用現金500元支付運費。5月15日，該批原材料運達並驗收入庫。

  500元的運費中可抵扣增值稅稅額為35元（500×7%），餘下465元是甲材料和乙材料的共同採購費用，需要進行分攤。該例中，我們選用重量作為攤配標準。攤配率計算如下：

$$共同費用攤配率 = \frac{465}{1,000+1,500} = 0.186（元/噸）$$

甲原材料應攤配的運費 = 1,000×0.186 = 186（元）
乙原材料應攤配的運費 = 1,500×0.186 = 279（元）

5月10日的帳務處理：
  借：在途物資——甲   100,186
       ——乙   120,279
    應交稅費——應交增值稅（進項稅額）   37,435
   貸：銀行存款   57,400
     庫存現金   500
     應付票據   200,000

5月15日，購入原材料入庫的帳務處理：
  借：原材料——甲   100,186
      ——乙   120,279
   貸：在途物資——甲   100,186
       ——乙   120,279

  第三，材料已驗收入庫，貨款尚未支付或尚未開出、承兌商業匯票。具體又有兩種情況：

  ①材料已驗收入庫，發票帳單已收到，尚未付款。這種購貨方式，通常稱為賒購。在賒購方式下，如果應付帳款附有現金折扣條件，則其會計處理有總價法和淨價法兩種方法。在總價法下，應付帳款按實際交易金額入帳，如果購貨方在現金折扣期限內付款，則取得的現金折扣作為一項理財收入，沖減當期財務費用；在淨價法下，應付帳款按實際交易金額扣除現金折扣後的淨額入帳，如果購貨方超過現金折扣期限付款，則喪失的現金折扣視為超期付款支付的利息，計入當期財務費用。在中國會計實務中，由於現金折扣的使用並不普遍，因此《企業會計準則——存貨》要求採用總價法進行會計處理。

【例4-7】光輝公司2008年8月6日採用托收承付結算方式從丙公司購入C材料一批,增值稅專用發票上註明的價款為200,000元,增值稅額為34,000元,對方代墊包裝費500元,銀行轉來的結算憑證已到,款項尚未支付,材料已驗收入庫。根據有關材料購入等憑證,進行會計處理。

購入材料時:

借:原材料　　　　　　　　　　　　　　　　　　200,500
　　應交稅費——應交增值稅(進項稅額)　　　　34,000
　　貸:應付帳款　　　　　　　　　　　　　　　　234,500

實際支付貨款時:

借:應付帳款　　　　　　　　　　　　　　　　　234,500
　　貸:銀行存款　　　　　　　　　　　　　　　　234,500

【例4-8】2013年3月6日,光輝公司從乙公司賒購一批原材料,增值稅專用發票上註明的原材料價款為10,000元,增值稅稅額為1,700元。根據購貨合同約定,光輝公司應於9月5日之前支付貨款,並附有現金折扣條件;如果光輝公司能在10日內付款,可按原材料價款(不含增值稅)的2%享受現金折扣;如果超過10日付款,則須按全價付款。光輝公司採用總價法進行會計處理。

3月6日,賒購原材料時:

借:原材料　　　　　　　　　　　　　　　　　　10,000
　　應交稅費——應交增值稅(進項稅額)　　　　1,700
　　貸:應付帳款——乙公司　　　　　　　　　　11,700

光輝公司於3月15日支付貨款:

現金折扣 = 10,000×2% = 200(元)
實際付款金額 = 11,700-200 = 11,500(元)

借:應付帳款——乙公司　　　　　　　　　　　　11,700
　　貸:銀行存款　　　　　　　　　　　　　　　　11,500
　　　　財務費用　　　　　　　　　　　　　　　　200

如果光輝公司於4月3日支付貨款:

借:應付帳款——乙公司　　　　　　　　　　　　11,700
　　貸:銀行存款　　　　　　　　　　　　　　　　11,700

②材料已驗收入庫,但相關發票帳單尚未到達。這種情況,月份內可暫不進行會計處理,待有關發票帳單到達後,按正常購貨業務進行會計處理;對於月末尚未收到發票帳單的情況,應在月末按暫估價值入帳,借記「原材料」帳戶,貸記「應付帳款——暫估應付帳款」帳戶,下月初用紅字予以沖回。下月收到發票帳單等收料憑證,再按正常購貨業務進行會計處理。

【例4-9】光輝公司2013年3月10日購入D材料一批,按合同規定,貨款共計50,000元,材料已驗收入庫,但發票帳單月末尚未到達,月末按暫估材料價值入帳。根據有關的憑證,進行會計處理。

月末暫估入帳：

借：原材料 50,000
　　貸：應付帳款——暫估應付帳款 50,000

下月初作紅字會計處理予以冲回：

借：原材料 [50,000]
　　貸：應付帳款——暫估應付帳款 [50,000]

注：[50,000]代表紅字。

【例4-10】續【例4-9】，上述購入D材料於2008年9月3日，收到發票帳單，增值稅專用發票上注明貨款為50,000元，增值稅稅額為8,500元，款項已通過銀行轉帳支付。根據有關材料購入憑證，進行會計處理。

借：原材料 50,000
　　應交稅費——應交增值稅（進項稅額） 8,500
　　貸：銀行存款 58,500

第四，採用預付貨款採購材料。

【例4-11】2013年3月10日，光輝公司與丁公司簽訂H材料購銷合同，合同約定，光輝公司須向丁公司預付材料價款的50%，共計30,000元，款項已通過銀行支付。4月5日，光輝公司收到丁公司發來的H材料，並驗收入庫，發票帳單注明該批材料價款為60,000元，增值稅稅額10,200元，對方代墊包裝費等共計1,000元，餘款由銀行存款付訖。根據有關材料購入憑證，進行會計處理。

①3月10日，預付貨款

借：預付帳款 30,000
　　貸：銀行存款 30,000

②4月5日，材料驗收入庫

借：原材料 61,000
　　應交稅費——應交增值稅（進項稅額） 10,200
　　貸：預付帳款 71,200

③補付貨款

借：預付帳款 41,200
　　貸：銀行存款 41,200

（2）外購材料短缺及毀損的帳務處理

企業購入材料驗收入庫時，如發現短缺及毀損，應認真查明原因，分清經濟責任，區別不同情況，分別進行處理。

①凡屬運輸途中合理損耗，如由於自然損耗等原因而發生的短缺，應相應地提高入庫材料的實際單位成本，減少實收數量，不再進行其他的會計處理。

②凡是由於供應單位的責任而造成的短缺及毀損，在貨款尚未承付的情況下，應按短缺及毀損的數量和發票單價計算拒付金額，填寫拒付理由書，向銀行辦理拒付手

續。經銀行同意後可根據收料單、發票帳單、拒付理由書和銀行結算憑證，按實際承付金額借記「原材料」等帳戶，貸記「銀行存款」帳戶。如果上述貨款已經支付，並已計入「在途物資」帳戶，應填製「賠償請求單」，並查明原因。如果是供應單位的責任，則要求供應單位賠償，根據收料單、發票帳單、賠償請求單等憑證，以實收材料金額借記「原材料」等帳戶，以有責任的供應單位應賠償的款項，借記「應付帳款」帳戶，以原金額貸記「在途物資」帳戶；如果是由於運輸不慎造成的，屬於運輸單位的責任，則要求運輸單位賠償，根據收料單、發票帳單、賠償請示單等憑證，借記「原材料」「其他應收款」等帳戶，貸記「在途物資」帳戶。

③凡屬於購入材料在運輸途中發生非常損失和尚待查明原因的途中損耗，應根據有關「毀損報告表」等憑證，借記「待處理財產損溢——待處理流動資產損溢」帳戶，貸記「在途物資」帳戶。

【例4-12】光輝公司從甲公司購入原材料5,000件，單價20元，增值稅專用發票上注明的增值稅稅額為17,000元，款項已通過銀行轉帳支付，但材料尚在運輸途中。待所購材料運達企業後，驗收時發現短缺100件，原因待查。後經查明確認短缺的存貨中有90件為供貨方發貨時少付，經與供貨方協商，由其補足少付的材料，其餘10件屬於運輸途中的合理損耗。根據索賠單等有關憑證，進行會計處理。

①支付貨款，材料尚在運輸途中
借：在途物資　　　　　　　　　　　　　　　　　100,000
　　應交稅費——應交增值稅（進項稅額）　　　　 17,000
　貸：銀行存款　　　　　　　　　　　　　　　　 117,000
②材料運達企業，驗收時發現短缺，原因待查，其餘材料入庫
借：原材料　　　　　　　　　　　　　　　　　　 98,000
　　待處理財產損溢——待處理流動資產損溢　　　　2,000
　貸：在途物資　　　　　　　　　　　　　　　　 100,000
③短缺原因查明，進行相應的會計處理
借：原材料　　　　　　　　　　　　　　　　　　　　200
　　應付帳款——甲公司　　　　　　　　　　　　　1,800
　貸：待處理財產損溢——待處理流動資產損溢　　　2,000
④收到供貨方補發的材料，驗收入庫
借：原材料　　　　　　　　　　　　　　　　　　　1,800
　貸：應付帳款——甲公司　　　　　　　　　　　　1,800

（3）自制材料

企業可以自制材料以滿足生產所需，其發生費用的處理和生產產品一樣，要先通過「生產成本——基本生產成本（或輔助生產成本）」帳戶核算其發生的料、工、費支出，製造完成交庫時，按其實際生產成本，借記「原材料」帳戶，貸記「生產成本」帳戶。

【例4-13】光輝公司的輔助生產車間製造完成一批材料，已驗收入庫。經計算，該批材料的實際成本為20,000元。根據材料入庫單等憑證，進行會計處理。

借：原材料　　　　　　　　　　　　　　　　　　　　　　　20,000
　　貸：生產成本——輔助生產成本　　　　　　　　　　　　　　20,000

（4）投資者投入的材料

企業收到投資者投入的材料，按照投資合同或協議約定的價值，借記「原材料」帳戶，按增值稅專用發票上注明的增值稅稅額，借記「應交稅費——應交增值稅（進項稅額）」帳戶，按投資者在註冊資本中所占的份額，貸記「實收資本」或「股本」帳戶，按其差額，貸記「資本公積」帳戶。

【例4-14】光輝公司收到甲股東作為資本投入的原材料。原材料計稅價格110,000元，增值稅專用發票上注明的稅額為18,700元，投資各方確認按該金額作為甲股東的投入資本，可折換光輝公司每股面值1元的普通股股票100,000股。根據投資者投入原材料的有關憑證，進行會計處理。

借：原材料　　　　　　　　　　　　　　　　　　　　　　　110,000
　　應交稅費——應交增值稅（進項稅額）　　　　　　　　　　18,700
　　貸：股本——甲股東　　　　　　　　　　　　　　　　　　100,000
　　　　資本公積——股本溢價　　　　　　　　　　　　　　　　28,700

3. 原材料發出的會計核算

發出原材料時，應按其具體用途直接計入產品成本或當期損益，或作為有關項目支出。對於發出的原材料，企業應填製領、發料憑證。為簡化日常核算工作，企業可在月末編製「發出材料匯總表」，結轉發出材料的實際成本，根據所發出材料的用途按實際成本分別計入「生產成本」「製造費用」「銷售費用」「管理費用」「其他業務成本」等帳戶。

【例4-15】光輝公司2013年3月末，根據領料單等憑證，匯總編製「發出材料匯總表」，如表4-6所示。

表4-6　　　　　　　　　　　　　　發出材料匯總表

2013年3月　　　　　　　　　　　　　　　　　　　　單位：元

用途＼類別	原料及主要材料	輔助材料	燃料	修理用備件	合計
基本生產車間領用	105,000	12,000			117,000
車間一般性消耗		3,000	4,000	500	7,500
行政管理部門領用				400	400
對外銷售	5,000				5,000
合計	110,000	15,000	4,000	900	129,900

根據「發出材料匯總表」，進行會計處理：

借：生產成本——基本生產成本　　　　　　　　　　　　　　117,000
　　製造費用　　　　　　　　　　　　　　　　　　　　　　　7,500
　　管理費用　　　　　　　　　　　　　　　　　　　　　　　　400

其他業務成本　　　　　　　　　　　　　　　　　　5,000
　　　貸：原材料　　　　　　　　　　　　　　　　　　　　129,900

二、原材料按計劃成本計價的核算

1. 帳戶設置

（1）「材料採購」帳戶。企業應當設置本帳戶核算企業採用計劃成本進行材料日常核算而購入材料的採購成本。該帳戶借方登記採購材料的實際成本，貸方登記入庫材料的計劃成本；貸方大於借方的差額表示節約，計入「材料成本差異」帳戶的貸方；借方大於貸方的差額表示超支，計入「材料成本差異」帳戶的借方；期末借方餘額，反應企業在途材料的採購成本。本帳戶可按供應單位和材料品種進行明細核算。

（2）「原材料」帳戶。企業應當設置本帳戶核算庫存材料的計劃成本。該帳戶借方登記入庫材料的計劃成本，貸方登記發出材料的計劃成本，期末借方餘額，反應企業庫存材料的計劃成本。

（3）「材料成本差異」帳戶。企業應當設置本帳戶核算企業採用計劃成本進行日常核算的材料計劃成本與實際成本的差額。該帳戶借方登記購入材料實際成本大於計劃成本的數額（超支差異）以及發出材料應分攤的成本節約差異的結轉數，貸方登記購入材料實際成本小於計劃成本的數額（節約差異）以及發出材料應分攤的成本超支差異的結轉數，期末如果為借方餘額，反應企業庫存材料的實際成本大於計劃成本的差異；期末如果為貸方餘額，則反應企業庫存材料的實際成本小於計劃成本的節約差異。

發出材料應負擔的成本差異應當按期（月）分攤，不得在季末或年末一次計算。

2. 原材料取得的帳務處理

（1）外購材料

同實際成本計價核算一樣，外購材料也要區分不同情況進行處理，所不同的是，外購材料購入時，無論是否驗收入庫，按照實際成本均應先借記「材料採購」帳戶，然後，根據驗收入庫材料的計劃成本，由「材料採購」帳戶的貸方轉入「原材料」帳戶的借方。實際成本與計劃成本的差額結轉計入「材料成本差異」帳戶。一般情況下，結轉驗收入庫材料的計劃成本和結轉驗收入庫材料的成本差異均在月末進行處理。

【例4-16】光輝公司2013年4月有關購料業務如下：

（1）2日，向本地甲公司購入A材料一批，增值稅專用發票上注明價款為10,000元，增值稅稅額為1,700元，計劃成本11,000元，支付整理挑選費700元，材料已驗收入庫，款項通過銀行轉帳支付。

（2）8日，向乙公司購入B材料一批，根據合同以銀行存款預付50,000元貨款。

（3）10日，上述向乙公司購入的B材料，增值稅專用發票上注明材料價款為100,000元，增值稅稅額為17,000元，發生裝卸費3,000元，該材料計劃成本為101,000元。材料已驗收入庫，企業已通過銀行結清餘款。

（4）26日，向丙公司購入C材料一批，增值稅專用發票上注明的價款為200,000元，增值稅稅額為34,000元，銀行轉來的結算憑證已到，款項尚未支付，另外以銀行存款支付裝卸費5,000元，材料已驗收入庫，該材料計劃成本210,000元。

光輝公司根據有關的供證，進行會計處理如下：
(1) 2日，購入A材料
借：材料採購 10,700
　　應交稅費——應交增值稅（進項稅額） 1,700
　貸：銀行存款 12,400
(2) 8日，預付貨款
借：預付帳款——乙公司 50,000
　貸：銀行存款 50,000
(3) 10日，貨到結清餘款
借：材料採購 103,000
　　應交稅費——應交增值稅（進項稅額） 17,000
　貸：預付帳款——乙公司 120,000
借：預付帳款——乙公司 70,000
　貸：銀行存款 70,000
(4) 26日，購入C材料
借：材料採購 205,000
　　應交稅費——應交增值稅（進項稅額） 34,000
　貸：應付帳款——丙公司 234,000
　　　銀行存款 5,000

【例4-17】續【例4-16】，月末，光輝公司匯總結轉本月入庫材料的計劃成本，會計處理如下：

本月入庫材料的計劃成本 = 11,000+101,000+210,000=322,000（元）
借：原材料 322,000
　貸：材料採購 322,000
本月入庫材料的實際成本 = 10,700+103,000+205,000=318,700（元）
材料成本差異=318,700-322,000=-3,300（元）（購入材料的節約差異）
借：材料採購 3,300
　貸：材料成本差異 3,300

(2) 自制材料

企業自制的材料，不需要通過「材料採購」帳戶確定材料成本差異，而直接按取得材料的計劃成本，借記「原材料」帳戶，按確定的實際成本，貸記「生產成本」帳戶，按實際成本與計劃成本之間的差額，借記或貸記「材料成本差異」帳戶。

【例4-18】企業輔助生產車間為生產所需，自制丁材料一批，其實際成本為5,500元，按照材料交庫單所列計劃成本5,200元驗收入庫，並結轉超支差異300元。根據有關的憑證，進行會計處理。

借：原材料 5,200
　　材料成本差異 300
　貸：生產成本——輔助生產成本 5,500

(3) 投資者投入材料

投資者以材料對企業進行投資，當企業接受投資後，應根據收料單等有關憑證，按材料的計劃成本借記「原材料」帳戶，按增值稅專用發票上注明的增值稅稅額，借記「應交稅費——應交增值稅（進項稅額）」帳戶，按雙方協議確定的價值，貸記「實收資本」或「股本」等帳戶，按計劃成本與投資各方確認的價值之間的差額，借記或貸記「材料成本差異」帳戶。

【例4-19】光輝公司的甲投資者以一批原材料作為投資，投入企業。增值稅專用發票上注明的材料價款為200,000元，增值稅稅額為34,000元，投資各方確認按該發票金額作為甲投資者的投入資本，折換為光輝公司每股面值1元的股票150,000股。該批原材料計劃成本為205,000元。根據有關的憑證，進行會計處理。

借：原材料　　　　　　　　　　　　　　　　　　　　205,000
　　應交稅費——應交增值稅（進項稅額）　　　　　　 34,000
　貸：股本——甲股東　　　　　　　　　　　　　　　 150,000
　　　資本公積——股本溢價　　　　　　　　　　　　　84,000
　　　材料成本差異　　　　　　　　　　　　　　　　　 5,000

3. 原材料發出的會計核算

月末，企業根據領料單、退料單等編製「發出材料匯總表」，結轉發出材料的計劃成本，根據所發出材料的用途按計劃成本分別計入「生產成本」「製造費用」「銷售費用」「管理費用」等帳戶。同時，企業應計算本月發出材料應負擔的成本差異，根據領用材料的用途，計入相關成本或者費用帳戶，從而將發出材料的計劃成本調整為實際成本。

發出材料應負擔的成本差異，除委託外部加工發出材料可按期初成本差異率計算外，應使用本期的實際差異率；期初成本差異率與本期成本差異率相差不大的，也可按期初成本差異率計算。計算方法一經確定，不得隨意變更。

【例4-20】光輝公司2012年9月末，根據本月領料單等匯總後，編製「發出材料匯總表」，如表4-7所示。

表4-7　　　　　　　　　　　　發出材料匯總表
　　　　　　　　　　　　　　　　2012年9月　　　　　　　　　　　　　單位：元

類別 用途	原料及主要材料	輔助材料	燃料	修理用備件	合計
基本生產車間領用	400,000				400,000
車間一般性消耗		13,000	2,000	1,000	16,000
行政管理部門領用		4,000		4,000	8,000
合計	400,000	17,000	2,000	5,000	424,000

假設本月初，原材料的計劃成本為 300,000 元，成本差異為超支差異 1,200 元；本月入庫材料計劃成本為 450,000 元，成本差異為節約差異 4,100 元。該公司根據發出材料匯總表等有關憑證，進行會計處理。

借：生產成本——基本生產成本　　　　　　　400,000
　　製造費用　　　　　　　　　　　　　　　 16,000
　　管理費用　　　　　　　　　　　　　　　　8,000
　貸：原材料　　　　　　　　　　　　　　　424,000

材料成本差異率＝(1,200-4,100)÷(300,000+450,000)×100%＝-0.39%
結轉發出材料的成本差異＝424,000×(-0.39%)＝-1,653.6（元）

借：材料成本差異　　　　　　　　　　　　 1,653.6
　貸：生產成本——基本生產成本　　　　　　 1,560
　　　製造費用　　　　　　　　　　　　　　　62.4
　　　管理費用　　　　　　　　　　　　　　　31.2

第五節　周轉材料

一、周轉材料的含義及攤銷方法

1. 周轉材料的含義

周轉材料，是指企業在正常生產經營過程中多次使用、逐漸轉移其價值但仍然保持原有形態不確認為固定資產的材料。周轉材料主要包括包裝物、低值易耗品，以及建造承包商的鋼模板、木模板、腳手架等。

2. 設置帳戶

企業應設置「周轉材料」帳戶，核算包裝物、低值易耗品，以及建造承包商的鋼模板、木模板、腳手架等周轉材料的價值。該帳戶下可分別設置「包裝物」和「低值易耗品」明細帳戶對包裝物及低值易耗品進行明細核算。如果企業的包裝物和低值易耗品較多，也可以單獨設置「包裝物」帳戶和「低值易耗品」帳戶進行總分類核算。

3. 攤銷方法

（1）一次轉銷法，是對符合存貨定義和確認條件且金額較小的周轉材料，可以在領用時一次計入成本費用，以簡化核算。但為加強實物管理，企業應當在備查簿上進行登記。

（2）分次攤銷法，是對符合存貨定義和確認條件且金額較大的周轉材料，按照使用次數分次計入成本費用。

二、包裝物的核算

1. 包裝物的含義及帳戶設置

（1）包裝物，是指企業為包裝本企業產品而儲備的各種包裝容器，如桶、箱、瓶、

壇、袋等。企業的包裝物包括：

①生產過程中用於包裝產品作為產品組成部分的包裝物；

②隨同產品出售不單獨計價的包裝物；

③隨同產品出售單獨計價的包裝物；

④出租或出借給購買單位使用的包裝物。

下列各項不屬於包裝物核算的範圍：

①各種包裝材料。它們是一次性使用的包裝材料，應作為原材料進行核算。

②用於儲存和保管產品、材料而不對外出售的包裝物。這類包裝物應按其價值的大小和使用年限的長短，分別作為固定資產或低值易耗品管理和核算。

③單獨列作企業商品產品的自製包裝物，應作為庫存商品進行管理和核算。

（2）企業應當設置「包裝物」帳戶（或「周轉材料——包裝物」），核算企業庫存各種包裝物及出租、出借包裝物的攤餘價值。該帳戶的借方登記驗收入庫包裝物的成本，貸方登記發出包裝物的成本以及計提的包裝物攤銷額，借方餘額反應庫存未用包裝物的成本和已用包裝物的攤餘價值。

在採用分次攤銷法的情況下，「包裝物」帳戶應設置「庫存未用包裝物」「庫存已用包裝物」「出租包裝物」「出借包裝物」四個明細帳戶。

以上所指的成本可以是實際成本，也可以是計劃成本。包裝物不多的企業一般採用實際成本進行核算。如果要採用計劃成本進行核算，原理同原材料核算相同。「材料成本差異」帳戶應將包裝物的成本差異與原材料等成本差異分別反應，月末要結轉本月發出包裝物應分攤的材料成本差異。

2. 包裝物入庫的會計核算

企業購入、委託外單位加工完成驗收入庫的包裝物的核算，與原材料收入的核算相同，可以比照原材料的會計處理方法進行。

【例4-21】光輝公司對包裝物採用實際成本核算。2013年3月，以銀行存款購進包裝物，增值稅專用發票上注明的價款為2,000元，增值稅稅額為340元。

借：包裝物　　　　　　　　　　　　　　　　　　　　2,000
　　應交稅費——應交增值稅（進項稅額）　　　　　　　340
　　貸：銀行存款　　　　　　　　　　　　　　　　　　　　2,340

3. 生產領用包裝物的會計核算

生產過程中領用的包裝物，用於包裝產品，構成產品實體組成部分的，其價值應直接計入「生產成本」帳戶；屬於車間一般性物料消耗的，其價值應計入「製造費用」帳戶。

【例4-22】光輝公司2008年9月11日，生產車間生產產品領用包裝物一批，實際成本為5,000元。根據有關包裝物領用憑證，進行會計處理：

借：生產成本　　　　　　　　　　　　　　　　　　　5,000
　　貸：包裝物　　　　　　　　　　　　　　　　　　　　5,000

4. 隨同產品出售包裝物的會計核算

（1）企業在銷售過程中領用隨同產品出售不單獨計價的包裝物，應作為產品銷售

費用的一部分，按其成本計入「銷售費用」帳戶。

【例4-23】光輝公司銷售產品領用包裝物一批，實際成本為3,000元，該批包裝物隨同產品出售不單獨計價。根據有關包裝物的領用憑證，進行會計處理。

借：銷售費用　　　　　　　　　　　　　　　　　　　　　3,000
　　貸：包裝物　　　　　　　　　　　　　　　　　　　　　　3,000

（2）企業在銷售過程中領用隨同產品出售單獨計價的包裝物，應作為對外銷售處理，屬於其他銷售業務。一方面反應其銷售收入，計入「其他業務收入」帳戶；另一方面反應其銷售成本，計入「其他業務成本」帳戶。

【例4-24】光輝公司在銷售產品過程中領用單獨計價包裝一批，隨同產品出售。增值稅專用票據上註明的價款為2,000元，增值稅稅額340元，款項已存入銀行。包裝物實際成本為1,200元。根據有關包裝物銷售、領用憑證，進行會計處理。

出售單獨計價的包裝物：

借：銀行存款　　　　　　　　　　　　　　　　　　　　　2,340
　　貸：其他業務收入　　　　　　　　　　　　　　　　　　2,000
　　　　應交稅費——應交增值稅（銷項稅額）　　　　　　　　340

結轉出售包裝物成本：

借：其他業務成本　　　　　　　　　　　　　　　　　　　1,200
　　貸：包裝物　　　　　　　　　　　　　　　　　　　　　1,200

5. 出租、出借包裝物的會計核算

企業對於可以長期周轉使用的包裝物，可進行出租或出借。為督促客戶按時歸還包裝物，出租或出借時，企業一般會收取一定數額的押金，包裝物按期歸還時，如數退回押金。企業收取的押金通過「其他應付款」帳戶核算。

出租包裝物取得的租金收入，計入企業的其他業務收入，與之對應的出租包裝物的成本，計入其他業務成本。出借包裝物的成本作為企業的銷售費用處理。對於逾期未退包裝物的押金，企業可予以沒收，沒收的押金作為其他業務收入核算。

出租、出借包裝物可長期周轉使用，在多次周轉使用過程中，其實物形態雖無大的變化，但價值卻會有所損耗。故對其損耗的價值，應採用適當的方法進行攤銷。

（1）一次轉銷法的帳務處理

【例4-25】光輝公司2013年4月5日出租40只鐵桶給甲公司，單位成本100元，每只收取租金10元、押金70元，存入銀行，租期一個月，採用一次轉銷法對包裝物進行攤銷。根據包裝物出租及收取押金等有關憑證，進行會計處理。

①5日，結轉出租包裝物的實際成本：

借：其他業務成本　　　　　　　　　　　　　　　　　　　4,000
　　貸：包裝物　　　　　　　　　　　　　　　　　　　　　4,000

收取出租包裝物押金時：

借：銀行存款　　　　　　　　　　　　　　　　　　　　　2,800
　　貸：其他應付款——存入保證金　　　　　　　　　　　　2,800

②一個月到期，收回出租的包裝物，將租金及按規定應交的增值稅從押金中扣除後，餘額通過銀行轉帳退還：

借：其他應付款——存入保證金　　　　　　　　　　　2,800
　貸：其他業務收入——包裝物出租　　　　　　　　　　400
　　　應交稅費——應交增值稅（銷項稅額）　　　　　　 68
　　　銀行存款　　　　　　　　　　　　　　　　　　2,332

若一個月期滿，包裝物未予退回，則沒收包裝物押金：

借：其他應付款——存入保證金　　　　　　　　　　　2,800
　貸：其他業務收入——包裝物出租　　　　　　　　　2,393.16
　　　應交稅費——應增值稅（銷項稅額）　　　　　　 406.84

其他業務收入 = 2,800÷（1+17%）= 2,393.16（元）

【例4-26】光輝公司本月9日向甲公司銷售商品，隨貨出借包裝箱一批，實際成本5,000元，期限一個月，收取押金4,000元，存入銀行，採用一次攤銷法對包裝物進行攤銷。根據有關銷售及包裝物領用憑證，進行會計處理。

①9日，結轉出借包裝物實際成本：

借：銷售費用　　　　　　　　　　　　　　　　　　5,000
　貸：包裝物　　　　　　　　　　　　　　　　　　 5,000

收取出借包裝物押金：

借：銀行存款　　　　　　　　　　　　　　　　　　4,000
　貸：其他應付款——存入保證金　　　　　　　　　 4,000

②一個月到期收回包裝物，退還押金：

借：其他應付款——存入保證金　　　　　　　　　　4,000
　貸：銀行存款　　　　　　　　　　　　　　　　　 4,000

（2）分次攤銷法的帳務處理

【例4-27】光輝公司2013年4月15日發出50件新包裝物出租給乙公司，每件實際成本為120元，共計6,000元，約定租期1個月，租金2,340元（含增值稅340元）期滿後從押金內扣除；已收取押金6,500元（每件收取130元）。5月15日，乙公司全數完好退回包裝物，企業扣除租金後退回多餘押金。企業採用分次攤銷法，假定該包裝物可以反復使用6次，根據有關包裝物領用憑證，進行會計處理。

①15日，出租包裝物時，將包裝物由「庫存未用包裝物」轉為「出租包裝物」：

借：包裝物——出租包裝物　　　　　　　　　　　　6,000
　貸：包裝物——庫存未用包裝物　　　　　　　　　 6,000

收取出租包裝物押金：

借：銀行存款　　　　　　　　　　　　　　　　　　6,500
　貸：其他應付款——存入保證金　　　　　　　　　 6,500

②月末，攤銷包裝物成本並確認租金收入

攤銷包裝物成本：

借：其他業務成本——包裝物出租　　　　　　　　　　　　（6,000÷6）1,000
　　貸：包裝物——出租包裝物　　　　　　　　　　　　　（120÷6×50）1,000
確認出租包裝物租金收入：
借：應收帳款　　　　　　　　　　　　　　　　　　　　　　　　　　2,340
　　貸：其他業務收入——包裝物出租　　　　　　　　　　　　　　　　2,000
　　　　應交稅費——應增值稅（銷項稅額）　　　　　　　　　　　　　　340
③5月15日，收回包裝物：
借：包裝物——庫存已用包裝物　　　　　　　　　　　　　　　　　　5,000
　　貸：包裝物——出租包裝物（6,000-1,000）　　　　　　　　　　　5,000
④收取租金並退回押金
借：其他應付款——存入保證金　　　　　　　　　　　　　　　　　　6,500
　　貸：應收帳款　　　　　　　　　　　　　　　　　　　　　　　　2,340
　　　　銀行存款　　　　　　　　　　　　　　　　　　　　　　　　4,160

【例4-28】續【例4-27】，5月15日乙公司退回45件包裝物，經檢修後入庫，支付檢修費100元，剩餘5件未退回，按雙方事前約定，應予沒收未退回包裝物的押金。根據有關的憑證，進行會計處理。

①、②步同【例4-27】的帳務處理；
③5月15日，收回包裝物45件：
借：包裝物——庫存已用包裝物　　　　　　　　　　　　　　　　　　4,500
　　貸：包裝物——出租包裝物　　　　　　　　　　　　　［(120-20)×45］4,500
④退回包裝物發生的檢修費用：
借：其他業務成本　　　　　　　　　　　　　　　　　　　　　　　　　100
　　貸：銀行存款　　　　　　　　　　　　　　　　　　　　　　　　　100
⑤將未能收回的5件包裝物的成本予以注銷：
借：其他業務成本——包裝物出租　　　　　　　　　　　　　　　　　　500
　　貸：包裝物——出租包裝物　　　　　　　　　　　　　［5×(120-20)］500
⑥沒收5件包裝物押金650元（其中增值稅94.44元），退還已收回45件包裝物押金5,850元（45×130），扣除租金2,340元。
借：其他應付款——存入保證金　　　　　　　　　　　　　　　　　　6,500
　　貸：其他業務收入——包裝物出租　　　　　　　　　　　　　　　555.56
　　　　應交稅費——應交增值稅（銷項稅額）　　　　　　　　　　　　94.44
　　　　應收帳款　　　　　　　　　　　　　　　　　　　　　　　　2,340
　　　　銀行存款　　　　　　　　　　　　　　　　　　　　　　　　3,510

三、低值易耗品的核算

1. 低值易耗品的含義及帳戶設置

（1）含義

低值易耗品，是指單位價值較低、使用期限較短，不能作為固定資產的各種用具、設備。如工具、管理用具、玻璃器皿以及在經營過程中儲存產品或材料的包裝容器等。

低值易耗品在經營過程中能多次使用，其價值隨著實物的磨損而逐漸轉移，具有固定資產的特性。但由於低值易耗品價值低、使用時間短、容易損壞，在實際工作中一般將其作為存貨進行管理和核算，以攤銷的方法將其價值攤入成本、費用中。根據具體情況，低值易耗品可以採用一次轉銷法和分次攤銷法。

（2）帳戶設置

企業應當設置「低值易耗品」帳戶（或「周轉材料——低值易耗品」），該帳戶借方登記企業購入、自制、委託外單位加工完成驗收入庫等原因增加的低值易耗品的成本，貸方登記企業領用、攤銷等原因減少的低值易耗品的成本，期末借方餘額反應在庫低值易耗品的成本及在用低值易耗品的攤餘價值。

在採用分次攤銷法的情況下，「低值易耗品」帳戶應設置「在庫低值易耗品」「在用低值易耗品」兩個明細帳戶。

以上所指的成本可以是實際成本，也可以是計劃成本。低值易耗品不多的企業一般採用實際成本進行核算。如果要採用計劃成本進行核算，原理同原材料核算相同。「材料成本差異」帳戶應將低值易耗品的成本差異與原材料等成本差異分別反應，月末要結轉本月攤銷的低值易耗品應分攤的材料成本差異。

2. 低值易耗品入庫的會計核算

企業購入、自制、委託外單位加工完成等驗收入庫的低值易耗品的核算，與原材料、包裝物入庫的核算相同，可以比照原材料的會計處理方法進行。

3. 低值易耗品攤銷的會計核算

（1）一次轉銷法，適用於價值比較低或使用期限比較短，而且一次領用數量不多的低值易耗品，如一般的管理用具、小型工具、卡具，以及容易破碎的玻璃器皿等。

【例4-29】光輝公司行政管理部門2013年5月領用管理用具一批，該管理用具的實際成本3,000元，採用一次轉銷法進行攤銷。根據有關低值易耗品領用憑證，進行會計處理。

借：管理費用　　　　　　　　　　　　　　　　　　　　　　3,000
　　貸：低值易耗品　　　　　　　　　　　　　　　　　　　　　　3,000

（2）分次推銷法，適用於每月領用、報廢數額較均衡的低值易耗品。

【例4-30】光輝公司2013年2月生產車間領用一般工具一批，實際成本為6,000元。採用分次攤銷法，分6次於每月末進行攤銷；該批工具12月報廢，報廢時，殘料計價100元交材料庫。根據有關低值易耗品領用和報廢憑證，進行帳務處理。

①領用工具

借：低值易耗品——在用低值易耗品　　　　　　　　　　　　6,000

貸：低值易耗品——在庫低值易耗品　　　　　　　　　　　6,000
② 2~7月，每月末攤銷其價值的1/6
　　借：製造費用　　　　　　　　　　　　　　　　　　　　1,000
　　　　貸：低值易耗品——在用低值易耗品　　　　　　　　　1,000
③ 12月該批工具報廢，回收殘料
　　借：原材料　　　　　　　　　　　　　　　　　　　　　　100
　　　　貸：製造費用　　　　　　　　　　　　　　　　　　　　100

第六節　委託加工物資

一、委託加工物資的含義及帳戶設置

　1. 委託加工物資的含義

　　委託加工物資是指企業委託外單位加工的各種材料、商品等物資。由於受到本企業工藝設備條件的限制，企業需要把一些材料物資送往外單位進行加工製成另一種性能和用途的物資。

　　委託加工物資的實際成本包括加工中實際耗用物資的成本、支付的加工費、相關稅金（委託加工物資應負擔的增值稅和消費稅）及應負擔的運雜費等。

　2. 委託加工物資應負擔的增值稅和消費稅的會計處理

　（1）加工物資應負擔的增值稅，凡屬於加工物資用於應交增值稅項目並取得增值稅專用發票的一般納稅人，可將這部分增值稅作為進項稅額，不計入委託加工物資的成本；凡屬於加工物資用於非應交增值稅項目或免稅項目的，以及未取得增值稅專用發票的一般納稅人和小規模納稅人的委託加工物資，應將這部分增值稅計入委託加工物資的成本。

　（2）委託加工物資應負擔的消費稅，凡屬於加工物資收回後直接用於銷售的，應將受託方代收代繳的消費稅計入委託加工物資成本；凡屬於加工物資收回後用於繼續生產的，按規定準予抵扣的，按受託方代收代繳的消費稅計入「應交稅費——應交消費稅」帳戶的借方，待應交消費稅的加工物資繼續生產、完工、銷售後，抵交其應繳納的銷售環節的消費稅。

　3. 帳戶設置

　　企業應設置「委託加工物資」帳戶，核算企業委託外單位加工的各種材料、商品等物資的實際成本。該帳戶的借方登記發出材料的實際成本以及支付的加工費、運雜費、稅金等，貸方登記加工完成並驗收入庫材料的實際成本；期末餘額在借方，反應尚在加工中的各種材料的實際成本。該帳戶按照委託加工單位和加工材料設置明細帳戶，進行明細核算。

二、委託加工物資的帳務處理

　（1）撥付委託加工物資。企業撥付外單位加工物資時，按發出材料物資的實際成

本，借記「委託加工物資」帳戶，貸記「原材料」「庫存商品」等帳戶。如果發出物資採用計劃成本核算的，還應同時結轉成本差異。

(2) 支付加工費和往返運雜費。企業支付的加工費和往返運雜費應計入委託加工物資成本，借記「委託加工物資」帳戶，貸記「銀行存款」帳戶。

(3) 支付增值稅。支付應由受託加工方代收代繳的增值稅時，借記「應交稅費——應交增值稅（進項稅額）」或「委託加工物資」帳戶，貸記「銀行存款」帳戶。

(4) 繳納消費稅。需要繳納消費稅的委託加工物資，由受託加工方代收代繳的消費稅，應分別以下情況處理：

①委託加工物資收回後直接用於銷售，由受託加工方代收代繳的消費稅應計入委託加工物資成本，借記「委託加工物資」帳戶，貸記「銀行存款」等帳戶。

②委託加工存貨收回後用於繼續生產應稅消費品，由受託加工方代收代繳的消費稅按規定準予抵扣的，借記「應交稅費——應交消費稅」帳戶，貸記「銀行存款」等帳戶。

(5) 委託加工的物資加工完成驗收入庫並收回剩餘物資時，按計算的委託加工物資實際成本和剩餘物資實際成本，借記「原材料」「周轉材料」「庫存商品」等帳戶，貸記「委託加工物資」帳戶。

【例4-31】光輝公司委託乙公司加工一批甲材料為乙材料（屬於應稅消費品）。發出甲材料的實際成本為28,000元，支付加工費9,360元（其中準予抵扣的增值稅進項稅額為1,360元）。乙材料適用的消費稅稅率為10%。委託加工的乙材料收回後用於繼續生產應稅消費品。

①撥付甲材料

借：委託加工物資　　　　　　　　　　　　　　　　　28,000
　　貸：原材料——甲材料　　　　　　　　　　　　　　　　28,000

②支付加工費和增值稅

借：委託加工物資　　　　　　　　　　　　　　　　　8,000
　　應交稅費——應交增值稅（進項稅額）　　　　　　1,360
　　貸：銀行存款　　　　　　　　　　　　　　　　　　　9,360

③支付消費稅

消費稅組成計稅價格 $= \dfrac{28,000+8,000}{1-10\%} = 40,000$（元）

應交消費稅 $= 40,000 \times 10\% = 4,000$（元）

借：應交稅費——應交消費稅　　　　　　　　　　　　4,000
　　貸：銀行存款　　　　　　　　　　　　　　　　　　　4,000

④收回加工完成的乙材料

乙材料的實際成本 $= 28,000+8,000 = 36,000$（元）

借：原材料——乙材料　　　　　　　　　　　　　　　36,000
　　貸：委託加工物資　　　　　　　　　　　　　　　　　36,000

【例4-32】續【例4-31】如果企業收回乙材料直接用於銷售，其帳務處理如下：
第①、②步同【例4-32】。
③支付消費稅

消費稅組成計稅價格 $=\dfrac{28,000+8,000}{1-10\%}=40,000$（元）

應交消費稅＝40,000×10%＝4,000（元）
消費稅作為委託加工回來的商品成本。
　借：委託加工物資　　　　　　　　　　　　　　　　　　　4,000
　　貸：銀行存款　　　　　　　　　　　　　　　　　　　　　　4,000
④ 收回加工完成的乙材料
乙材料的實際成本＝28,000+8,000+4,000＝40,000（元）
　借：庫存商品——乙材料　　　　　　　　　　　　　　　　40,000
　　貸：委託加工物資　　　　　　　　　　　　　　　　　　　40,000

第七節　存貨的期末計量

一、存貨期末計量的原則

存貨期末採用成本與可變現淨值孰低計量。

資產負債表日，當存貨成本低於存貨可變現淨值，存貨按實際成本計價；當存貨可變現淨值低於存貨成本，存貨按可變現淨值計價，應當計提存貨跌價準備，計入當期損益。存貨的可變現淨值低於成本時，表明該存貨會給企業帶來的未來經濟利益低於其帳面成本，因而應將這部分損失從資產價值中扣除，計入當期損益。否則，存貨會出現虛計資產現象。

二、可變現淨值的確定

1. 可變現淨值的特徵

存貨的可變現淨值，是指在日常活動中，存貨的估計售價減去至完工時估計將要發生的成本、估計的銷售費用和相關稅費後的金額，其特徵表現為存貨的預計未來淨現金流量，而不是存貨的售價或合同價。

存貨在銷售過程中可能發生的銷售費用和相關稅費，以及為達到預定可銷售狀態還可能發生的加工成本等相關支出，構成現金流入的抵減項目。企業預計的銷售存貨現金流量，扣除這些抵減項目後，才能確定存貨的可變現淨值。

2. 確定可變現淨值應考慮的因素

（1）確定存貨的可變現淨值必須建立在取得的確鑿證據的基礎上。這里所講的「確鑿證據」是指對確定存貨的可變現淨值和成本有直接影響的客觀證明。

① 存貨的採購成本、加工成本和其他成本及以其他方式取得的存貨的成本，應當

以取得外來原始憑證、生產成本帳簿記錄等作為確鑿證據。

② 存貨可變現淨值的確鑿證據，是指對確定存貨的可變現淨值有直接影響的確鑿證明，如產成品或商品的市場銷售價格、與產成品或商品相同或類似商品的市場銷售價格、銷貨方提供的有關資料和生產成本資料等。

(2) 確定存貨的可變現淨值應當考慮持有存貨的目的。企業持有存貨的目的不同，確定存貨可變現淨值的計算方法也不同。如用於出售的存貨和用於繼續加工的存貨，其可變現淨值的計算就不同。因此，企業在確定存貨的可變現淨值時，應考慮持有存貨的目的。企業持有存貨的目的通常可分為：

① 持有以備出售，如商品、產成品等，其中又分為有合同約定的存貨和無合同約定的存貨。

② 將在生產過程或提供勞務過程中耗用，如原材料等。

(3) 確定存貨的可變現淨值應考慮資產負債表日後事項的影響。資產負債表日後事項應當能夠確定資產負債表日存貨的存在狀況。即在確定資產負債表日存貨的可變現淨值時，不僅限於財務報告批準報出日之前發生的相關價格與成本波動，還應考慮以後期間發生的相關事項。

3. 不同存貨可變現淨值及期末價值的確定

(1) 無銷售合同約定的產成品、商品等（不包括用於出售的材料）直接用於出售的商品存貨，在正常生產經營過程中，應當以該存貨的一般市場銷售價格減去估計的銷售費用和相關稅費後的金額確定其可變現淨值。

【例4-33】2012年12月31日，光輝公司有A庫存商品10,000件，其單位帳面成本為112元。2012年12月31日，該商品的市場銷售價格為120元/件，預計發生的相關費用為10元/件。這些商品沒有與購貨方簽訂有關的銷售合同。

A商品可變現淨值＝(120－10)×10,000＝1,100,000（元）

A商品帳面成本＝112×10,000＝1,120,000（元）

因為成本大於可變現淨值，所以，該A商品應按可變現淨值1,100,000元列示在2012年12月31日資產負債表的存貨項目中。

該例若A商品單位帳面成本為105元，則：

A商品帳面成本＝105×10,000＝1,050,000（元）

因為成本小於可變現淨值，所以，該A商品應按成本1,050,000元列示在2012年12月31日資產負債表的存貨項目中。

(2) 為執行銷售合同或者勞務合同而持有的存貨，應當以該存貨的合同價格為基礎計算其可變現淨值。

①如果企業與購買方簽訂了銷售合同（或勞務合同，下同），並且銷售合同約定的數量大於或等於企業持有存貨的數量，在這種情況下，在確定與該項銷售合同直接相關的存貨的可變現淨值時，應當以銷售合同價格作為其可變現淨值的計算基礎。即如果企業就其產成品或商品簽訂了銷售合同，則該批產成品或商品的可變現淨值應當以合同價格為計算基礎；如果企業銷售合同所規定的標的物還沒有生產出來，但持有專門用於生產該標的物的原材料，其可變現淨值也應以合同價格作為計量基礎。

【例4-34】2012年12月31日，光輝公司庫存G產品6,000件，帳面成本為280元/件。光輝公司於2012年12月5與大重公司簽訂了一份不可撤銷的銷售合同，根據合同規定，2013年2月5日，光輝公司按每臺300元的價格向大重公司提供G產品5,000件。G產品的市場售價格為295元/臺，每件產品的銷售費用8元。假設不考慮銷售費用和相關稅費。

G產品可變現淨值＝300×5,000＋(295−8)×1,000＝1,787,000（元）

G產品帳面成本＝280×6,000＝1,680,000（元）

因為成本小於可變現淨值，所以，該G產品應按成本1,680,000元列示在2012年12月31日資產負債表的存貨項目中。

②企業持有存貨的數量多於銷售合同訂購數量的，超出部分存貨的可變現淨值應當以一般銷售價格為基礎計算。資產負債表日，同一項存貨中一部分有合同價格約定、其他部分不存在合同價格的，應當分別確定其可變現淨值，並與其相對應的成本進行比較，分別確定存貨跌價準備的金額。

【例4-35】續【例4-34】，若G產品的帳面成本為290元/件，其他資料不變。分有銷售合同和無銷售合同存貨分別確認其期末價值。

①有銷售合同的5,000件的G產品的可變現淨值＝300×5,000＝1,500,000（元）

有銷售合同的5,000件的G產品的帳面成本＝290×5,000＝1,450,000（元）

有銷售合同的5,000件的G產品的帳面成本小於可變現淨值，按成本計量。

② 無銷售合同的1,000件的G產品的可變現淨值＝(295−8)×5,000＝287,000（元）

無銷售合同的1,000件的G產品的帳面成本＝290×1,000＝290,000（元）

無銷售合同的1,000件的G產品的帳面成本大於可變現淨值，按可變現淨值計量。

2012年12月31日G產品帳面價值＝1,450,000＋287,000＝1,737,000（元）

2012年12月31日資產負債表的存貨項目中的G產品按1,737,000元列示。

（3）企業持有的用於出售的材料，通常以市場價格減去估計的銷售費用和相關稅費後的金額，確定其可變現淨值。這里的市場價格是指材料等的市場銷售價格。如果用於出售的材料存在銷售合同約定，應按合同價格作為其可變現淨值的計算基礎。

【例4-36】2012年12月31日，光輝公司擁有丁材料1,000千克，每千克成本800元，沒有計提存貨跌價準備；該種材料原來購進是生產K產品需要，目前K產品由於市場銷路不暢而停產，所以企業將對外出售丁材料，丁材料市場價格為每千克780元，預計每千克發生的銷售費用及相關稅費為10元。

丁材料可變現淨值＝(780−10)×1,000＝770,000（元）

丁材料帳面成本＝800×1,000＝800,000（元）

丁材料可變現淨值小於其帳面成本，因此，丁材料的期末價值應為其可變現淨值，即丁材料應按770,000元列示在2012年12月31日資產負債表的存貨項目中。

（4）用於生產的材料、在產品或自制半成品等需要經過加工的材料存貨，在正常生產經營過程中，應當以所生產的產成品的估計售價減去至完工時估計將要發生的成本、估計的銷售費用以及相關稅費後的金額確定其可變現淨值。

【例4-37】2012年12月31日，光輝公司庫存A材料的帳面價值為3,000,000元，市場價格2,500,000元。用該批A材料生產F產品500件。由於A材料的市場價格下跌，導致F產品的市場價格從6,500元/件下降為5,800元/件。F產品的生產成本是5,000元/件，將A材料加工成F產品尚須投入600,000元，估計銷售稅費為40,000元。

A材料按市場價格計算的可變現淨值＝2,500,000（元）（小於帳面成本）

A材料按加工成F產品計算的可變現淨值＝500×5,800－600,000－40,000

＝2,260,000（元）（小於帳面成本）

由於A材料持有目的是進一步加工F商品，所以應按2,260,000元進行期末計量，即A材料應按2,260,000元列示在2012年12月31日資產負債表的存貨項目中。

三、存貨減值跡象的判斷

1. 存貨的可變現淨值低於成本情形的判斷

存貨存在下列情況之一的，表明存貨的可變現淨值低於成本：

（1）該存貨的市場價格持續下跌，並且在可預見的未來無回升的希望；

（2）企業使用該項原材料生產的產品的成本大於產品的銷售價格；

（3）企業因產品更新換代，原有庫存原材料已不適應新產品的需要，而該原材料的市場價格又低於其帳面成本；

（4）因企業所提供的商品或勞務過時或消費者偏好改變而使市場的需求發生變化，導致市場價格逐漸下跌；

（5）其他足以證明該項存貨實質上已經發生減值的情形。

2. 存貨的可變現淨值為零情形的判斷

存貨存在下列情形之一的，表明存貨的可變現淨值為零：

（1）已霉爛變質的存貨；

（2）已過期且無轉讓價值的存貨；

（3）生產中已不再需要，並且已無使用價值和轉讓價值的存貨；

（4）其他足以證明已無使用價值和轉讓價值的存貨。

四、存貨跌價準備的會計核算

1. 設置帳戶的帳務處理原則

企業應當設置「存貨跌價準備」核算企業存貨的跌價準備。該帳戶可按存貨項目或類別進行明細核算。其主要帳務處理原則是：

（1）資產負債表日，存貨發生減值的，按存貨可變現淨值低於成本的差額，借記「資產減值損失」帳戶，貸記本帳戶。

（2）已計提跌價準備的存貨價值以後又得以恢復，應在原已計提的存貨跌價準備金額內，按恢復增加的金額，借記本帳戶，貸記「資產減值損失」帳戶。

（3）發出存貨結轉存貨跌價準備的，借記本帳戶，貸記「主營業務成本」「生產

成本」等帳戶。

2. 存貨跌價準備的計提

在資產負債表日，企業應當對存貨進行全面檢查，確定存貨的可變現淨值，並與存貨實際成本相比較。如果存貨可變現淨值低於其成本，應按存貨可變現淨值計價，並按可變現淨值低於成本的部分，計提存貨跌價準備。

企業通常應當按照單個存貨項目計提存貨跌價準備。對於數量繁多、單價較低的存貨，可以按照存貨類別計提存貨跌價準備。與在同一地區生產和銷售的產品系列相關、具有相同或類似最終用途或目的，且難以與其他項目分開計量的存貨，可以合併計提存貨跌價準備。

企業計提存貨跌價準備時，按下列公式計算確定本期應計提的存貨跌價準備金額：

$$\text{本期應計提的存貨跌價準備} = \text{當期可變現淨值低於成本的差額} - \text{「存貨跌價準備」帳戶原有餘額}$$

根據上列公式，如果計提存貨跌價準備前，「存貨跌價準備」帳戶無餘額，應按本期存貨可變現淨值低於存貨成本的差額計提存貨跌價準備，借記「資產減值損失」帳戶，貸記「存貨跌價準備」帳戶；如果本期存貨可變現淨值低於成本的差額與「存貨跌價準備」帳戶原有貸方餘額相等，不需要計提存貨跌價準備；如果本期存貨可變現淨值低於成本的差額小於「存貨跌價準備」帳戶原有貸方餘額，表明以前引起存貨減值的影響因素已經部分消失，存貨的價值又得以部分恢復，企業應當相應地恢復存貨的帳面價值，即按兩者之差沖減已計提的存貨跌價準備，借記「存貨跌價準備」帳戶，貸記「資產減值損失」帳戶。

如果以前減記存貨價值的影響因素已經消失，則減記的金額應當予以恢復，並在原已計提的存貨跌價準備的金額內轉回，轉回的金額計入當期損益。轉回時，借記「存貨跌價準備」帳戶，貸記「資產減值損失」帳戶。

按照存貨準則規定，企業的存貨在符合條件的情況下可以轉回計提的存貨跌價準備。存貨跌價準備轉回的條件是以前減記存貨價值的影響因素已經消失，而不是在當期造成存貨可變現淨值高於成本的其他影響因素。

當符合存貨跌價準備轉回的條件時，應在原已計提的存貨跌價準備的金額內轉回。即在對該項存貨、該類存貨或該合併存貨已計提的存貨跌價準備的金額內轉回。轉回的存貨跌價準備與計提該準備的存貨項目或類別應當存在直接對應關係，但轉回的金額以將存貨跌價準備的餘額沖減至零為限。

3. 存貨跌價準備的結轉

企業已經計提了跌價準備的存貨，如果其中部分已經銷售，則在結轉銷售成本時，應同時結轉已經對其計提的存貨跌價準備。

對於因債務重組、非貨幣性交易轉出的存貨，應同時結轉已計提的存貨跌價準備，按債務重組和非貨幣性交易的原則進行處理。

【例4-38】續【例4-33】光輝公司2012年12月31日「存貨跌價準備」帳戶計提前貸方餘額為5,000元。光輝公司計提存貨跌價準備的帳務處理如下：

A商品可變現淨值低於成本的差額=1,120,000-1,100,000=20,000（元）

本期計提存貨跌價準備金額＝20,000-5,000＝15,000（元）

借：資產減值損失　　　　　　　　　　　　　　　　　　15,000
　　貸：存貨跌價準備——A 商品　　　　　　　　　　　　　　15,000

【例4-39】續【例4-33】光輝公司 2012 年 12 月 31 日「存貨跌價準備」帳戶計提前貸方餘額為 25,000 元。光輝公司計提存貨跌價準備的帳務處理如下：

A 商品可變現淨值低於成本的差額＝1,120,000-1,100,000＝20,000（元）

本期計提存貨跌價準備金額＝20,000-25,000＝-5,000（元）（轉回）

借：存貨跌價準備——A 商品　　　　　　　　　　　　　　5,000
　　貸：資產減值損失　　　　　　　　　　　　　　　　　　5,000

以上兩種情況處理後，2012 年年末「存貨跌價準備」帳戶期末貸方餘額均為 20,000 元。

【例4-40】續【例4-38】2013 年 1 月 20 日，光輝公司售出 A 庫存商品 1,000 件，單位售價 120 元，款項已經存入銀行。光輝公司帳務處理如下：

借：銀行存款　　　　　　　　　　　　　　　　　　　　140,400
　　貸：主營業務收入　　　　　　　　　　（120×1,000）120,000
　　　　應交稅費——應交增值稅（銷項稅額）　　　　　　20,400
借：主營業務成本　　　　　　　　　　　　　　　　　　110,000
　　存貨跌價準備　　　　　　　　　　　（20,000×1/10）2,000
　　貸：庫存商品——A 商品　　　　　　　（112×1,000）112,000

2013 年 1 月末，「存貨跌價準備」帳戶期末貸方餘額為 18,000 元（20,000-2,000）。

第八節　存貨的清查

一、存貨清查的含義與方法

1. 存貨清查的意義

存貨清查，是指企業採用適當的方法，來確定存貨的實有數量，並與帳面結存數進行核對，從而確定存貨實存數與帳面結存數是否相符合的一種專門方法。

由於存貨種類繁多、收發頻繁，在日常收發過程中可能會發生計量差錯、計算錯誤、自然損耗，也可能發生損壞、變質以及貪污、盜竊等情況，從而造成存貨的實際結存數與帳面結存數出現不符，形成存貨的盤盈與盤虧。因此，有必要定期或不定期地對存貨進行清查，確定存貨的實存數，查明帳實不符的原因，分清經濟責任進行處理，達到帳實相符。

2. 存貨清查的方法

對存貨進行清查，主要採用實地盤點法和技術推算法。

（1）實地盤點法，是通過實地逐一點數或用計量器具確定實存數量的一種常用方法。如點數清點材料的件數，用秤計量庫存原材料的重量等。

(2)技術推算法,是通過技術推算確定實存數量的一種方法。對有些價值低、數量大的材料物資,如露天堆放的原煤、沙石等,不便於逐一過磅、點數的,可以在抽樣盤點的基礎上,進行技術推算,從而確定其實存數量。

3. 存貨清查的步驟

(1)要由清查人員協同材料物資保管人員在現場對材料物資採用上述相應的清查方法進行盤點,確定其實有數量,並同時檢查其質量情況。

(2)對盤點的結果要如實登記在「盤存單」(格式如表4-8所示)上,並由盤點人員、檢查負責人和實物保管人員簽章,以明確經濟責任。

(3)根據「盤存單」和有關帳簿記錄,編製「帳存實存對比表」(格式如表4-9所示)。該表只填列帳實不符的存貨,它是用來調整帳簿記錄的重要原始憑證,也是分析產生帳實差異的原因,明確經濟責任的重要依據。

(4)對帳實不符的存貨,分析差異原因,做出相應的會計處理。

表4-8　　　　　　　　　　　　盤　存　單
單位名稱:　　　　　　　　　　　　年　月　日　　　　　　　　　　單位:元

編號	名稱	規格	計量單位	數量	單價	金額	備註

盤點人:　　　　　　　　　　保管人:　　　　　　　　　　負責人:

表4-9　　　　　　　　　　　　帳 存 實 存 對 比 表
單位名稱:　　　　　　　　　　　　年　月　日

編號	名稱	規格	計量單位	單價	實存		帳存		對比結果				備註
					數量	金額	數量	金額	盤盈		盤虧		
									數量	金額	數量	金額	

盤點人:　　　　　　　　　　保管人:　　　　　　　　　　負責人:

二、存貨清查結果的帳務處理

1. 設置帳戶

企業應設置「待處理財產損溢」帳戶核算和監督財產清查過程中查明的各種存貨的盤盈、盤虧和毀損的價值。該帳戶的借方登記存貨的盤虧、毀損金額及盤盈的轉銷金額,貸方登記存貨盤盈金額及盤虧的轉銷金額。企業的財產損溢,應查明原因,在

期末結帳前處理完畢，期末處理後，本帳戶應無餘額。物資在運輸途中發生的非正常短缺與損耗，也通過「待處理財產損溢」帳戶核算。「待處理財產損溢」帳戶下應設置「待處理流動資產損溢」和「待處理固定資產損溢」兩個明細帳戶。

2. 存貨盤盈的核算

企業盤盈各種存貨時，按盤盈存貨的重置成本，借記「原材料」「庫存商品」等帳戶，貸記「待處理財產損溢」帳戶；按管理權限報經批準後，借記「待處理財產損溢」帳戶，貸記「管理費用」帳戶。

【例4-41】光輝公司在財產清查中，盤盈 J 材料 100 千克，實際單位成本為 110 元，經查，屬於材料收發計量錯誤。報經批準後，作冲減管理費用處理。根據有關的憑證，進行會計處理。

批準處理前：

借：原材料　　　　　　　　　　　　　　　　　　　　　　　　11,000
　　貸：待處理財產損溢——待處理流動資產損溢　　　　　　　　　11,000

批準處理後：

借：待處理財產損溢——待處理流動資產損溢　　　　　　　　　　11,000
　　貸：管理費用　　　　　　　　　　　　　　　　　　　　　　　11,000

3. 存貨盤虧和毀損的核算

企業發生存貨盤虧及毀損時，按盤虧或毀損的存貨的實際成本（或計劃成本），借記「待處理財產損溢」帳戶，貸記「原材料」「庫存商品」等帳戶。在按管理權限報經批準後，根據有關的憑證，進行會計處理。

(1) 對於入庫的殘料價值，借記「原材料」等帳戶，貸記「待處理財產損溢」帳戶。

(2) 對於應由保險公司和過失人賠償的部分，借記「其他應收款」等帳戶，貸記「待處理財產損溢」帳戶；扣除殘料價值和應由保險公司和過失人賠償後的淨損失，屬於自然損耗、管理不善、收發計量不準等一般經營損失的部分，借記「管理費用」帳戶；屬於非常損失的部分，借記「營業外支出」帳戶。

企業發生的非正常損失的購進貨物以及非正常損失的在產品、產成品所耗用的購進貨物或應稅勞務的進項稅額不得從銷項稅額中抵扣，所支付的增值稅進項稅額應予以轉出。

【例4-42】光輝公司按實際成本核算原材料，2012 年 12 月，在財產清查中發現以下問題：

(1) 盤虧 W 材料 200 千克，實際單位成本 60 元，經查屬於一般經營損失。根據有關的憑證，進行會計處理。

①批準處理前：

借：待處理財產損溢——待處理流動資產損溢　　　　　　　　　　12,000
　　貸：原材料　　　　　　　　　　　　　　　　　　　　　　　　12,000

②批準處理後：

借：管理費用　　　　　　　　　　　　　　　　　　　　　　　　12,000

貸：待處理財產損溢——待處理流動資產損溢　　　　　　　　　　12,000

（2）毀損 L 材料 1,000 千克，實際單位成本 21 元，經查屬於自然災害造成的損失，根據保險合同規定，該損失應由保險公司賠償 60%。根據有關的憑證，進行會計處理。

①批準處理前：
借：待處理財產損溢——待處理流動資產損溢　　　　　　　　24,570
　　貸：原材料　　　　　　　　　　　　　　　　　　　　　　21,000
　　　　應交稅費——應交增值稅（進項稅額轉出）　　　　　　 3,570

②批準處理後：
借：其他應收款　　　　　　　　　　　　　　　　　　　　　12,600
　　營業外支出——非常損失　　　　　　　　　　　　　　　　 8,400
　　貸：待處理財產損溢——待處理流動資產損溢　　　　　　　21,000

復習思考題

1. 什麼是存貨？存貨主要包括哪些內容？
2. 如何對存貨進行確認和初始計量？
3. 存貨核算的基本方法有哪些？
4. 實際成本法下存貨發出的計價方法有哪些？各有哪些優缺點？
5. 原材料按實際成本計價如何進行日常核算？
6. 原材料按計劃成本計價如何進行日常核算？
7. 包裝物如何進行核算？
8. 低值易耗品如何進行核算？
9. 委託加工物資如何進行核算？
10. 什麼是成本與可變現淨值孰低法？如何確認可變現淨值？
11. 如何進行存貨跌價準備核算？
12. 如何對存貨清查結果進行帳務處理？

第五章 非貨幣性金融資產核算

第一節 金融資產的內涵及分類

一、金融資產的含義

金融資產是一切可以在有組織的金融市場上進行交易、具有現實價格和未來估價的金融工具的總稱。金融資產的最大特徵是能夠在市場交易中為其所有者提供即期或遠期的貨幣收入流量。金融資產屬於企業資產的重要組成部分，主要包括庫存現金、銀行存款、應收帳款、應收票據、其他應收款、股權投資、債權投資、衍生工具形成的資產等。

二、金融資產分類

企業應當結合自身業務特點、投資策略和風險管理要求，將取得的金融資產在初始確認時劃分為以下四類：

第一類，以公允價值計量且其變動計入當期損益的金融資產，可進一步分為交易性金融資產和直接指定為以公允價值計量且其變動計入當期損益的金融資產。同時，某項金融資產劃分為以公允價值計量且其變動計入當期損益的金融資產後，不能再重分類為其他類別的金融資產；其他類別的金融資產也不能再重分類為以公允價值計量且其變動計入當期損益的金融資產。

第二類，持有至到期投資。

第三類，可供出售金融資產。

第四類，貸款和應收款項。

前面三類屬於非貨幣性金融資產；後一類屬於貨幣性金融資產。

本章主要涉及非貨幣性金融資產的會計處理，主要介紹交易性金融資產、持有至到期投資和可供出售金融資產的會計核算方法。

第二節　交易性金融資產

一、交易性金融資產的含義及帳戶設置

1. 交易性金融資產的含義

交易性金融資產，主要是指企業為了近期內出售而持有的金融資產。比如，企業以賺取差價為目的從二級市場購入的股票、債券、基金等。

金融資產滿足下列條件之一的，應當劃分為交易性金融資產：

（1）取得該金融資產的目的，主要是為了近期內出售。

（2）屬於進行集中管理的可辨認金融工具組合的一部分，且有客觀證據表明企業近期採用短期獲利方式對該組合進行管理，比如企業基於其投資策略和風險管理的需要，將某些金融資產進行組合從事短期獲利活動，對於組合中的金融資產，應採用公允價值計量，並將其相關公允價值變動計入當期損益。

（3）屬於衍生工具，比如國債期貨、遠期合同、股指期貨等，其公允價值變動大於零時，應將其相關變動金額確認為交易性金融資產，同時計入當期損益。但是，如果衍生工具被企業指定為有效套期關係中的套期工具，那麼該衍生工具初始確認後的公允價值變動應根據其對應的套期關係（即公允價值套期、現金流量套期或境外經營淨投資套期）不同，採用相應的方法進行處理。

2. 帳戶設置

企業應設置「交易性金融資產」帳戶核算企業為交易目的所持有的債券投資、股票投資、基金投資等交易性金融資產的公允價值。企業持有的直接指定為以公允價值計量且其變動計入當期損益的金融資產，也在本帳戶核算。

本帳戶可按交易性金融資產的類別和品種，分別「成本」「公允價值變動」等進行明細核算。

二、交易性金融資產的帳務處理

1. 交易性金融資產的初始確認與計量

交易性金融資產初始確認時，應按公允價值計量，相關交易費用應當直接計入當期損益。其中，交易費用是指可直接歸屬於購買、發行或處置金融工具新增的外部費用；新增的外部費用，是指企業不購買、發行或處置金融工具就不會發生的費用。交易費用包括支付給代理機構、諮詢公司、券商等的手續費和傭金及其他必要支出，不包括債券溢價、折價、融資費用、內部管理成本及其他與交易不直接相關的費用。

企業取得交易性金融資產，按其公允價值，借記「交易性金融資產——成本」帳戶，按發生的交易費用，借記「投資收益」帳戶，按實際支付的金額，貸記「銀行存款」「其他貨幣資金」等帳戶。

【例5-1】2013 年 1 月 10 日，光輝公司從二級市場購入乙公司發行的股票 100,000 股，每股價格 10 元，另支付交易費用 2,000 元。公司將持有的乙公司股權劃分為交易性金融資產，且持有乙公司股權後對其無重大影響。則光輝公司的帳務處理為：

借：交易性金融資產——成本   1,000,000
    投資收益   2,000
  貸：銀行存款   1,002,000

企業取得交易性金融資產時，如果所支付價款中包含已宣告但尚未發放的現金股利或已到付息期但尚未領取的債券利息的，應當單獨確認為應收項目。

【例5-2】續【例5-1】，若光輝公司購買價格為 10.2 元/股（包含已宣告發放尚未支付的股利 0.2 元/股），其他條件不變，則帳務處理為：

借：交易性金融資產——成本   1,000,000
    應收股利   20,000
    投資收益   2,000
  貸：銀行存款   1,022,000

2. 交易性金融資產的後續計量

（1）交易性金融資產持有期間的收益計算。交易性金融資產持有期間被投資單位宣告發放的現金股利，或在資產負債表日按分期付息、一次還本債券投資的票面利率計算的利息，借記「應收股利」或「應收利息」帳戶，貸記「投資收益」帳戶。實際收到股利或利息時，借記「銀行存款」「其他貨幣資金」等帳戶，貸記「應收股利」或「應收利息」帳戶。

【例5-3】續【例5-1】，3 月 15 日，乙公司宣告發放現金股利 0.3 元/股，光輝公司 3 月 20 日收到股利。其帳務處理為：

① 3 月 15 日，乙公司宣告發放股利

借：應收股利   30,000
  貸：投資收益   30,000

② 3 月 20 日，公司收到現金股利

借：銀行存款   30,000
  貸：應收股利   30,000

（2）交易性金融資產的期末計價。按會計準則規定，交易性金融資產應按公允價值計量。資產負債表日，企業應將交易性金融資產的帳面價值調整成為公允價值，將其公允價值的變動確認為當期損益，計入「公允價值變動損益」。具體帳務處理為：交易性金融資產的公允價值高於其帳面餘額的差額，借記「交易性金融資產——公允價值變動」帳戶，貸記「公允價值變動損益」帳戶；公允價值低於其帳面餘額的差額作相反的會計分錄。

【例5-4】續【例5-1】，6 月 30 日，乙公司股票公允價值為 11 元/股。其帳務處理為：

借：交易性金融資產——公允價值變動   100,000
  貸：公允價值變動損益   100,000

3. 交易性金融資產的出售

交易性金融資產出售所實現的損益由兩部分構成：出售該交易性金融資產時的實際收入與帳面價值的差額；原來已經作為公允價值變動損益入帳的金額。這兩部分損益均應計入投資收益，以集中反應出售該金融資產實際實現的損益。

會計處理上，出售金融資產時，應按實際收到的金額，借記「銀行存款」「其他貨幣資金」等帳戶，按該項金融資產的成本，貸記「交易性金融資產——成本」，按該項交易性金融資產的公允價值變動借記（原來記錄的公允價值變動貸方淨額）或貸記（原來記錄的公允價值變動貸借方淨額）「交易性金融資產——公允價值變動」帳戶，按其差額，貸記或借記「投資收益」帳戶；同時，將原計入該金融資產的公允價值變動轉出，借記或貸記「公允價值變動損益」帳戶，貸記或借記「投資收益」帳戶。

【例5-5】續【例5-4】，7月6日，光輝公司將所持有的乙公司股票以12元/股的價格全部售出。其帳務處理為：

借：銀行存款　　　　　　　　　　　　　　　　1,200,000
　貸：交易性金融資產——成本　　　　　　　　　　1,000,000
　　　　　　　　　　——公允價值變動　　　　　　　100,000
　　　投資收益　　　　　　　　　　　　　　　　　100,000

同時：

借：公允價值變動損益　　　　　　　　　　　　　100,000
　貸：投資收益　　　　　　　　　　　　　　　　　100,000

如果交易性金融資產是部分出售的，無論是其帳面價值，還是原來已經計入公允價值變動損益的金額，均應按出售的交易性金融資產占該金融資產比例計算。

【例5-6】假設在【例5-5】中，光輝公司售出50,000股乙公司股票。則其帳務處理為：

借：銀行存款　　　　　　　　　　　　　　　　　600,000
　貸：交易性金融資產——成本　　　　　　　　　　　500,000
　　　　　　　　　　——公允價值變動　　　　　　　50,000
　　　投資收益　　　　　　　　　　　　　　　　　50,000

同時，

借：公允價值變動損益　　　　　　　　　　　　　50,000
　貸：投資收益　　　　　　　　　　　　　　　　　50,000

第三節　可供出售金融資產

一、可供出售金融資產的含義及帳戶設置

1. 可供出售金融資產的含義

可供出售金融資產，是指初始確認時即被指定為可供出售的非衍生金融資產，以

及除貸款和應收款項、持有至到期投資、以公允價值計量且其變動計入當期損益的金融資產以外的金融資產。

例如，企業購入的在活躍市場上有報價的股票、債券和基金等，沒有劃分為交易性金融資產或持有至到期投資等金融資產的，可歸為此類。

對於在活躍市場上有報價的金融資產，是劃分為交易性金融資產還是劃分為可供出售金融資產，取決於企業管理當局的投資策略和風險管理要求；如果該金融資產屬於有固定到期日、回收金額固定或可確定的金融資產，則該金融資產還可能劃分為持有至到期投資。

2. 帳戶設置

企業應設置「可供出售金融資產」帳戶核算企業持有的可供出售金融資產的公允價值，包括劃分為可供出售金融資產的股票投資、債券投資等金融資產。

本帳戶按可供出售金融資產的類別和品種，分別「成本」「利息調整」「應計利息」「公允價值變動」等進行明細核算。

二、可供出售金融資產的帳務處理

1. 可供出售金融資產的初始確認與計量

企業確認可供出售金融資產時，應當按照其公允價值和相關交易費用之和進行初始計量，作為初始入帳價值。如果實際支付的價款中包括的宣告發放但尚未支付的現金股利或已到付息期但尚未領取的債券利息，則應單獨確認為應收項目。

具體帳務處理上，企業取得可供出售金融資產為股票投資的，應按其公允價值與交易費用之和，借記「可供出售金融資產——成本」帳戶，按支付的價款中包含的已宣告但尚未發放的現金股利，借記「應收股利」帳戶，按實際支付的金額，貸記「銀行存款」「其他貨幣資金」等帳戶。

【例5-7】光輝公司於2012年4月10日從二級市場購入N公司股票100萬股，每股市價20元，手續費50,000元；初始確認時，該股票劃分為可供出售金融資產。光輝公司帳務處理為：

借：可供出售金融資產——成本　　　　　　　　　20,050,000
　　貸：銀行存款　　　　　　　　　　　　　　　　20,050,000

企業取得的可供出售金融資產為債券投資的，應按債券的面值，借記「可供出售金融資產——成本」帳戶，按支付的價款中包含的已到付息期但尚未領取的利息，借記「應收利息」帳戶，按實際支付的金額，貸記「銀行存款」「其他貨幣資金」等帳戶，按差額，借記或貸記「可供出售金融資產——利息調整」帳戶。

【例5-8】光輝公司2013年1月3日購入D公司於2013年1月1日發行的5年期債券，債券的面值為1,000元，票面利率為6%。光輝公司按照1,050元的價格買入100張，該債券每年付息一次，最後一年歸還本金並付最後一次利息。債券的實際利率為4.79%。假設D公司按年計算利息。光輝公司將該投資初始確認為可供出售金融資產，則購入債券時的帳務處理為：

借：可供出售金融資產——成本　　　　　　　　　100,000

　　　　　　——利息調整　　　　　　　　　　　　　　　5,000
　　貸：銀行存款　　　　　　　　　　　　　　　　　　105,000

2. 可供出售金融資產持有期間的收益計算

可供出售金融資產持有期間取得的利息或現金股利，應當計入投資收益。會計處理上，在資產負債表日，可供出售債券為分期付息、一次還本債券投資的，應按票面利率計算確定的應收未收利息，借記「應收利息」帳戶，按可供出售債券的攤餘成本和實際利率計算確定的利息收入，貸記「投資收益」帳戶，按其差額，借記或貸記「可供出售金融資產——利息調整」帳戶。

【例5-9】續【例5-8】，2013年12月31日光輝公司計算利息的帳務處理為：
　　借：應收利息　　　　　　　　　　　　　　　　　　6,000
　　貸：投資收益　　　　　　　　　　（105,000×4.79%）5,029.50
　　　　可供出售金融資產——利息調整　　　　　　　　　970.50

可供出售債券為一次還本付息債券投資的，應於資產負債表日按票面利率計算確定的應收未收利息，借記「可供出售金融資產——應計利息」帳戶，按可供出售債券的攤餘成本和實際利率計算確定的利息收入，貸記「投資收益」帳戶，按其差額，借記或貸記「可供出售金融資產——利息調整」帳戶。

【例5-10】續【例5-8】，假如光輝公司購買的是到期一次還本付息債券，則光輝公司2013年12月31日計算利息的帳務處理：
　　借：可供出售金融資產——應計利息　　　　　　　　6,000
　　貸：投資收益　　　　　　　　　　　　　　　　　　5,029.50
　　　　可供出售金融資產——利息調整　　　　　　　　　970.50

3. 可供出售金融資產的期末計價

資產負債表日，可供出售金融資產應當以公允價值計量，且公允價值變動計入資本公積。具體帳務處理上，可供出售金融資產的公允價值高於其帳面餘額的差額，借記「可供出售金融資產——公允價值變動」帳戶，貸記「其他綜合收益」帳戶；公允價值低於其帳面餘額的差額做相反的會計分錄。

【例5-11】續【例5-9】，假設2013年12月31日該債券的公允價值為105,500元，則光輝公司帳務處理為：
公允價值變動＝105,500－(100,000+5,000－970.50)
　　　　　　＝1,470.50
　　借：可供出售金融資產——公允價值變動　　　　　　1,470.50
　　貸：其他綜合收益　　　　　　　　　　　　　　　　1,470.50

4. 可供出售金融資產的處置

處置可供出售金融資產時，應將取得的價款與該金融資產帳面價值之間的差額，計入投資損益；同時，將原直接計入所有者權益的公允價值變動累計額對應處置部分的金額轉出，計入投資損益。

具體帳務處理上，處置可供出售的金融資產，應按實際收到的金額，借記「銀行存款」「其他貨幣資金」等帳戶，按其帳面餘額，貸記「可供出售金融資產」帳戶

（成本、公允價值變動、利息調整、應計利息），按應從所有者權益中轉出的公允價值累計變動額，借記或貸記「其他綜合收益」帳戶，按其差額，貸記或借記「投資收益」帳戶。

【例 5-12】續【例 5-11】，假設光輝公司 2014 年 1 月 5 日出售所持有的債券，價格為 105,600 元，則光輝公司帳務處理為：

借：銀行存款　　　　　　　　　　　　　　　　105,600
　　其他綜合收益　　　　　　　　　　　　　　1,470.50
　　貸：可供出售金融資產──成本　　　　　　　　100,000
　　　　　　　　　　　──利息調整　　(5,000-970.5) 4,029.50
　　　　　　　　　　　──公允價值變動　　　　1,470.50
　　　　投資收益　　　　　　　　　　　　　　　1,570.50

第四節　持有至到期投資

一、持有至到期投資的含義及帳戶設置

1. 持有至到期投資的含義

持有至到期投資，是指到期日固定、回收金額固定或可確定，且企業有明確意圖和能力持有至到期的非衍生金融資產。通常情況下，能夠劃分為持有至到期投資的金融資產，主要是債權性投資，比如從二級市場上購入的固定利率國債、浮動利率金融債券等。股權投資因其沒有固定的到期日，因而不能劃分為持有至到期投資。持有至到期投資通常具有長期性質，但期限較短（1 年以內）的債券投資，符合持有至到期投資條件的，也可將其劃分為持有至到期投資。

企業不能將下列非衍生金融資產劃分為持有至到期投資：

（1）在初始確認時即被指定為以公允價值計量且其變動計入當期損益的非衍生金融資產；

（2）在初始確認時被指定為可供出售的非衍生金融資產；

（3）符合貸款和應收款項的含義的非衍生金融資產。

2. 持有至到期投資的特徵

（1）該金融資產到期日固定、回收金額固定或可確定。「到期日固定、回收金額固定或可確定」是指相關合同明確了投資者在確定的期間內獲得或應收取現金流量（如投資利息和本金等）的金額和時間。因此，從投資者角度看，如果不考慮其他條件，在將某項投資劃分為持有至到期投資時可以不考慮可能存在的發行方重大支付風險。

（2）企業有明確意圖將該金融資產持有至到期。「有明確意圖持有至到期」是指投資者在取得投資時意圖就是明確的，除非遇到一些企業所不能控制、預期不會重復發生且難以合理預計的獨立事項，否則將持有至到期。

存在下列情況之一的，表明企業沒有明確意圖將金融資產投資持有至到期：

①持有該金融資產的期限不確定。

②發生市場利率變化、流動性需要變化、替代投資機會及其投資收益率變化、融資來源和條件變化、外匯風險變化等情況時,將出售該金融資產。但是,無法控制、預期不會重複發生且難以合理預計的獨立事項引起的金融資產出售除外。

③該金融資產的發行方可以按照明顯低於其攤餘成本的金額清償。

④其他表明企業沒有明確意圖將該金融資產持有至到期的情況。

據此,對於發行方可以贖回的債務工具,如發行方行使贖回權,投資者仍可收回其幾乎所有初始淨投資(含支付的溢價和交易費用),那麼投資者可以將此類投資劃分為持有至到期投資。但是,對於投資者有權要求發行方贖回的債務工具投資,投資者不能將其劃分為持有至到期投資。

(3) 企業有能力將該金融資產持有至到期。「有能力持有至到期」是指企業有足夠的財務資源,並不受外部因素影響將投資持有至到期。存在下列情況之一的,表明企業沒有能力將具有固定期限的金融資產投資持有至到期:

①沒有可利用的財務資源持續地為該金融資產投資提供資金支持,以使該金融資產投資持有至到期。

②受法律、行政法規的限制,使企業難以將該金融資產投資持有至到期。

③其他表明企業沒有能力將具有固定期限的金融資產投資持有至到期。

3. 帳戶設置

企業應設置「持有至到期投資」帳戶核算持有至到期投資的攤餘成本。本帳戶可按持有至到期投資的類別和品種,分別「成本」「利息調整」「應計利息」等進行明細核算。

二、持有至到期投資的會計處理

1. 持有至到期投資的初始確認與計量

企業取得持有至到期投資時,應當按照公允價值和相關交易費用之和作為初始入帳金額。實際支付的價款中包括的已到付息期但尚未領取的債券利息,應單獨確認為應收項目。

持有至到期投資初始確認時,應當計算確定其實際利率,並在該持有至到期投資預期存續期間或適用的更短期間內保持不變。

實際利率,是指將金融資產或金融負債在預期存續期間或適用的更短期間內的未來現金流量,折現為該金融資產或金融負債當前帳面價值所使用的利率。企業在確定實際利率時,應當在考慮金融資產或金融負債所有合同條款(包括提前還款權、看漲期權、類似期權等)的基礎上預計未來現金流量,但不應考慮未來信用損失。

金融資產合同各方之間支付或收取的、屬於實際利率組成部分的各項收費、交易費用及溢價或折價等,應當在確定實際利率時予以考慮。金融資產的未來現金流量或存續期間無法可靠預計時,應當採用該金融資產在整個合同期內的合同現金流量。

在會計處理上,企業取得持有至到期投資,應按該投資的面值,借記「持有至到

期投資——成本」帳戶，按支付的價款中包含的已到付息期但尚未領取的利息，借記「應收利息」帳戶，按實際支付的金額，貸記「銀行存款」「其他貨幣資金」等帳戶，按其差額，借記或貸記「持有至到期投資——利息調整」帳戶。

【例5-13】2013年1月1日，光輝公司支付價款109,500元以及交易費用500元從債券市場上購入某公司5年期債券，面值100,000元，票面利率5%，按年支付利息，本金最後一次支付。光輝公司將購入的該公司債券劃分為持有至到期投資，實際利率為2.83%。(暫不考慮所得稅、減值損失等因素)

光輝公司取得該項投資並初始確認為持有至到期投資時的帳務處理為：

借：持有至到期投資——成本　　　　　　　　　　　　100,000
　　　　　　　　　——利息調整　　　　　　　　　　　 10,000
　貸：銀行存款　　　　　　　　　　　　　　　　　　　110,000

2. 持有至到期投資持有期間的收益計算

(1) 實際利率法

企業應當採用實際利率法，按攤餘成本對持有至到期投資進行後續計量。

實際利率法，是指按照金融資產或金融負債(含一組金融資產或金融負債)的實際利率計算其攤餘成本及各期利息收入或利息費用的方法。

攤餘成本，是指該金融資產的初始確認金額經下列調整後的結果：

①扣除已償還的本金；

②加上或減去採用實際利率法將該初始確認金額與到期日金額之間的差額進行攤銷形成的累計攤銷額；

③扣除已發生的減值損失。

(2) 持有期間的收益計算

企業應在持有至到期投資持有期間，採用實際利率法，按照攤餘成本和實際利率計算確認利息收入，計入投資收益。實際利率應當在取得持有至到期投資時確定，實際利率與票面利率差別較小的，也可按票面利率計算利息收入，計入投資收益。

(3) 具體帳務處理

在資產負債表日，持有至到期投資為分期付息、一次還本債券投資的，應按票面利率計算確定的應收未收利息，借記「應收利息」帳戶，按持有至到期投資攤餘成本和實際利率計算確定的利息收入，貸記「投資收益」帳戶，按其差額，借記或貸記「持有至到期投資——利息調整」帳戶。

持有至到期投資為一次還本付息債券投資的，應於資產負債表日按票面利率計算確定的應收未收利息，借記「持有至到期投資——應計利息」帳戶，按持有至到期投資攤餘成本和實際利率計算確定的利息收入，貸記「投資收益」帳戶，按其差額，借記或貸記「持有至到期投資——利息調整」帳戶。

【例5-14】續【例5-13】，光輝公司編製的利息計算表如表5-1所示。

表 5-1　　　　　　　　　　　　　利息計算表　　　　　　　　　　　金額單位：元

年份	期初攤餘成本（A）	實際利息收入（＝A×2.83%）（B）	現金流入（C）	利息調整（D=C-B）	期末攤餘成本（E=A+B-C）
2013 年	110,000	3,113	5,000	1,887	108,113
2014 年	108,113	3,060	5,000	1,940	106,173
2015 年	106,173	3,005	5,000	1,995	104,177
2016 年	104,177	2,948	5,000	2,052	102,125
2017 年	102,125	2,874*	105,000	2,126	0

注：* 含尾差，2,874＝[（100,000×5%×5）－10,000]－(3,113+3,060+3,005+2,948)＝15,000-12,126。

光輝公司相關帳務處理為：

(1) 2013 年 12 月 31 日

①確認實際利息收入

借：應收利息　　　　　　　　　　　　　　　　　　　　　　　　　　　5,000
　貸：投資收益　　　　　　　　　　　　　　　　　　　　　　　　　　3,113
　　　持有至到期投資——利息調整　　　　　　　　　　　　　　　　　　1,887

②收到票面利息

借：銀行存款　　　　　　　　　　　　　　　　　　　　　　　　　　　5,000
　貸：應收利息　　　　　　　　　　　　　　　　　　　　　　　　　　5,000

(2) 2014 年 12 月 31 日

①確認實際利息收入

借：應收利息　　　　　　　　　　　　　　　　　　　　　　　　　　　5,000
　貸：投資收益　　　　　　　　　　　　　　　　　　　　　　　　　　3,060
　　　持有至到期投資——利息調整　　　　　　　　　　　　　　　　　　1,940

②收到票面利息

借：銀行存款　　　　　　　　　　　　　　　　　　　　　　　　　　　5,000
　貸：應收利息　　　　　　　　　　　　　　　　　　　　　　　　　　5,000

(3) 2015 年 12 月 31 日

①確認實際利息收入

借：應收利息　　　　　　　　　　　　　　　　　　　　　　　　　　　5,000
　貸：投資收益　　　　　　　　　　　　　　　　　　　　　　　　　　3,005
　　　持有至到期投資——利息調整　　　　　　　　　　　　　　　　　　1,995

②收到票面利息

借：銀行存款　　　　　　　　　　　　　　　　　　　　　　　　　　　5,000
　貸：應收利息　　　　　　　　　　　　　　　　　　　　　　　　　　5,000

（4）2016 年 12 月 31 日

①確認實際利息收入

借：應收利息　　　　　　　　　　　　　　　　　　　　5,000
　　貸：投資收益　　　　　　　　　　　　　　　　　　　2,948
　　　　持有至到期投資——利息調整　　　　　　　　　　2,052

②收到票面利息

借：銀行存款　　　　　　　　　　　　　　　　　　　　5,000
　　貸：應收利息　　　　　　　　　　　　　　　　　　　5,000

（5）2017 年 12 月 31 日

①確認實際利息收入

借：應收利息　　　　　　　　　　　　　　　　　　　　5,000
　　貸：投資收益　　　　　　　　　　　　　　　　　　　2,874
　　　　持有至到期投資——利息調整　　　　　　　　　　2,126

②收到票面利息和本金

借：銀行存款　　　　　　　　　　　　　　　　　　　　105,000
　　貸：持有至到期投資——成本　　　　　　　　　　　　100,000
　　　　應收利息　　　　　　　　　　　　　　　　　　　5,000

3. 持有至到期投資的出售

企業將某金融資產劃分為持有至到期投資後，可能會發生到期前將該金融資產予以出售。出售持有至到期投資時，應按實際收到的金額，借記「銀行存款」「其他貨幣資金」等帳戶，按其帳面餘額，貸記「持有至到期投資」帳戶（成本、利息調整、應計利息），按其差額，貸記或借記「投資收益」帳戶。已計提減值準備的，還應同時結轉減值準備。

【例 5-15】續【例 5-14】，光輝公司 2014 年 1 月 2 日出售所持有的債券，價格為 104,500 元。其帳務處理為：

借：銀行存款　　　　　　　　　　　　　　　　　　　　104,500
　　投資收益　　　　　　　　　　　　　　　　　　　　　3,613
　　貸：持有至到期投資——成本　　　　　　　　　　　　100,000
　　　　　　　　　　　——利息調整　　　　　　　　　　　8,113

4. 持有至到期投資的轉換

企業將某金融資產劃分為持有至到期投資後，可能會發生企業違背了將投資劃分為持有至到期的最初意圖，將要提前處置或重分類的情況。這種情況的發生，通常表明企業違背了將投資持有至到期的最初意圖。企業應當於每個資產負債表日對持有至到期投資的意圖和能力進行評價。發生變化的，應當將其重分類為可供出售金融資產進行處理。

企業因持有至到期投資部分出售或重分類的金額較大，且不屬於企業會計準則所允許的例外情況，使該投資的剩餘部分不再適合劃分為持有至到期投資的，企業應當將該投資的剩餘部分重分類為可供出售金融資產，並以公允價值進行後續計量。重分

類日，應當將該投資剩餘部分的帳面價值與其公允價值之間的差額計入其他綜合收益，在該可供出售金融資產發生減值或終止確認時轉出，計入當期損益。

帳務處理上，應在重分類日按其公允價值，借記「可供出售金融資產」帳戶，按其帳面餘額，貸記「持有至到期投資」帳戶（成本、利息調整、應計利息），按其差額，貸記或借記「其他綜合收益」帳戶。已計提減值準備的，還應同時結轉減值準備。

【例5-16】續【例5-15】，2014年1月2日，由於貸款基準利率的變動和其他市場因素的影響，該債券公允價值降低為104,500元，光輝公司不準備將該債券持有到期，將在適當的時間和價格出售該投資，所以此時公司將該項持有至到期投資重分類為可供出售金融資產。其帳務處理為：

借：可供出售金融資產——成本　　　　　　　　　　100,000
　　　　　　　　　　——利息調整　　　　　　　　　4,500
　　其他綜合收益　　　　　　　　　　　　　　　　3,613
貸：持有至到期投資——成本　　　　　　　　　　　100,000
　　　　　　　　　　——利息調整　　　（10,000-1,887）8,113

第五節　金融資產減值

一、金融資產減值損失的確認

企業應當在資產負債表日對以公允價值計量且其變動計入當期損益的金融資產以外的金融資產（含單項金融資產或一組金融資產，下同）的帳面價值進行檢查，有客觀證據表明該金融資產發生減值的，應當確認減值損失，計提減值準備。

表明金融資產發生減值的客觀證據，是指金融資產初始確認後實際發生的、對該金融資產的預計未來現金流量有影響，且企業能夠對該影響進行可靠計量的事項。金融資產發生減值的客觀證據，包括下列各項：

（1）發行方或債務人發生嚴重財務困難；
（2）債務人違反了合同條款，如償付利息或本金發生違約或逾期等；
（3）債權人出於經濟或法律等方面因素的考慮，對發生財務困難的債務人做出讓步；
（4）債務人很可能倒閉或進行其他財務重組；
（5）因發行方發生重大財務困難，該金融資產無法在活躍市場繼續交易；
（6）無法辨認一組金融資產中的某項資產的現金流量是否已經減少，但根據公開的數據對其進行總體評價後發現，該組金融資產自初始確認以來的預計未來現金流量確已減少且可計量，如該組金融資產的債務人支付能力逐步惡化，或債務人所在國家或地區失業率提高、擔保物在其所在地區的價格明顯下降、所處行業不景氣等；
（7）債務人經營所處的技術、市場、經濟或法律環境等發生重大不利變化，使權益工具投資人可能無法收回投資成本；

（8）權益工具投資的公允價值發生嚴重或非暫時性下跌；

（9）其他表明金融資產發生減值的客觀證據。

企業在根據以上客觀證據判斷金融資產是否發生減值損失時，應注意以下幾點：

第一，這些客觀證據相關的事項（也稱「損失事項」）必須影響金融資產的預計未來現金流量，並且能夠可靠地計量。對於預期未來事項可能導致的損失，無論其發生的可能性有多大，均不能作為減值損失予以確認。

第二，企業通常難以找到某項單獨的證據來認定金融資產是否已發生減值，因而應綜合考慮相關證據的總體影響進行判斷。

第三，債務方或金融資產發行方信用等級下降本身不足以說明企業所持的金融資產發生了減值。但是，如果企業將債務人或金融資產發行方的信用等級下降因素，與可獲得的其他客觀的減值依據聯繫起來，往往能夠對金融資產是否已發生減值作出判斷。

第四，對於可供出售權益工具投資，其公允價值低於其成本本身不足以說明可供出售權益工具投資已發生減值，而應當綜合相關因素判斷該投資公允價值下降是否是嚴重或非暫時性下跌的。同時，企業應當從持有可供出售權益工具投資的整個期間來判斷。

如果權益工具投資在活躍市場上沒有報價，從而不能根據其公允價值下降的嚴重程度或持續時間來進行減值判斷時，應當綜合考慮其他因素（如被投資單位經營所處的技術、市場、經濟或法律環境等）是否發生重大不利變化。

二、金融資產減值損失的計量

1. 可供出售金融資產減值損失的計量

可供出售金融資產發生減值時，即使該金融資產沒有終止確認，原直接計入所有者權益中的因公允價值下降形成的累計損失，應當予以轉出，計入當期損益。該轉出的累計損失，等於可供出售金融資產的初始取得成本扣除已收回本金和已攤餘金額、當前公允價值和原已計入損益的減值損失後的餘額。

對於已確認減值損失的可供出售債務工具，在隨後的會計期間公允價值已上升且客觀上與確認原減值損失確認後發生的事項有關的，原確認的減值損失應當予以轉回，計入當期損益。可供出售權益工具投資發生的減值損失，不得通過損益轉回。但是，在活躍市場中沒有報價且其公允價值不能可靠計量的權益工具投資，或與該權益工具掛鉤並須通過交付該權益工具結算的衍生金融資產發生的減值損失，不得轉回。

具體帳務處理上，可供出售金融資產減值損失應當在「可供出售金融資產——公允價值變動」帳戶中核算。確定可供出售金融資產發生減值的，按應減記的金額，借記「資產減值損失」帳戶，按應從所有者權益中轉出原計入其他綜合收益的累計損失金額，貸記「其他綜合收益」帳戶，按其差額，貸記「可供出售金融資產——公允價值變動」帳戶。

對於已確認減值損失的可供出售金融資產，在隨後會計期間內公允價值已上升且客觀上與確認原減值損失事項有關的，應按原確認的減值損失，借記「可供出售金

資產——公允價值變動」帳戶，貸記「資產減值損失」帳戶；但可供出售金融資產為股票等權益工具投資的（不含在活躍市場上沒有報價、公允價值不能可靠計量的權益工具投資），借記「可供出售金融資產——公允價值變動」帳戶，貸記「其他綜合收益」帳戶。

【例5-17】2012年1月1日，光輝公司按面值從債券二級市場購入N公司發行的債券10,000張，每張面值100元，票面利率3%，光輝公司將該債券劃分為可供出售金融資產。

2012年12月31日，該債券的市場價格為每張100元。

2013年，N公司發生嚴重財務困難，但仍可支付該債券當年的票面利息。2013年12月31日，該債券的公允價值下降為每張70元。光輝公司預計，如N公司不採取措施，該債券的公允價值會持續下跌。

2014年，N公司調整產品結構並整合其他資源，致使上年發生的財務困難大為好轉。2014年12月31日，該債券的公允價值已上升至每張90元。

假定光輝公司初始確認該債券時計算確定的債券實際利率為3%，且不考慮其他因素，則光輝公司有關的帳務處理如下：

(1) 2012年1月1日購入債券

借：可供出售金融資產——成本	1,000,000	
貸：銀行存款		1,000,000

(2) 2012年12月31日確認利息、公允價值變動

借：應收利息	30,000	
貸：投資收益		30,000
借：銀行存款	30,000	
貸：應收利息		30,000

債券的公允價值變動為零，故不作帳務處理。

(3) 2013年12月31日確認利息收入

借：應收利息	30,000	
貸：投資收益		30,000
借：銀行存款	30,000	
貸：應收利息		30,000

由於該債券的公允價值預計會持續下跌，光輝公司應確認減值損失：

借：資產減值損失	300,000	
貸：可供出售金融資產——公允價值變動		300,000

(4) 2014年12月31日確認利息收入及減值損失轉回

應確認的利息收入 = (期初攤餘成本1,000,000 − 發生的減值損失300,000) × 3%
　　　　　　　　 = 21,000（元）

借：應收利息	30,000	
貸：投資收益		21,000
可供出售金融資產——利息調整		9,000

借：銀行存款　　　　　　　　　　　　　　　　　　　　　　30,000
　　貸：應收利息　　　　　　　　　　　　　　　　　　　　　　30,000

減值損失轉回前，該債券的攤餘成本＝1,000,000－300,000－9,000＝691,000（元）。

2014年12月31日，該債券的公允價值＝900,000（元）。

應轉回的金額＝900,000－691,000＝209,000（元）

借：可供出售金融資產——公允價值變動　　　　　　　　　　209,000
　　貸：資產減值損失　　　　　　　　　　　　　　　　　　　209,000

【例5-18】2012年5月1日，光輝公司從上海證券交易所以每股15.2元（含已宣告發放但尚未領取的現金股利0.2元）的價格購入B公司發行的股票2,000,000股，佔B公司有表決權股份的5%，對B公司無重大影響，光輝公司將該股票劃分為可供出售金融資產。其他資料如下：

(1) 2012年5月10日，光輝公司收到B公司發放的上年現金股利400,000元。

(2) 2012年12月31日，該股票的市場價格為每股13元。光輝公司預計該股票的價格下跌是暫時的。

(3) 2013年，B公司因違反相關證券法規，受到證券監管部門查處。受此影響，B公司股票的價格發生下挫。至2013年12月31日，該股票的市場價格下跌到每股5元。

(4) 2014年，B公司整改完成，加之市場宏觀面好轉，股票價格有所回升，至12月31日，該股票的市場價格上升到每股10元。

假定2013年和2014年均未分派現金股利，不考慮其他因素的影響，則光輝公司有關的帳務處理如下：

(1) 2012年5月1日，購入股票

借：可供出售金融資產——成本　　　　　　　　　　　　30,000,000
　　應收股利　　　　　　　　　　　　　　　　　　　　　400,000
　　貸：銀行存款　　　　　　　　　　　　　　　　　　　30,400,000

(2) 2012年5月，收到現金股利

借：銀行存款　　　　　　　　　　　　　　　　　　　　　400,000
　　貸：應收股利　　　　　　　　　　　　　　　　　　　　400,000

(3) 2012年12月31日，確認股票公允價值變動

借：其他綜合收益　　　　　　　　　　　　　　　　　　4,000,000
　　貸：可供出售金融資產——公允價值變動　　　　　　　4,000,000

(4) 2013年12月31日，確認股票投資的減值損失

減值損失＝(15.2－0.2－5)×2,000,000＝20,000,000（元）

借：資產減值損失　　　　　　　　　　　　　　　　　20,000,000
　　貸：其他綜合收益　　　　　　　　　　　　　　　　4,000,000

可供出售金融資產——公允價值變動　　　　　　　　　　　　16,000,000

（5）2014 年 12 月 31 日，確認股票價格上漲

　　借：可供出售金融資產——公允價值變動　　　　　　　10,000,000
　　　　貸：其他綜合收益　　　　　　　　　　　　　　　　　　　10,000,000

2. 持有至到期投資減值損失的計量

　　持有至到期投資以攤餘成本後續計量，其發生減值時，應當將該持有至到期投資的帳面價值減記至預計未來現金流量（不包括尚未發生的未來信用損失）現值，減記的金額確認為資產減值損失，計入當期損益。

　　預計未來現金流量現值，應當按照該持有至到期投資的原實際利率折現確定，並考慮相關擔保物的價值（取得和出售該擔保物發生的費用應當予以扣除）。原實際利率是初始確認該金融資產時計算確定的實際利率。對於浮動利率持有至到期投資，在計算未來現金流量現值時可採用合同規定的現行實際利率作為折現率。

　　對於存在大量性質類似且以攤餘成本後續計量金融資產的企業，在考慮金融資產減值測試時，應當先將單項金額重大的金融資產區分開來，單獨進行減值測試。如有客觀證據表明其已發生減值，應當確認減值損失，計入當期損益。對單項金額不重大的金融資產，可以單獨進行減值測試，也可以包括在具有類似信用風險特徵的金融資產組合中進行減值測試。在實務中，企業可以根據具體情況確定單項金額重大的標準。該項標準一經確定，應當一直運用，不得隨意變更。

　　單獨測試未發現減值的金融資產（包括單項金額重大和不重大的金融資產），應當包括在具有類似信用風險特徵的金融資產組合中再進行減值測試。已單項確認減值損失的金融資產，不應包括在具有類似信用風險特徵的金融資產組合中進行減值測試。

　　對以攤餘成本計量的金融資產確認減值損失後，如有客觀證據表明該金融資產價值已恢復，且客觀上與確認該損失後發生的事項有關（如債務人的信用評級已提高等），原確認的減值損失應當予以轉回，計入當期損益。但是，該轉回後的帳面價值不應當超過假定不計提減值準備情況下該金融資產在轉回日的攤餘成本。

　　持有至到期投資的減值準備應當在「持有至到期投資減值準備」帳戶核算。「持有至到期投資減值準備」帳戶可按持有至到期投資類別和品種進行明細核算。資產負債表日，持有至到期投資發生減值的，按應減記的金額，借記「資產減值損失」帳戶，貸記「持有至到期投資減值準備」帳戶。已計提減值準備的持有至到期投資價值以後又得以恢復，應在原已計提的減值準備金額內，按恢復增加的金額，借記「持有至到期投資減值準備」帳戶，貸記「資產減值損失」帳戶。「持有至到期投資減值準備」帳戶期末貸方餘額，反應企業已計提但尚未轉銷的持有至到期投資減值準備。

　　【例 5-19】續【例 5-14】，假設 2013 年 12 月 31 日 A 公司持有的債券預計未來能收回的現金流量為 105,000 元，則其計提減值準備的帳務處理為：

　　資產減值損失 = 108,113 − 105,000 = 3,113（元）

　　借：資產減值損失　　　　　　　　　　　　　　　　　　3,113
　　　　貸：持有至到期投資減值準備　　　　　　　　　　　　　　3,113

　　【例 5-20】續【例 5-19】，假設 2014 年 12 月 31 日 A 公司持有的債券預計未來能

收回的現金流量為 105,500 元。

2014 年 12 月 31 日，該持有至到期投資的減值金額 = 106,173 - 105,500 = 673（元）。該項減值恢復金額 = 3,113 - 673 = 2,440（元）。帳務處理為：

借：持有至到期投資減值準備　　　　　　　　　　　2,440
　　貸：資產減值損失　　　　　　　　　　　　　　　　2,440

復習思考題

1. 什麼是企業的金融資產？它可以分為哪些類？
2. 交易性金融資產核算包括哪些方面內容？
3. 在取得交易性金融資產和可供出售金額資產時發生的交易費用應當如何處理？
4. 「持有至到期投資」帳戶下應當設置哪些明細帳？各明細帳的核算內容是什麼？
5. 在什麼情況下可以把持有至到期投資重新劃分為可供出售金融資產？
6. 如何確認金融資產減值？如何進行帳務處理？

第六章　長期股權投資核算

第一節　長期股權投資的內涵

一、長期股權投資的定義與範圍

1. 長期股權投資的定義

長期股權投資,是指符合《企業會計準則第 2 號——長期股權投資》規範條件的權益性投資,即投資方對被投資單位實施控制、重大影響的權益性投資,以及對其合營企業的權益性投資。

企業持有的其他權益性投資,應當按照《企業會計準則第 22 號——金融工具確認和計量》的規定,分別劃分為交易性金融資產或可供出售金融資產項目進行處理。

2. 長期股權投資的範圍

(1) 對子公司投資。企業持有的能夠對被投資單位實施控制的權益性投資。控制,是指投資方擁有對被投資單位的權力,通過參與被投資單位的相關活動而享有可變回報,並且有能力運用對被投資單位的權力影響其回報金額。一般來說,企業的重大財務和經營決策需要股東大會半數以上表決權資本通過,因此投資企業持有被投資企業半數以上表決權資本,通常認為對被投資企業具有控制權;此外,如果投資企業未持有被投資企業半數以上表決權資本,但能夠通過章程、協議、法律等其他方式擁有半數以上表決權,或能夠任免董事會多數成員,或在董事會中擁有半數以上投票權等,也視為對被投資企業擁有控制權。擁有控制權的投資企業一般稱為母公司;被母公司控制的企業,一般稱為子公司。

(2) 對合營企業投資。企業持有的能夠與其他合營方一同對被投資單位實施共同控制的權益性投資。共同控制是指按照合同約定與其他投資者對被投資企業所共有的控制,一般來說,具有共同控制權的各投資方所持有的表決權資本相同。在這種情況下,被投資企業的重要財務和經營決策只有在分享控制權的投資方一致同意時才能通過。被各投資方共同控制的企業,一般稱為投資企業的合營企業。

(3) 對聯營企業投資。企業持有的能夠對被投資單位施加重大影響的權益性投資。重大影響是指對一個企業的財務和經營決策有參與的權利,但並不能夠控制或者與其他方一起共同控制這些決策的制定。一般來說,投資企業在被投資企業的董事會中派有董事,或能夠參與被投資企業的財務和經營決策的制定,則對被投資企業形成重大影響。被投資企業如果受到投資企業的重大影響,一般稱為投資企業的聯營企業。

3. 長期股權投資的形成

（1）企業合併形成的長期股權投資，又分為同一控制下的企業合併形成的長期股權投資和非同一控制下的企業合併形成的長期股權投資。

（2）以企業合併以外的方式形成的長期股權投資，包括：

① 以支付現金取得的長期股權投資。

② 以發行權益性證券取得的長期股權投資。

③ 投資者投入的長期股權投資，指投資者將其持有的對第三方的投資作為出資投入企業形成的長期股權投資。

④ 通過非貨幣性交換取得的長期股權投資。

⑤ 通過債務重組取得的長期股權投資。

二、企業合併的含義及分類

1. 企業合併的含義

企業合併，是指將兩個或者兩個以上單獨的企業合併形成一個報告主體的交易或事項。

2. 企業合併的類別

《企業會計準則第 20 號——企業合併》將企業合併劃分為兩大基本類型。

（1）同一控制下的企業合併，指參與合併的企業在合併前後均受同一方或相同的多方最終控制，且該控制並非暫時性的。比如 A 企業合併 B 企業，A 企業和 B 企業都受甲集團公司控制，A 企業和 B 企業是甲集團公司的兩個子公司，這種合併就稱為同一控制下的企業合併。合併後 A 企業和 B 企業還是甲集團公司的兩個子公司。同一控制下的企業合併有多種形式，除上述同一集團下兩個子公司的合併外，還有：母公司將其持有的對某一子公司的控股權出售給另一子公司，集團內某子公司自另一子公司處取得對某一孫公司的控制權等。

在判斷是否同一控制下的企業合併時，要按照實質重於形式的原則。

（2）非同一控制下的企業合併，是指參與合併的各方在合併前後不受同一方或相同的多方最終控制的企業合併。

第二節　長期股權投資的初始計量

一、設置帳戶

企業應設置「長期股權投資」帳戶核算企業持有的採用成本法和權益法核算的長期股權投資。本帳戶應當按照被投資單位進行明細核算。採用權益法核算的，應當分別「投資成本」「損益調整」「其他權益變動」進行明細核算。本帳戶期末借方餘額，反應企業長期股權投資的價值。

長期股權投資應在取得時按初始投資成本入帳。長期股權投資的形成不同，其初

始計量也不同。長期股權投資可能是同一控制下企業合併形成的，也可能是非同一控制下企業合併形成的，還有可能是非合併下形成的。長期股權投資的初始計量應分別合併與非合併形成分別進行。

二、企業合併形成的長期股權投資的會計處理

1. 同一控制下的企業合併形成的長期股權投資的會計處理

同一控制下的企業合併，在合併日取得對其他參與合併企業控制權的一方為合併方，參與合併的其他企業為被合併方。合併日，是指合併方實際取得對被合併方控制權的日期。

同一控制下的企業合併，合併雙方的合併行為不完全是自願進行和完成的，這種企業合併不屬於交易行為，而是參與合併各方資產和負債的重新組合，因此，合併方可以按照被合併方的帳面價值進行初始計量。

（1）合併方以支付現金、轉讓非現金資產或承擔債務方式作為合併對價的，應當在合併日按照取得被合併方所有者權益帳面價值的份額，作為長期股權投資的初始投資成本。長期股權投資初始投資成本與支付的現金、轉讓的非現金資產以及所承擔債務帳面價值之間的差額，應當調整資本公積；資本公積不足冲減的，調整留存收益。投資企業支付的價款中如果含有已宣告發放但尚未支取的現金股利，應作為債權處理，不計入長期股權投資成本。

在具體進行會計處理時，應在合併日按取得被合併方所有者權益帳面價值的份額，借記「長期股權投資」帳戶，按應享有被投資單位已宣告但尚未發放的現金股利或利潤，借記「應收股利」帳戶，按支付的合併對價的帳面價值，貸記有關資產或借記有關負債帳戶，按其差額，貸記「資本公積——資本溢價或股本溢價」帳戶；為借方差額的，借記「資本公積——資本溢價或股本溢價」帳戶，資本公積（資本溢價或股本溢價）不足冲減的，借記「盈餘公積」「利潤分配——未分配利潤」帳戶。

（2）合併方以發行權益性證券作為合併對價的，應當在合併日按照取得被合併方所有者權益帳面價值的份額作為長期股權投資的初始投資成本。按照發行股份的面值總額作為股本，長期股權投資初始投資成本與所發行股份面值總額之間的差額，應當調整資本公積；資本公積不足冲減的，調整留存收益。

在具體進行會計處理時，應在合併日按取得被合併方所有者權益帳面價值的份額，借記「長期股權投資」帳戶，按應享有被投資單位已宣告但尚未發放的現金股利或利潤，借記「應收股利」帳戶，按發行權益性證券的面值，貸記「股本」帳戶，按其差額，貸記「資本公積——資本溢價或股本溢價」帳戶；如為借方差額的，借記「資本公積——資本溢價或股本溢價」帳戶，資本公積（資本溢價或股本溢價）不足冲減的，借記「盈餘公積」「利潤分配——未分配利潤」帳戶。

合併方為進行企業合併發生的各項直接相關費用，包括為進行企業合併而支付的審計費用、評估費用、法律服務費用等，應當於發生時計入當期損益；合併方發行債券或承擔其他債務支付的手續費、備金等，應當計入所發行債券及其他債務的初始成本。

企業合併中發行權益性證券發生的手續費、傭金等費用，應當抵減權益性證券溢價收入，溢價收入不足沖減的，沖減留存收益。

【例6-1】A公司和R公司同為某集團的子公司，2012年7月1日，A公司以銀行存款取得R公司所有者權益的80%，A公司有資本公積（股本溢價）30萬元，盈餘公積200萬元，同日R公司所有者權益的帳面價值為1,000萬元。A公司帳務處理如下：

（1）若A公司支付銀行存款750萬元

借：長期股權投資　　　　　　　　　　　　　　　　8,000,000
　　貸：銀行存款　　　　　　　　　　　　　　　　　7,500,000
　　　　資本公積——股本溢價　　　　　　　　　　　　500,000

（2）若A公司支付銀行存款850萬元

借：長期股權投資　　　　　　　　　　　　　　　　8,000,000
　　資本公積——股本溢價　　　　　　　　　　　　　300,000
　　盈餘公積　　　　　　　　　　　　　　　　　　　200,000
　　貸：銀行存款　　　　　　　　　　　　　　　　　8,500,000

【例6-2】A公司和B公司同為某集團的子公司，2012年8月1日A公司發行600萬股普通股（每股面值1元）作為對價取得B公司80%的股權，並以銀行存款支付發行股票手續費4萬元，同日B公司帳面淨資產總額為1,200萬元。A公司帳務處理如下：

借：長期股權投資　　　　　　　　　　　　　　　　9,600,000
　　貸：股本　　　　　　　　　　　　　　　　　　　6,000,000
　　　　資本公積——股本溢價　　　　　　　　　　　3,560,000
　　　　銀行存款　　　　　　　　　　　　　　　　　　40,000

2. 非同一控制下的企業合併形成的長期股權投資

相對於同一控制下的企業合併而言，非同一控制下的企業合併是合併各方自願進行的交易行為，作為一種公平的交易，應當以公允價值為基礎進行計量。

非同一控制下的企業合併，在購買日取得對其他參與合併企業控制權的一方為購買方，參與合併的其他企業為被購買方。購買日，是指購買方實際取得對被購買方控制權的日期。

非同一控制下的企業合併，應以合併成本作為長期股權投資的初始成本。合併成本應當分別以下情況確定：

（1）一次交換交易實現的企業合併，合併成本為購買方在購買日為取得對被購買方的控制權而付出的資產、發生或承擔的負債以及發行的權益性證券的公允價值。

（2）通過多次交換交易分步實現的企業合併，合併成本為每一單項交易成本之和。

（3）購買方為進行企業合併發生的審計、法律服務、評估咨詢等中介費用，應當於發生時計入當期損益。

（4）在合併合同或協議中對可能影響合併成本的未來事項做出約定的，購買日如果估計未來事項很可能發生並且對合併成本的影響金額能夠可靠計量的，購買方應當將其計入合併成本。

無論是同一控制下的企業合併還是非同一控制下的企業合併形成的長期股權投資，實際支付的價款或對價中包含的已宣告但尚未發放的現金股利或利潤，應作為應收項目處理。

在具體的會計處理中，應在購買日按企業合併成本（不含應自被投資單位收取的現金股利或利潤），借記「長期股權投資」帳戶，按享有被投資單位已宣告但尚未發放的現金股利或利潤，借記「應收股利」帳戶，按支付合併對價的帳面價值，貸記有關資產或借記有關負債帳戶，按發生的直接相關費用，貸記「銀行存款」等帳戶，按其差額，貸記「營業外收入」或借記「營業外支出」等帳戶。

非同一控制下企業合併涉及以庫存商品等作為合併對價的，應按庫存商品的公允價值，貸記「主營業務收入」帳戶，並同時結轉相關的成本。涉及增值稅的，還應進行相應的處理。

【例6-3】A公司於2012年3月以3,000萬元取得K公司30%的股權。2013年4月，公司又斥資4,000萬元取得K公司另外35%的股權。假定公司在取得對K公司的長期股權投資以後，K公司並未宣告發放現金股利。

本例中公司是通過分步購買最終取得對K公司的控制權，形成企業合併。在合併日A公司帳務處理如下：

借：長期股權投資　　　　　　　　　　　　　　　　　　40,000,000
　　貸：銀行存款　　　　　　　　　　　　　　　　　　　40,000,000
企業合併成本＝3,000+4,000＝7,000（萬元）

【例6-4】2013年3月1日，A公司以一臺固定資產和銀行存款100萬元向M公司投資（A公司和M公司不屬於同一控制下的兩個公司），占M公司註冊資本的60%，該固定資產的帳面原價為9,100萬元，已計提累計折舊500萬元，已計提固定資產減值準備200萬元，公允價值為8,700萬元。不考慮其他相關稅費。A公司帳務處理如下：

借：固定資產清理　　　　　　　　　　　　　　　　　　84,000,000
　　累計折舊　　　　　　　　　　　　　　　　　　　　　5,000,000
　　固定資產減值準備　　　　　　　　　　　　　　　　　2,000,000
　　貸：固定資產　　　　　　　　　　　　　　　　　　　91,000,000
借：長期股權投資　　　　　　　　　　　　　　　　　　88,000,000
　　貸：固定資產清理　　　　　　　　　　　　　　　　　84,000,000
　　　　銀行存款　　　　　　　　　　　　　　　　　　　 1,000,000
　　　　營業外收入　　　　　　　　　　　　　　　　　　 3,000,000

【例6-5】2013年5月8日，A公司以一項專利權和銀行存款300萬元向四川N公司投資（A公司和N公司不屬於同一控制下的兩個公司），占N公司註冊資本的80%，該專利權的帳面原價為5,000萬元，已計提累計攤銷600萬元，已計提無形資產減值準備200萬元，公允價值為4,000萬元。不考慮其他相關稅費。A公司帳務處理如下：

借：長期股權投資　　　　　　　　　　　　　　　　　　43,000,000
　　累計攤銷　　　　　　　　　　　　　　　　　　　　　6,000,000
　　無形資產減值準備　　　　　　　　　　　　　　　　　2,000,000

營業外支出		2,000,000
貸：無形資產		50,000,000
銀行存款		3,000,000

【例6-6】A公司2013年4月5日與V公司簽訂協議（A公司和V公司不屬於同一控制下的公司）：A公司以存貨和承擔V公司的短期歸還貸款義務換取V公司股權，2013年4月5日，即合併日V公司可辨認淨資產公允價值為1,000萬元，A公司取得70%的份額。公司投出存貨的公允價值為600萬元，增值稅稅額102萬元，帳面成本480萬元，承擔歸還貸款義務200萬元。A公司帳務處理如下：

借：長期股權投資	9,020,000
貸：短期借款	2,000,000
主營業務收入	6,000,000
應交稅費——應交增值稅（銷項稅額）	1,020,000
借：主營業務成本	4,800,000
貸：庫存商品	4,800,000

企業合併成本 = 600+102+200 = 902（萬元）

三、企業合併以外的方式取得長期股權投資的會計處理

除企業合併形成的長期股權投資外，企業還可以通過支付現金、發行權益性證券、投資者投入、非貨幣性資產交換、債務重組等其他方式取得長期股權投資。企業應當根據不同的取得方式，分別確定長期股權投資的初始投資成本。具體處理如下：

（1）以支付現金取得的長期股權投資，應當按照實際支付的購買價款作為初始投資成本，包括購買過程中支付的手續費等必要支出，但所支付價款中包含的被投資單位已宣告但尚未發放的現金股利或利潤應作為應收項目核算，不構成取得長期股權投資的成本。

【例6-7】A公司於2012年2月10日從證券市場購入D公司100萬股股票作為長期股權投資，每股8元（含已宣告但尚未發放的現金股利1元），實際支付價款800萬元，另支付手續費等相關費用5萬元。2012年3月1日，A公司收到D公司發放的現金股利。

①2012年2月10日，購買股票

借：長期股權投資	7,050,000
應收股利	1,000,000
貸：銀行存款	8,050,000

②2012年3月1日，收到股利

借：銀行存款	1,000,000
貸：應收股利	1,000,000

（2）以發行權益性證券方式取得的長期股權投資，應當按照發行權益性證券的公允價值作為初始投資成本。

確定發行的權益性證券的公允價值時，所發行的權益性證券存在公開市場，有明確

市價可供遵循的，應以該證券的市價作為確定其公允價值的依據，同時應考慮該證券的交易量、是否存在限制性條款等因素的影響；所發行權益性證券不存在公開市場，沒有明確市價可供遵循的，應考慮以被投資單位的公允價值為基礎確定權益性證券的價值。

為發行權益性證券支付給有關證券承銷機構等的手續費、傭金等與權益性證券發行直接相關的費用，不構成取得長期股權投資的成本。該部分費用應自權益性證券的溢價發行收入中扣除，權益性證券的溢價收入不足沖減的，應沖減盈餘公積和未分配利潤。

【例6-8】2012年12月1日，A公司通過增發100萬股本公司普通股（每股面值1元）取得C公司20%的股權，按照增發前後的平均股價計算，該100萬股股份的公允價值為400萬元。為增發該部分股份，公司向證券承銷機構等支付了10萬元的傭金和手續費。

公司應當以所發行股份的公允價值作為取得長期股權投資的成本，發行權益性證券過程中支付的傭金和手續費，應沖減權益性證券的溢價發行收入。

借：長期股權投資　　　　　　　　　　　　　　　　4,000,000
　　貸：股本　　　　　　　　　　　　　　　　　　1,000,000
　　　　資本公積——股本溢價　　　　　　　　　　2,900,000
　　　　銀行存款　　　　　　　　　　　　　　　　　100,000

（3）投資者投入的長期股權投資，應當按照投資合同或協議約定的價值作為初始投資成本，但合同或協議約定的價值不公允的除外。

投資者投入的長期股權投資，是指投資者以其持有的對第三方的投資作為出資投入企業，接受投資的企業原則上應當按照投資各方在投資合同或協議中約定的價值作為取得投資的初始投資成本，但有明確證據表明合同或協議中約定的價值不公允的除外。

在確定投資者投入的長期股權投資的公允價值時，有關權益性投資存在活躍市場的，應當參照活躍市場中的市價確定其公允價值；不存在活躍市場，無法按照市場信息確定其公允價值的情況下，應當將按照一定的估值技術等合理的方法確定的價值作為其公允價值。

【例6-9】2012年12月16日，A公司接受Z公司以其持有的對四川L公司的長期股權投資作為出資投入A公司。Z公司持有的對L公司的長期股權投資的帳面餘額為880萬元，未計提減值準備。A公司和Z公司的投資合同約定的價值為900萬元，未超過Z公司佔A公司股份份額。公司的帳務處理如下：

借：長期股權投資　　　　　　　　　　　　　　　　9,000,000
　　貸：實收資本　　　　　　　　　　　　　　　　9,000,000

（4）通過非貨幣性資產交換取得的長期股權投資，其初始投資成本應當按照《企業會計準則第7號——非貨幣性資產交換》確定。

（5）通過債務重組取得的長期股權投資，其初始投資成本應當按照《企業會計準則第12號——債務重組》確定。

（6）企業進行公司制改建，對資產、負債的帳面價值按照評估價值調整的，長期股權投資應以評估價值作為改制時的認定成本。

第三節　長期股權投資的後續計量

一、長期股權投資的後續計量原則

長期股權投資應當分別情況採用成本法和權益法確定其期末帳面價值。

1. 成本法

成本法是指長期股權投資的期末帳面價值按照初始成本計量，除非追加或收回投資，一般不對其帳面價值進行調整的會計處理方法。

根據長期股權投資準則，投資方持有的對子公司投資應當採用成本法核算，投資方為投資性主體且子公司不納入其合併財務報表的除外。

2. 權益法

（1）權益法，是指長期股權投資的帳面價值在取得時按照初始投資成本計量，而後續計量需要隨著在被投資單位中享有的所有者權益份額的變化而做出調整的核算方法。

（2）長期股權投資的權益法適用於以下兩種情形：

一是對合營企業投資。

二是對聯營企業的投資。

在權益法下，投資企業不編製合併財務報表，但由於在被投資企業中佔有較大的份額，按照重要性原則，應對長期股權投資的帳面價值進行調整，以客觀地反應投資狀況。

二、成本法的會計處理

在成本法下，企業持有的長期股權投資帳面價值始終按照初始投資成本計量（發生減值時要減去該減值準備），不會隨被投資企業淨資產變化而變化，被投資企業宣告發放現金股利或利潤時，企業確認為投資收益。

在持有期間，企業還應當考慮長期股權投資是否發生減值。在判斷該類長期股權投資是否存在減值跡象時，應當關注長期股權投資的帳面價值是否大於享有被投資單位淨資產（包括相關商譽）帳面價值的份額等類似情況。出現類似情況時，企業應當按照《企業會計準則第 8 號——資產減值》對長期股權投資進行減值測試，可收回金額低於長期股權投資帳面價值的，應當計提減值準備。

【例6-10】續【例6-7】A 公司 2012 年 2 月 10 日購入 D 公司 100 萬股股票，佔 D 公司 15%的股份，並準備長期持有，沒有達到控制，也不能施加重大影響，所以企業採用成本法核算。D 公司於 2013 年 3 月 12 日宣告分派 2012 年度的現金股利 200 萬元，同時按 10：3 的比例分配股票股利。A 公司 3 月 25 日收到該股利。

（1）A 公司採用成本法核算，其長期股權投資的帳面價值不隨被投資企業的淨利潤變化而變化，2012 年期末不作帳務處理。

2012 年年末，該長期股權投資帳面價值＝7,050,000（元）

（2）2012 年 3 月 12 日宣告發放現金股利時，企業按投資持股比例計算的份額確認為投資收益。帳務處理如下：

借：應收股利　　　　　　　　　　　　　　　　　　　300,000
　　貸：投資收益　　　　　　　　　　　　　　　　　　300,000

（3）A 公司 2012 年 3 月 25 日收到現金股利。

借：銀行存款　　　　　　　　　　　　　　　　　　　300,000
　　貸：應收股利　　　　　　　　　　　　　　　　　　300,000

（4）被投資單位分配股票股利，也不會引起長期股權投資帳面價值的變化，所以，也不需要進行帳務處理。

三、權益法的會計處理

1. 權益法的核算程序及設置帳戶

企業應在「長期股權投資」下設置「投資成本」「損益調整」和「其他權益變動」三個明細帳戶。

長期股權投資權益法的核算程序主要包括初始投資成本的調整、損益調整、其他權益變動和股利分配。

2. 初始投資成本的調整

長期股權投資的初始投資成本大於投資時應享有被投資單位可辨認淨資產公允價值份額的，不調整長期股權投資的初始投資成本；長期股權投資的初始投資成本小於投資時應享有被投資單位可辨認淨資產公允價值份額的，應按其差額，借記「長期股權投資——投資成本」帳戶，貸記「營業外收入」帳戶。

【例6-11】2013 年 3 月 5 日 A 公司以銀行存款 1,500 萬元取得 B 公司 40％的股權，取得投資時 B 公司可辨認淨資產的公允價值為 3,000 萬元。

（1）如公司能夠對 B 公司施加重大影響，則公司應進行的帳務處理如下：

借：長期股權投資——投資成本　　　　　　　　　　15,000,000
　　貸：銀行存款　　　　　　　　　　　　　　　　　15,000,000

商譽 300 萬元（1,500－3,000×40％）體現在長期股權投資成本中。

（2）如投資時 B 公司可辨認淨資產的公允價值為 4,000 萬元，則 A 公司應進行的帳務處理如下：

借：長期股權投資——投資成本　　　　　　　　　　15,000,000
　　貸：銀行存款　　　　　　　　　　　　　　　　　15,000,000
借：長期股權投資——投資成本　　　　　　　　　　 1,000,000
　　貸：營業外收入　　　　　　　　　　　　　　　　 1,000,000

3. 損益調整

投資企業取得長期股權投資後，應當按照應享有或應分擔的被投資單位實現的淨損益的份額，確認投資損益並調整長期股權投資的帳面價值。投資企業按照被投資單位宣告分派的利潤或現金股利計算應分得的部分，相應減少長期股權投資的帳面價值。

(1)投資企業在確認應享有被投資單位實現的淨損益的份額時，應當以取得投資時被投資單位各項可辨認資產等的公允價值為基礎，對被投資單位的淨利潤進行調整後確認。

比如，以取得投資時被投資單位固定資產、無形資產的公允價值為基礎計提的折舊額或攤銷額，相對於被投資單位已計提的折舊額、攤銷額之間存在差額的，應按其差額對被投資單位淨損益進行調整，並按調整後的淨損益和持股比例計算確認投資損益。在進行有關調整時，應當考慮具有重要性的項目。

【例6-12】A公司於2012年1月1日取得對聯營企業R公司30%的股權，取得投資時R公司固定資產公允價值為500萬元，帳面價值為300萬元，固定資產的預計使用年限為10年，淨殘值為零，按照直線法計提折舊。R公司2012年度利潤表中淨利潤為400萬元，其中被投資單位當期利潤表中已按其帳面價值計算扣除的固定資產折舊費用為30萬元，按照取得投資時固定資產的公允價值計算確定的折舊費用為50萬元，不考慮所得稅影響。

按該固定資產的公允價值計算的淨利潤為380（400-20）萬元，投資企業按照持股比例計算確認的當期投資收益應為114（380×30%）萬元。

【例6-13】A公司於2012年12月30日購入R公司30%的股份，購買價款為2,000萬元，A公司並自取得股份之日起派人參與R公司的生產經營決策。取得投資日，R公司淨資產公允價值為7,000萬元，除下列項目外，其帳面其他資產、負債的公允價值與帳面價值相同。帳面價值與公允價值不一致的資產情況如表6-1所示。

表6-1　　　　　　　　　帳面價值與公允價值比較表　　　　　　　金額單位：萬元

資產項目	帳面原價	已提折舊（攤銷）	公允價值	預計使用年限
存貨	500		700	
固定資產	1,000	200	1,200	20
無形資產	600	240	800	10
小計	2,100	440	2,700	

假定R公司2013年實現淨利潤600萬元，其中在A公司取得投資時的帳面存貨80%對外出售。R公司的折舊及攤銷採用直線法進行。A公司與R公司的會計年度及採用的會計政策相同。

A公司在確定其應享有的投資收益時，應在R公司實現淨利潤的基礎上，根據取得投資時有關資產帳面價值與其公允價值差額的影響進行調整（不考慮所得稅影響）。

固定資產、無形資產的帳面價值改變為公允價值後，應該重新計算折舊及攤銷額，折舊期變為16年（20-4），攤銷期變為6年（10-4）。

存貨：（700-500）×80%＝160（萬元）

固定資產：1,200/16-1,000/20＝25（萬元）

無形資產：800/6-600/10＝73.33（萬元）

調整後的淨利潤＝600－160－25－73.33＝341.67（萬元）

公司應享有份額＝341.67×30%＝102.501（萬元）

借：長期股權投資——損益調整　　　　　　　　　　　1,025,010
　　貸：投資收益　　　　　　　　　　　　　　　　　　　　　1,025,010

值得注意的是，存在下列情況之一的，可以按照被投資單位的帳面淨損益與持股比例計算確認投資損益，但應當在附注中說明這一事實及其原因：

一是無法可靠確定投資時被投資單位各項可辨認資產等的公允價值；

二是投資時被投資單位可辨認資產等的公允價值與其帳面價值之間的差額較小；

三是其他原因導致無法對被投資單位淨損益進行調整。

（2）投資企業確認被投資單位發生的淨虧損，應當以長期股權投資的帳面價值以及其他實質上構成對被投資單位淨投資的長期權益減記至零為限，投資企業負有承擔額外損失義務的除外。

其他實質上構成對被投資單位淨投資的長期權益，通常是指長期應收項目。比如，企業對被投資單位的長期債權，該債權沒有明確的清收計劃，且在可預見的未來期間不準備收回的，實質上構成對被投資單位的淨投資。

在確認應分擔被投資單位發生的虧損時，應當按照以下順序進行處理：

一是沖減長期股權投資的帳面價值；

二是長期股權投資的帳面價值不足以沖減的，應當以其他實質上構成對被投資單位淨投資的長期權益帳面價值為限繼續確認投資損失，沖減長期應收項目的帳面價值；

三是經過上述處理，按照投資合同或協議約定企業仍承擔額外義務的，應按預計承擔的義務確認預計負債，計入當期投資損失。

被投資單位以後期間實現盈利的，企業扣除未確認的虧損分擔額後，應按與上述相反的順序處理，減記已確認預計負債的帳面餘額，恢復其他實質上構成對被投資單位淨投資的長期權益及長期股權投資的帳面價值，同時確認投資收益。

【例6-14】A公司持有R公司30%的股權，2010年12月31日長期股權投資的帳面價值為3,000萬元。R公司2011年虧損6,000萬元。假定取得投資時被投資單位各資產公允價值等於帳面價值，雙方採用的會計政策、會計期間相同。

則A公司2011年應確認投資損失1,800萬元，長期股權投資帳面價值降至1,200萬元。

如果R公司當年度的虧損額為20,000萬元，當年度公司應分擔損失6,000萬元，長期股權投資帳面價值減至0，還有3,000萬元損失未沖減。如果公司帳上有應收R公司長期應收款1,600萬元，則應進一步確認損失。

借：投資收益　　　　　　　　　　　　　　　　　　　16,000,000
　　貸：長期應收款　　　　　　　　　　　　　　　　　　　　16,000,000

注意：除按上述順序已確認的投資損失外仍有額外損失的，應在帳外備查登記。

（3）在確認投資收益時，除考慮公允價值的調整外，對於投資企業與其聯營企業及合營企業之間發生的未實現內部交易損益應予抵銷。即投資企業與其聯營企業及合營企業之間發生的未實現內部交易損益按照持股比例計算歸屬於投資企業的部分應當

予以抵銷。

第一，對於聯營企業或合營企業向投資者出售資產的逆流交易，在該交易存在未實現內部交易損益的情況下（即有關資產未對外部獨立第三方出售），投資企業採用權益法計算確認應享有聯營企業或合營企業的投資收益時，應抵銷該未實現內部交易損益的影響。

第二，對於投資者向聯營企業或合營企業出售資產的順流交易，在該交易存在未實現內部交易損益的情況下（即有關資產未對外部獨立第三方出售），投資企業採用權益法計算確認應享有聯營企業或合營企業的投資收益時，應抵銷該未實現內部交易損益的影響，同時調整對聯營企業或合營企業長期股權投資的帳面價值。

（4）被投資單位採用的會計政策及會計期間與投資企業不一致的，應當按照投資企業的會計政策及會計期間對被投資單位的財務報表進行調整，並據以確認投資損益。

4. 其他綜合收益變動

被投資單位其他綜合收益發生變動的，投資企業應當按照歸屬於本企業的部分，相應調整長期股權投資的帳面價值，同時增加或減少其他綜合收益。

【例6-15】公司對S公司的投資占其有表決權資本的比例為40%，S公司2012年8月25日將自用房地產轉換為採用公允價值模式計量的投資性房地產，該項房地產在轉換日的公允價值大於其帳面價值的差額為120萬元。公司的帳務處理如下：

借：長期股權投資——其他綜合收益　　　　　　　　　　480,000
　　貸：其他綜合收益　　　　　　　　　　　　　　　　480,000

5. 其他權益變動

投資企業對於被投資單位除淨損益、其他綜合收益以及利潤分配以外所有者權益的其他變動，應當調整長期股權投資的帳面價值並計入所有者權益。

在持股比例不變的情況下，被投資單位除淨損益、其他綜合收益以及利潤分配以外所有者權益的其他變動，企業按持股比例計算應享有的份額，借記或貸記「長期股權投資——其他權益變動」帳戶，貸記或借記「資本公積——其他資本公積」帳戶。

6. 股利分配的處理

按照權益法核算的長期股權投資，投資企業自被投資單位取得的現金股利或利潤，應抵減長期股權投資的帳面價值。在被投資單位宣告分派現金股利或利潤時，投資企業計算應分得的部分，借記「應收股利」帳戶，貸記「長期股權投資（損益調整）」帳戶。收到被投資單位宣告發放的現金股利或利潤時，借記「銀行存款」帳戶，貸記「應收股利」帳戶。

被投資單位宣告分派的股票股利，投資企業不作帳務處理，但應於除權日注明所增加的股數，以反應股份的變化情況。

四、長期股權投資核算方法的轉換

長期股權投資在持有期間，因各方面情況的變化，如追加投資或減少投資等因素，可能導致成本法和權益法核算的相互轉換。

1. 成本法轉換為權益法

因處置投資等原因導致對被投資單位由能夠實施控制轉為具有重大影響或者與其他投資方一起實施共同控制時，長期股權投資的核算應由成本法轉為權益法，首先應按處置或收回投資的比例結轉應終止確認的長期股權投資成本。

在此基礎上，應當比較剩餘的長期股權投資成本與按照剩餘持股比例計算原投資時應享有被投資單位可辨認淨資產公允價值的份額，屬於投資作價中體現的商譽部分，不調整長期股權投資的帳面價值；屬於投資成本小於應享被投資單位可辨認淨資產公允價值的份額的，在調整長期股權投資成本的同時，應該調整留存收益。

對於原取得投資時至處置投資時之間被投資單位實現淨損益中投資方應享有的份額，一方面應當調整長期股權投資的帳面價值，同時，對於原取得投資時至處置投資當期期初被投資單位實現的淨損益（扣除已宣告發放的現金股利和利潤）中應享有的份額，調整留存收益，對於處置投資當期期初至處置投資之日被投資單位實現的淨損益中享有的份額，調整當期損益；在被投資單位其他綜合收益變動中應享有的份額，在調整長期股權投資帳面價值的同時，應當計入其他綜合收益；除淨損益、其他綜合收益和利潤分配外的其他原因導致被投資單位其他所有者權益變動中應享有的份額，在調整長期股權投資帳面價值的同時，應當計入資本公積——其他資本公積。

【例6-16】A公司原持有R公司60%的股權，其帳面餘額為9,000萬元，未計提減值準備。2009年1月5日，A公司將其持有的對R公司20%的股權出售給乙企業，出售取得價款5,500萬元，當日R公司可辨認淨資產公允價值總額為25,000萬元。A公司原取得對R公司60%股權時，R公司可辨認淨資產公允價值總額為13,500萬元（假定可辨認淨資產的公允價值與帳面價值相同）。自取得對R公司長期股權投資後至處置投資前，R公司實現淨利潤7,000萬元。假定R公司一直未進行利潤分配。除所實現淨損益外，R公司未發生其他計入其他綜合收益的交易或事項。本例中A公司按淨利潤的10%提取盈餘公積。

在出售20%的股權後，A公司對R公司的持股比例為40%，在被投資單位董事會中派有代表，但不能對R公司生產經營決策實施控制。對R公司長期股權投資應由成本法改為按照權益法進行核算。

①確認長期股權投資處置損益，A公司的帳務處理為：

借：銀行存款　　　　　　　　　　　　　　　　　　　　55,000,000
　　貸：長期股權投資——R公司　　　　　　　　　　　　30,000,000
　　　　投資收益　　　　　　　　　　　　　　　　　　　25,000,000

②調整長期股權投資帳面價值，A公司的帳務處理為：

剩餘長期股權投資的帳面價值為6,000萬元，與原投資時應享有被投資單位可辨認淨資產公允價值份額的差額600（6,000－13,500×40%）萬元為商譽，該部分商譽的價值不需要對長期股權投資的成本進行調整。

取得投資以後被投資單位可辨認淨資產公允價值的變動中應享有的份額為4,600［（25,000－135,00）×40%］萬元，其中，2,800（7,000×40%）萬元為被投資單位實現的淨損益，應調整長期股權投資的帳面價值，同時調整留存收益。

借：長期股權投資　　　　　　　　　　　　　　　46,000,000
　　貸：盈餘公積　　　　　　　　　　　　　　　　2,800,000
　　　　利潤分配——未分配利潤　　　　　　　　　25,200,000
　　　　資本公積——其他資本公積　　　　　　　　18,000,000

2. 權益法轉為成本法

因追加投資導致原持有的對聯營企業或合營企業的投資轉變為對子公司投資的，長期股權投資帳面價值的調整應當按照本章第一節的有關規定處理。

第四節　長期股權投資的減值與處置

一、長期股權投資的減值

企業的長期股權投資應當在期末時按照其帳面價值與可收回金額孰低計量。如果長期股權投資可收回金額低於帳面價值，說明長期股權投資已經發生減值損失，應當計提長期股權投資減值準備。會計處理中，應當將其帳面價值減記至可收回金額，借記「資產減值損失」帳戶，貸記「長期股權投資減值準備」帳戶。長期股權投資減值損失一經確認，在以後會計期間不得轉回。

【例6-17】光輝公司2010年至2012年投資業務的有關資料如下：

(1) 2011年11月5日，光輝公司與A公司簽訂股權轉讓協議。該股權轉讓協議規定：光輝公司收購A公司股份總額的30%，收購價格為270萬元，收購價款於協議生效後以銀行存款支付；該股權協議生效日為2011年12月31日。

(2) 2012年1月1日，A公司股東權益總額為800萬元，其中股本為400萬元，資本公積為100萬元，未分配利潤為300萬元（均為2010年度實現的淨利潤）。

(3) 2012年1月1日，A公司董事會提出2010年利潤分配方案。該方案如下：按實現淨利潤的10%提取法定盈餘公積；不分配現金股利。對該方案進行會計處理後，A公司股東權益總額仍為800萬元，其中股本為400萬元，資本公積為100萬元，盈餘公積為30萬元，未分配利潤為270萬元。假定2012年1月1日，A公司可辨認淨資產的公允價值為800萬元。假定取得投資時被投資單位各項資產的公允價值與帳面價值的差額不具有重要性。

(4) 2012年1月1日，光輝公司以銀行存款支付收購股權價款270萬元，並辦理了相關的股權劃轉手續。

(5) 2012年5月1日，A公司股東大會通過2010年度利潤分配方案。該分配方案：按實現淨利潤的10%提取法定盈餘公積；分配現金股利200萬元。

(6) 2012年6月5日，光輝公司收到A公司分派的現金股利。

(7) 2012年6月12日，A公司因可供出售金融資產業務核算確認其他綜合收益80萬元。

(8) 2012年度，A公司實現淨利潤400萬元。

（9）2013 年 5 月 4 日，A 公司股東大會通過 2011 年度利潤分配方案。該方案：按實現淨利潤的 10% 提取法定盈餘公積；不分配現金股利。

（10）2013 年度，A 公司發生淨虧損 200 萬元。

（11）2013 年 12 月 31 日，光輝公司對 A 公司投資的預計可收回金額為 270 萬元。

根據以上資料，光輝公司的帳務處理如下：

（1）付款時。

借：長期股權投資——投資成本　　　　　　　　　　2,700,000
　　貸：銀行存款　　　　　　　　　　　　　　　　　2,700,000

光輝公司初始投資成本 270 萬元大於應享有 A 公司可辨認淨資產公允價值的份額 240（800×30%）萬元，光輝公司不調整長期股權投資的初始投資成本。

（2）2012 年 A 公司分配現金股利。

借：應收股利　　　　　　　　　　　　　　　　　　　600,000
　　貸：長期股權投資——損益調整　　　　　　　　　　600,000

（3）2012 年光輝收到現金股利。

借：銀行存款　　　　　　　　　　　　　　　　　　　600,000
　　貸：應收股利　　　　　　　　　　　　　　　　　　600,000

（4）2012 年 A 公司增加其他綜合收益。

借：長期股權投資——其他綜合收益　　　　　　　　　240,000
　　貸：其他綜合收益　　　　　　　　　　　　　　　　240,000

（5）2012 年 A 公司實現淨利潤 400 萬元。

借：長期股權投資——損益調整　　　　　　　　　　1,200,000
　　貸：投資收益　　　　　　　　　　　　　　　　　1,200,000

（6）2013 年 5 月 4 日，A 公司按實現淨利潤的 10% 提取法定盈餘公積，不作帳務處理。

（7）2013 年 A 公司發生淨虧損 200 萬元。

借：投資收益　　　　　　　　　　　　　　　　　　　600,000
　　貸：長期股權投資——損益調整　　　　　　　　　　600,000

（8）2013 年 12 月 31 日，長期股權投資的帳面餘額＝270－60＋24＋120－60＝294（萬元），因預計可收回金額為 270 萬元，所以應計提減值準備 24 萬元。

借：資產減值損失　　　　　　　　　　　　　　　　　240,000
　　貸：長期股權投資減值準備　　　　　　　　　　　　240,000

二、長期股權投資的處置

長期股權投資處置時，其帳面價值與實際取得價款的差額，應當計入當期損益。投資企業應根據實際收到的價款，借記「銀行存款」等帳戶；根據處置長期股權投資的帳面價值，貸記「長期股權投資」等帳戶；根據兩者的差額，借記或貸記「投資收益」帳戶。原權益法核算的相關其他綜合收益應當在終止採用權益法核算時採用與被投資單位直接處置相關資產或負債相同的基礎進行會計處理，因被投資方除淨損益、

其他綜合收益和利潤分配以外的其他所有者權益變動而確認的所有者權益，應當在終止採用權益法核算時全部轉入當期投資收益。

出售長期股權投資時，應按實際收到的金額，借記「銀行存款」等帳戶，原已計提減值準備的，借記「長期股權投資減值準備」帳戶，按其帳面餘額，貸記「長期股權投資」帳戶，按尚未領取的現金股利或利潤，貸記「應收股利」帳戶，按其差額，貸記或借記「投資收益」帳戶。出售採用權益法核算的長期股權投資時，還應按處置長期股權投資的投資成本比例結轉原記入「其他綜合收益」和「資本公積——其他資本公積」帳戶的金額，借記或貸記「其他綜合收益」和「資本公積——其他資本公積」帳戶，貸記或借記「投資收益」帳戶。

【例6-18】沿用【例6-17】的資料，2014年1月5日，光輝公司將其持有的公司股份全部對外轉讓，轉讓價款為250萬元，相關的股權劃轉手續已辦妥，轉讓價款已存入銀行。假定光輝公司在轉讓股份過程中沒有發生相關稅費。光輝公司應做的帳務處理為：

借：銀行存款	2,500,000
長期股權投資減值準備——公司	240,000
投資收益	200,000
貸：長期股權投資——投資成本	2,700,000
——其他綜合收益	240,000
借：其他綜合收益	240,000
貸：投資收益	240,000

復習思考題

1. 長期股權投資的含義是什麼？長期股權投資包括哪些內容？
2. 同一控制下的企業合併形成的長期股權投資的初始成本的會計處理原則是什麼？非同一控制下的企業合併形成的長期股權投資的初始成本的會計處理原則又是什麼？兩者的主要區別在哪裡？
3. 長期股權投資成本法和權益法各自的含義及適用範圍是什麼？
4. 如何進行長期股權投資的權益法的會計處理？
5. 在什麼情況下成本法和權益法應當轉換？
6. 長期股權投資減值的會計處理方法是什麼？如何進行？

第七章　固定資產核算

第一節　固定資產的確認及帳戶設置

一、固定資產的確認

1. 固定資產的定義

固定資產是指企業為生產商品、提供勞務、出租或經營管理而持有的且使用壽命超過一個會計年度的有形資產。

2. 固定資產的特徵

（1）固定資產是為生產商品、提供勞務、出租或經營管理而持有的而不是為了出售。

（2）固定資產使用壽命超過一個會計年度。固定資產的使用壽命是指企業使用固定資產的預計期間，或者該固定資產所能生產產品或提供勞務的數量。

（3）固定資產具有實物形態。固定資產一般都具有實物形態，通常表現為建築物、房屋、機器設備、運輸工具、機械、器具、工具等。這一特徵將固定資產與無形資產區別開來。

3. 固定資產的確認條件

固定資產在符合定義的前提下，應當同時滿足以下兩個條件，才能加以確認：

（1）與該固定資產有關的經濟利益很可能流入企業。這里的「很可能」表示經濟利益流入的可能性在50%以上。

（2）該固定資產的成本能夠可靠地計量。企業在確定固定資產成本時必須取得確鑿證據，但是有時需要根據所獲得的最新資料，對固定資產的成本進行合理的估計。比如，企業對於已達到預定可使用狀態但尚未辦理竣工決算的固定資產，需要根據工程預算、工程造價或者工程實際發生的成本等資料，按估計價值確定其成本，辦理竣工決算後，再按照實際成本調整原來的暫估價值。

4. 固定資產確認應注意的問題

（1）固定資產的各組成部分是否單獨確認為固定資產。固定資產的各組成部分具有不同使用壽命或者以不同方式為企業提供經濟利益，適用不同折舊率或折舊方法的，應當分別將各組成部分確認為單項固定資產。因為各組成部分實際上是以獨立的方式為企業提供經濟利益。例如，飛機的引擎，如果其與飛機機身具有不同的使用壽命，適用不同折舊率或折舊方法，則企業應當將其確認為單項固定資產。

（2）工具、用具、備品備件、維修設備等資產的確認。對於工業企業所持有的工具、用具、備品備件、維修設備等資產，施工企業所持有的模板、擋板、架材等周轉材料，以及地質勘探企業所持有的管材等資產，企業應當根據實際情況，分別管理和核算。儘管該類資產具有固定資產的某些特徵，比如，使用期限超過一年，也能夠帶來經濟利益，但由於數量多單價低，考慮到成本效益原則，在實務中，通常確認為存貨。但符合固定資產定義和確認條件的，比如企業（民用航空運輸）的高價周轉件等，應當確認為固定資產。

服務業企業擁有的桌椅、食品加工設備、各種成套器皿等，如果這些資產項目符合固定資產的定義及其確認條件，就應當確認為固定資產；如果這些資產項目不符合固定資產的定義或沒有滿足固定資產的確認條件，就不應當確認為固定資產，而應當作為流動資產進行核算和管理。

（3）環保與安全設備的確認。企業購置的環保設備和安全設備等資產，它們的使用雖然不能直接為企業帶來經濟利益，但是有助於企業從相關資產中獲得經濟利益，或者將減少企業未來經濟利益的流出，因此確認時企業應將其確認為固定資產。例如，為淨化環境或者滿足國家有關排污標準的需要購置的環保設備，這些設備的使用雖然不會為企業帶來直接的經濟利益，卻有助於企業提高對廢水、廢氣、廢渣的處理能力，有利於淨化環境，企業為此將減少未來由於污染環境而需要支付的環境淨化費或者罰款，所以也符合固定資產確認的第一個條件。

（4）與固定資產有關的後續支出。滿足固定資產確認條件的，與固定資產有關的後續支出應當計入固定資產成本；不滿足固定資產確認條件的，應當在發生時計入當期損益。

二、固定資產的分類

企業根據實際情況採用合適的分類方法後，必須在固定資產目錄中詳細列出固定資產的分類，制定固定資產目錄。

（1）生產經營用固定資產，是指直接服務於企業生產經營過程的各種固定資產。如廠房、生產經營使用的機器、設備、器具、工具等。

（2）非生產經營用固定資產，是指不直接服務於企業生產經營過程的各種固定資產。如職工宿舍、浴室、食堂、托兒所等使用的房屋、設備和其他資產。

（3）租出固定資產，是指在經營性租賃方式下出租給外單位使用的固定資產。

（4）未使用固定資產，是指已完工或已購建的尚未交付使用的新增固定資產，以及因改建、擴建等原因暫停使用的固定資產。

（5）不需用固定資產，是指本企業多餘或不適用，準備進行處理的固定資產。

（6）融資租入固定資產，是指企業以融資租賃方式租入的固定資產，在租賃期內，應視同自有固定資產進行管理。

（7）土地，是指過去已經估價單獨入帳的土地。因徵地而支付的補償費，應計入與土地有關的房屋、建築物的價值內，不單獨作為土地價值入帳。企業取得的土地使用權，應作為無形資產管理，不作為固定資產管理。

企業未作為固定資產管理的工具、器具等，作為低值易耗品核算。

三、固定資產核算的帳戶設置

1.「固定資產」帳戶

「固定資產」帳戶屬資產類帳戶，核算企業固定資產的原價，借方登記企業增加的固定資產原價，貸方登記企業減少的固定資產原價，期末借方餘額，反應企業期末固定資產的帳面原價。企業應當設置「固定資產登記簿」和「固定資產卡片」，按固定資產類別、使用部門和每項固定資產進行明細核算。

2.「累計折舊」帳戶

「累計折舊」帳戶屬資產類帳戶，是「固定資產」帳戶的備抵調整帳戶，用來核算企業固定資產的累計折舊數額，貸方登記企業計提的固定資產折舊數額，借方登記處置固定資產轉出的累計折舊，期末貸方餘額，反應企業固定資產的累計折舊額。

3.「在建工程」帳戶

「在建工程」帳戶屬資產類帳戶，核算企業基建工程、安裝工程、更新改造工程、大修理工程等在建工程所發生的實際支出，以及改擴建工程等轉入的固定資產淨值。借方登記企業各項在建工程的實際支出，貸方登記完工工程轉作固定資產的成本，期末借方餘額，反應企業尚未達到預定可使用狀態的在建工程的成本。該帳戶應按建築工程、安裝工程、在安裝設備、技術改造工程、大修理工程、其他支出設置明細帳戶。

4.「工程物資」帳戶

「工程物資」帳戶屬資產類帳戶，核算企業用於基建工程、更改工程和大修理工程準備的各種物資的實際成本，包括為工程準備的材料、尚未交付安裝的需要安裝的設備的實際成本，以及預付大型設備款和基本建設期間根據項目概算購入為生產準備的工具及器具等的實際成本。該帳戶借方登記企業增加的工程物資的實際成本，貸方登記減少的工程物資的實際成本，包括工程領用、轉作生產用料、對外出售、盤虧毀損等。期末借方餘額，反應企業為工程購入但尚未領用的專用材料的實際成本、購入需要安裝設備的實際成本，以及為生產準備但尚未交付的工具及器具的實際成本等。該帳戶應當按專用材料、專用設備、預付大型設備款、為生產準備的工具及器具設置明細帳戶。

5.「固定資產清理」帳戶

「固定資產清理」帳戶屬資產類帳戶，核算企業因出售、報廢、毀損、對外投資、非貨幣性資產交換、債務重組等原因轉出的固定資產價值以及在清理過程中發生的費用等。借方登記轉出的固定資產價值、清理過程中應支付的相關稅費及其他費用，貸方登記固定資產清理完成的處理，期末借方餘額，反應企業尚未清理完畢的固定資產清理淨損失。該帳戶應按被清理的固定資產項目設置明細帳，進行明細核算。

6.「減值準備」帳戶

企業固定資產、在建工程、工程物資發生減值的，還應當設置「固定資產減值準備」「在建工程減值準備」「工程物資減值準備」等會計帳戶進行核算。

這些帳戶的貸方登記資產負債表日實際計提並借記「資產減值損失」帳戶的當期固定資產、在建工程、工程物資的減值準備金額，借方登記處置固定資產結轉出去的各種減值準備，這些帳戶期末貸方餘額，反應企業已計提但尚未轉銷的各種減值準備。

第二節　固定資產的初始計量

一、固定資產的初始計量原則

企業應當按照成本對固定資產進行初始計量，並在此基礎上進行相關固定資產業務的會計處理。固定資產初始計量的關鍵是確定企業以不同方式取得固定資產時的成本。

固定資產的成本包括企業為購建某項固定資產達到預定可使用狀態前所發生的一切合理的、必要的支出。這些支出包括直接發生的價款、運雜費、包裝費和安裝成本等，也包括間接發生的，如應承擔的借款利息、外幣借款折算差額以及應分攤的其他間接費用。對於特定行業的特定固定資產，確定其成本時，還應考慮預計棄置費用因素，如核電站核廢料的處置等。

企業取得固定資產的方式是多種多樣的，包括外購、自行建造、投資者投入、非貨幣性資產交換、債務重組、企業合併和融資租入等。取得的方式不同，成本構成也不同，其初始計量方法也各不相同。

二、外購固定資產的初始計量

外購固定資產的成本，包括購買價款、相關稅費、使固定資產達到預定可使用狀態前所發生的可歸屬於該項資產的運輸費、裝卸費、安裝費和專業人員服務費等。企業收到稅務機關退還的與所購固定資產相關的增值稅稅款，應當冲減固定資產的成本。

企業購入固定資產按照不需要安裝和需要安裝的固定資產兩種情形分別進行帳務處理。

1. 購入不需要安裝的固定資產的帳務處理

企業購入不需要安裝的固定資產，按應計入固定資產成本的金額，借記「固定資產」「應交稅費——應交增值稅（進項稅額）」帳戶，貸記「銀行存款」「其他應付款」「應付票據」等帳戶。

【例7-1】2013年1月1日，光輝公司購入一臺生產設備，不需要安裝，取得的相應增值稅專用發票上注明的設備價款為400,000元，增值稅進項稅額為68,000元，其他稅費共30,000元，款項全部用銀行存款付清。帳務處理如下：

借：固定資產　　　　　　　　　　　　　　　　　　430,000
　　應交稅費——應交增值稅（進項稅額）　　　　　 68,000
　貸：銀行存款　　　　　　　　　　　　　　　　　498,000

光輝公司購置管理設備的成本＝400,000＋30,000＝430,000（元）

一般納稅人自2016年5月1日後取得並按固定資產核算的不動產或者2016年5月1日後取得的不動產在建工程，其進項稅額按現行增值稅制度規定自取得之日起分兩年從銷項稅額中抵扣的，應當按取得成本，借記「固定資產」「在建工程」等科目，按

當期可抵扣的增值稅額，借記「應交稅費——應交增值稅（進項稅額）」科目，按以後期間可抵扣的增值稅額，借記「應交稅費——待抵扣進項稅額」科目，按應付或實際支付的金額，貸記「應付帳款」「應付票據」「銀行存款」等科目。尚未抵扣的進項稅額待以後期間允許抵扣時，按允許抵扣的金額，借記「應交稅費——應交增值稅（進項稅額）」科目，貸記「應交稅費——待抵扣進項稅額」科目。

2. 購入需要安裝的固定資產的帳務處理

企業購入固定資產時，按其實際支付的購買價款、運輸費、裝卸費和其他相關稅費等，借記「在建工程」「應交稅費——應交增值稅（進項稅額）」帳戶，貸記「銀行存款」等帳戶；支付安裝費用等時，借記「在建工程」帳戶，貸記「銀行存款」等帳戶；安裝完畢達到預定可使用狀態時，按其實際成本，借記「固定資產」帳戶，貸記「在建工程」帳戶。

【例7-2】2013年2月1日，光輝公司購入一臺需要安裝的生產設備，取得的增值稅專用發票上注明的設備價款為120,000元，增值稅進項稅額為20,400元，發生的運輸費、裝卸費、運輸保險費共計5,000元，全部款項已通過銀行轉帳的形式予以支付。安裝設備時，領用本企業原材料一批，價值5,000元；支付安裝工人的薪酬為2,000元。假定不考慮其他相關稅費。光輝公司的帳務處理如下：

（1）支付設備價款、增值稅、運輸費等

借：在建工程　　　　　　　　　　　　　　　　　125,000
　　應交稅費——應交增值稅（進項稅額）　　　　20,400
　　貸：銀行存款　　　　　　　　　　　　　　　145,400

（2）領用本企業原材料、支付安裝工人薪酬等費用

借：在建工程　　　　　　　　　　　　　　　　　7,000
　　貸：原材料　　　　　　　　　　　　　　　　5,000
　　　　應付職工薪酬　　　　　　　　　　　　　2,000

（3）設備安裝完畢達到預定可使用狀態

借：固定資產　　　　　　　　　　　　　　　　　132,000
　　貸：在建工程　　　　　　　　　　　　　　　132,000

3. 超過正常信用期分期付款購買固定資產的帳務處理

企業購買固定資產通常在正常信用條件期限內付款，但也會發生超過正常信用條件購買固定資產的經濟業務事項，如採用分期付款方式購買資產，且在合同中規定的付款期限比較長，超過了正常信用條件（通常在3年以上）。這種情況下，該項合同實質上具有融資性質。所以，固定資產的成本以購買價款的現值為基礎確定。固定資產購買價款的現值，應當按照各期支付的價款選擇恰當的折現率進行折現後的金額加以確定。折現率是反應當前市場貨幣時間價值和延期付款債務特定風險的利率，其實質上是供貨企業的必要報酬率。其帳務處理為：購入固定資產時，按購買價款的現值，借記「固定資產」或「在建工程」帳戶；按應支付的金額，貸記「長期應付款」帳戶；按其差額，借記「未確認融資費用」帳戶。

實際支付的價款與購買價款的現值之間的差額，符合資本化條件的，予以資本化

計入固定資產成本，其他不符合資本化條件的則應當在信用期間內計入當期損益，確認為財務費用。其帳務處理為：按各期分攤的未確認融資費用金額，凡符合資本化條件的，借記「在建工程」帳戶，貸記「未確認融資費用」帳戶；其餘部分在信用期間內分別借記「財務費用」帳戶，貸記「未確認融資費用」帳戶。

【例7-3】光輝公司2011年1月1日從寶星公司購入一臺需要安裝的大型機器設備，收到的增值稅專用發票上注明的設備價款為2,340萬元，增值稅稅額為397.8萬元。購貨合同約定，光輝公司在設備交付安裝之日用銀行存款支付增值稅稅額397.8萬元和安裝等相關費用2萬元，而設備價款則分5年於每年年末平均支付。2011年1月1日設備交付並開始安裝，2011年12月31日安裝完畢達到預定可使用狀態並交付使用。假定折現率為6%。

(1) 2011年1月1日，光輝公司的帳務處理如下：

①確定固定資產成本

每年年末平均支付款項 = 23,400,000÷5 = 4,680,000（元）

分期支付款項的現值 = 4,680,000×$PVA_{6\%,5}$ = 4,680,000×4.212 = 19,712,160（元）

借：在建工程　　　　　　　　　　　　　　　　19,712,160
　　未確認融資費用　　　　　　　　　　　　　　3,687,840
　　貸：長期應付款　　　　　　　　　　　　　　23,400,000

②支付增值稅和安裝等費用

借：在建工程　　　　　　　　　　　　　　　　　　20,000
　　應交稅費——應交增值稅（進項稅額）　　　　3,978,000
　　貸：銀行存款　　　　　　　　　　　　　　　　3,998,000

(2) 確定信用期間未確認融資費用的分攤額，如表7-1所示。

表7-1　　　　　　　　未確認融資費用分攤表
　　　　　　　　　　　　2011年1月1日　　　　　　　　　　單位：元

日期 ①	分期付款額 ②	確認的融資費用 ③=期初⑤×6%	應付本金減少額 ④=②-③	應付本金餘額 期末⑤=期初⑤-④
2011.01.01				19,712,160.00
2011.12.31	4,680,000	1,182,729.60	3,497,270.40	16,214,889.60
2012.12.31	4,680,000	972,893.38	3,707,106.62	12,507,782.98
2013.12.31	4,680,000	750,466.98	3,929,533.02	8,578,249.96
2014.12.31	4,680,000	514,695.00	4,165,305.00	4,412,944.96
2015.12.31	4,680,000	267,055.04*	4,412,944.96	0.00
合計	23,400,000	3,687,840.00	19,712,160.00	0.00

注：* 尾數調整為267,055.04 = 4,680,000−4,412,944.96，4,680,000為分期付款第五年年末支付的款項，4,412,944.96為最後一期應付本金餘額。

（3）2011年1月1日至2011年12月31日為設備的安裝期間，未確認融資費用的分攤額符合資本化條件，計入固定資產成本。公司分攤確認融資費用的帳務處理如下：

借：在建工程　　　　　　　　　　　　　　　　1,182,729.60
　貸：未確認融資費用　　　　　　　　　　　　　1,182,729.60

（4）2011年12月31日，光輝公司分期支付設備的第一期款項4,680,000元，其帳務處理如下：

借：長期應付款　　　　　　　　　　　　　　　4,680,000
　貸：銀行存款　　　　　　　　　　　　　　　　4,680,000

（5）2011年12月31日，設備安裝完畢並交付使用，光輝公司結轉工程成本的帳務處理如下：

借：固定資產　　　　　　　　　　　　　　　　20,914,889.60
　貸：在建工程　　　　　　　　　　　　　　　　20,914,889.60

固定資產的成本＝19,712,160+20,000+1,182,729.60＝20,914,889.60（元）

（6）2012年12月31日，光輝公司的帳務處理如下：

①該設備已經達到預定可使用狀態，未確認融資費用的分攤額不再符合資本化條件，應計入當期損益。

借：財務費用　　　　　　　　　　　　　　　　972,893.38
　貸：未確認融資費用　　　　　　　　　　　　　972,893.38

②光輝公司分期支付設備的第二期款項4,680,000元。

借：長期應付款　　　　　　　　　　　　　　　4,680,000
　貸：銀行存款　　　　　　　　　　　　　　　　4,680,000

2013—2015年分攤未確認融資費用、支付款項的帳務處理與2012年12月31日相同，此略。

4. 以一筆款項購入多項沒有單獨標價的固定資產的帳務處理

以一筆款項購入多項沒有單獨標價的固定資產，應當按照各項固定資產公允價值比例對總成本進行分配，分別確定各項固定資產的成本。

【例7-4】2012年2月6日，光輝公司一次性購入A、B、C、D四臺不同的生產設備，共支付款項1,900,000元，增值稅稅額323,000元，四臺設備的運輸費、裝卸費、包裝費合計10,000元，全部以銀行存款支付，A、B、C、D四臺設備的公允價值分別為500,000元、800,000元、400,000元、300,000元；不考慮其他相關稅費。光輝公司的帳務處理如下：

第一步，確定A、B、C、D四臺設備的價值分配比例。

A設備應分配的固定資產價值比例
＝500,000÷(500,000+800,000+400,000+300,000)＝25%

B設備應分配的固定資產價值比例
＝800,000÷(500,000+800,000+400,000+300,000)＝40%

C設備應分配的固定資產價值比例
＝400,000÷(500,000+800,000+400,000+300,000)＝20%

D 設備應分配的固定資產價值比例

＝300,000÷(500,000+800,000+400,000+300,000)＝15%

第二步，確定應計入固定資產成本的入帳金額。

固定資產的總成本＝1,900,000+10,000＝1,910,000（元）

第三步，確定 A、B、C、D 設備各自的初始成本。

A 設備的入帳金額＝1,910,000×25%＝477,500（元）

B 設備的入帳金額＝1,910,000×40%＝764,000（元）

C 設備的入帳金額＝1,910,000×20%＝382,000（元）

D 設備的入帳金額＝1,910,000×15%＝286,500（元）

第四步，光輝公司作如下會計處理：

借：固定資產——A 設備	477,500
——B 設備	764,000
——C 設備	382,000
——D 設備	286,500
應交稅費——應交增值稅（進項稅額）	323,000
貸：銀行存款	2,233,000

三、自行建造固定資產的初始計量

企業自行建造固定資產的成本，由建造該項資產達到預定可使用狀態前所發生的必要支出構成。它包括工程物資成本、人工成本、繳納的相關稅費、應予資本化的借款費用以及應分攤的間接費用等。企業自行建造固定資產包括自營建造和出包建造兩種方式。

1. 自營工程

自營工程是指企業建造固定資產採用自行組織工程物資採購、自行組織施工人員進行施工的建築、安裝等工程。企業以自營方式建造固定資產，其成本應當按照直接材料、直接人工、直接機械施工費等計量。企業自營方式建造固定資產，發生的工程成本應通過「在建工程」帳戶核算，工程完工達到預定可使用狀態時，從「在建工程」帳戶轉入「固定資產」帳戶。

（1）工程物資的核算

企業為建造固定資產準備的各種物資應當按照實際支付的買價、運輸費、保險費等相關稅費作為實際成本，並按照各種專項物資的種類進行明細核算。

①企業購入為工程準備的物資，應按實際成本，借記「工程物資——專用材料（專用設備）」帳戶，按專用發票上注明的增值稅額，借記「應交稅費——應交增值稅（進項稅額）」，貸記「銀行存款」「應付帳款」「應付票據」等帳戶。

②企業為購置大型設備而預付款項時，借記「工程物資——預付大型設備款」，貸記「銀行存款」帳戶；收到設備並補付設備價款時，按設備的實際成本，借記「工程物資——專用設備」帳戶，按預付的價款，貸記「工程物資——預付大型設備款」帳戶，按補付的價款，貸記「銀行存款」等帳戶。

③工程領用工程物資，借記「在建工程」帳戶，貸記「工程物資——專用材料等」帳戶。工程完工後對領出的剩餘工程物資應當辦理退庫手續，並作相反的會計分錄。

④工程完工，將為生產準備的工具及器具交付生產使用時，應按實際成本，借記「低值易耗品」帳戶，貸記「工程物資——為生產準備的工具及器具」帳戶。

⑤工程完工後，剩餘的工程物資轉為本企業存貨時按其實際成本或計劃成本進行結轉。借記「原材料」帳戶；按轉入存貨的剩餘工程物資的帳面餘額，貸記「工程物資」帳戶。或工程完工後剩餘的工程物資，如轉作本企業庫存材料的，按其實際成本或計劃成本轉作企業的庫存材料。

⑥建設期間發生的工程物資盤虧、報廢及毀損，減去殘料價值或保險公司、過失人等賠款後的淨損失，計入所建工程項目的成本；盤盈的工程物資或處置淨收益，冲減所建工程項目的成本。工程完工後發生的工程物資盤盈、盤虧、報廢、毀損，計入營業外收支。

（2）在建工程的核算

建造固定資產領用工程物資、原材料或庫存商品，應按其實際成本轉入所建工程成本。自營方式建造固定資產應負擔的職工薪酬，輔助生產部門為之提供的水、電、運輸等勞務，以及其他必要支出等也應計入所建工程項目的成本。符合資本化條件，應計入所建造固定資產成本的借款費用按照《企業會計準則第17號——借款費用》的有關規定處理。

①工程領用工程物資時，應按實際成本，借記「在建工程」帳戶，貸記「工程物資——專用材料」等帳戶。

②基建工程領用本企業外購生產經營用原材料的，應按原材料的實際成本借記「在建工程」帳戶，按原材料的實際成本或計劃成本，貸記「原材料」帳戶，採用計劃成本進行材料日常核算的企業，還應當分攤材料成本差異。

③基建工程領用本企業的商品產品以及委託加工收回的材料物資時，按商品產品的實際成本（或進價）或計劃成本（或售價），借記「在建工程」帳戶，按庫存商品的實際成本（或進價）或計劃成本（或售價），貸記「庫存商品」帳戶。庫存商品採用計劃成本或售價的企業，還應當分攤成本差異或商品進銷差價。

④基建工程應負擔的職工工資，借記「在建工程」，貸記「應付職工薪酬」帳戶。

⑤企業的輔助生產部門為工程提供的水、電、設備安裝、修理、運輸等勞務，應按月根據實際成本，借記「在建工程」，貸記「生產成本——輔助生產成本」等帳戶。

⑥基建工程發生的工程管理費、徵地費、可行性研究費、臨時設施費、公證費、監理費等，借記「在建工程」，貸記「銀行存款」等帳戶；基建工程應負擔的稅金，借記「在建工程」，貸記「銀行存款」等帳戶。

⑦由於正常原因造成的單項工程或單位工程報廢或毀損，減去殘料價值和過失人或保險公司等賠款後的淨損失，工程項目尚未達到預定可使用狀態的，計入繼續施工的工程成本；工程項目已達到預定可使用狀態的，屬於籌建期間的，計入管理費用，不屬於籌建期間的，計入營業外支出。如為非常原因造成的報廢或毀損，或在建工程

項目全部報廢或毀損，應將其淨損失直接計入當期營業外支出。

⑧工程達到預定可使用狀態前因進行負荷聯合試車所發生的淨支出，計入工程成本。企業的在建工程項目在達到預定可使用狀態前所取得的負荷聯合試車過程中形成的、能夠對外銷售的產品，其發生的成本，計入在建工程成本，銷售或轉為庫存商品時，按其實際銷售收入或預計售價冲減工程成本。

⑨所建造的固定資產已達到預定可使用狀態，但尚未辦理竣工決算的，應當自達到預定可使用狀態之日起，根據工程預算、造價或者工程實際成本等，按估計價值轉入固定資產，並按有關計提固定資產折舊的規定，計提固定資產折舊。待辦理了竣工決算手續後再作調整。

【例7-5】光輝公司自行建造生產線一條，購入為工程準備的各種物資200,000元，增值稅額為34,000元，實際領用工程物資180,000元，剩餘物資轉作企業存貨。另外領用了企業生產用的原材料一批，實際成本為50,000元。支付工程人員工資40,000元，工程完工交付使用。有關帳務處理如下：

① 購入為工程準備的物資

借：工程物資	200,000
應交稅費——應交增值稅（進項稅額）	34,000
貸：銀行存款	234,000

② 工程領用物資

借：在建工程——生產線	180,000
貸：工程物資	180,000

③ 工程領用原材料

借：在建工程——生產線	50,000
貸：原材料	50,000

④ 支付工程人員工資

借：在建工程——生產線	40,000
貸：應付職工薪酬	40,000

⑤ 工程完工交付使用

固定資產成本＝180,000＋50,000＋40,000＝270,000（元）

借：固定資產	270,000
貸：在建工程——生產線	270,000

⑥ 剩餘工程物資專作企業存貨

借：原材料	20,000
貸：工程物資	20,000

2. 出包工程

（1）出包工程是指企業建造固定資產通過招標方式將工程項目發包給建造承包商，由建造承包商（施工企業）組織工程項目施工。

（2）企業以出包方式建造固定資產，其成本由建造該項固定資產達到預定可使用狀態前所發生的必要支出構成，包括發生的建築工程支出、安裝工程支出、在安裝設

備支出以及需分攤計入各固定資產價值的待攤支出。

①建築工程、安裝工程支出具體包括人工費、材料費、機械使用費等，由建造承包商核算。對於發包企業而言，建築工程支出、安裝工程支出是構成在建工程成本的重要內容，發包企業按照合同規定的結算方式和工程進度定期與建造承包商辦理工程價款結算，結算的工程價款計入在建工程成本。

②在安裝設備支出是指將需要安裝的設備交付承包企業進行安裝所發生的必要支出。

③待攤支出是指在建設期間發生的不能直接計入某項固定資產價值，而應由所建造固定資產共同負擔的相關費用，包括為建造工程發生的管理費、徵地費、可行性研究費、臨時設施費、公證費、監理費、應負擔的稅費、符合資本化條件的借款費用、建設期間發生的工程物資盤虧、報廢和毀損淨損失以及負荷聯合試車費等。其中，徵地費是指企業通過劃撥方式取得建設用地發生的青苗補償費、地上建築物、附著物補償費等。企業為建造固定資產通過出讓方式取得土地使用權而支付的土地出讓金不計入在建工程成本，應確認為無形資產（土地使用權）。

（3）出包工程的帳務處理：

①企業支付給建造承包商的工程價款，作為工程成本通過「在建工程」帳戶核算。企業應按合理估計的工程進度和合同規定結算的工程款、備料款等，借記「在建工程——建築工程（××工程）」「在建工程——安裝工程（××工程）」帳戶，貸記「銀行存款」「預付帳款」等帳戶。工程完成時，按合同規定補付的工程款，借記「在建工程」帳戶，貸記「銀行存款」等帳戶。

②以撥付給承包企業的材料抵作預付備料款的，應按工程物資的實際成本，借記「在建工程——建築工程（××工程）」「在建工程——安裝工程（××工程）」帳戶，貸記「工程物資」等帳戶。

③企業將需安裝設備運抵現場安裝時，借記「在建工程——在安裝設備（××設備）」帳戶，貸記「工程物資——××設備」帳戶。

④企業為建造固定資產發生的待攤支出，借記「在建工程——待攤支出」帳戶，貸記「銀行存款」「應付職工薪酬」「長期借款」等帳戶。

⑤在建工程達到預定可使用狀態時：

首先計算分配待攤支出。待攤支出的分配率可按下列公式計算：

待攤支出的分配率＝累計發生的待攤支出÷（建築工程支出＋安裝工程支出＋在安裝設備支出）×100%

××工程應分攤的待攤支出＝（××工程的建築工程支出＋安裝工程支出＋在安裝設備支出）×分配率

其次，計算確定已完工的固定資產成本。

房屋、建築物等固定資產成本＝建築工程支出＋應分攤的待攤支出

需要安裝設備的成本＝設備成本＋為設備安裝發生的基礎、支座等建築工程支出＋安裝工程支出＋應分攤的待攤支出

最後，進行相應的帳務處理，借記「固定資產」帳戶，貸記「在建工程——建築

工程」「在建工程——安裝工程」「在建工程——待攤支出」等帳戶。

【例7-6】光輝公司經批準新建A、B兩個建築工程和C安裝工程。2010年3月18日，光輝公司與甲公司簽訂合同，將3個新建工程出包給甲公司。雙方約定，A工程價款為5,000,000元，B工程價款為2,800,000元，C工程的安裝費用為450,000元。其他有關資料如下：

（1）2012年3月18日，光輝公司向甲公司預付A工程的工程價款3,000,000元。

（2）2012年5月28日，購入C工程的安裝設備，價款為3,800,000元，已全部支付。

（3）2012年7月12日，光輝公司向甲公司預付B工程價款1,400,000元。

（4）2012年7月22日，光輝公司將C工程設備運抵現場，交付甲公司安裝。

（5）工程項目發生管理費、可行性研究費、公證費、監管費共計116,000元，款項已經支付。

（6）工程建造期間，由於事故造成C工程部分毀損，經核算，損失為450,000元，保險公司已承諾支付300,000元。

（7）2012年12月20日，所有工程完工，光輝公司收到甲公司的有關工程結算單據後，補付剩餘工程款。

光輝公司的帳務處理如下（不考慮相關稅費）：

①2012年3月18日，預付A工程款

借：預付帳款——建築工程——A工程　　　　　　3,000,000
　　貸：銀行存款　　　　　　　　　　　　　　　　　3,000,000

②2012年5月28日，購入安裝工程設備並全額支付設備款

借：工程物資——安裝工程——C工程　　　　　　3,800,000
　　貸：銀行存款　　　　　　　　　　　　　　　　　3,800,000

③2012年7月12日，預付建造B工程價款

借：預付帳款——建築工程——B工程　　　　　　1,400,000
　　貸：銀行存款　　　　　　　　　　　　　　　　　1,400,000

④2012年7月22日，將安裝設備交甲公司安裝

借：在建工程——安裝工程——C工程　　　　　　3,800,000
　　貸：工程物資——安裝工程——C工程　　　　　　3,800,000

⑤支付管理費、可行性研究費、公證費、監管費

借：在建工程——待攤支出　　　　　　　　　　　116,000
　　貸：銀行存款　　　　　　　　　　　　　　　　　116,000

⑥事故造成B工程部分毀損

借：營業外支出　　　　　　　　　　　　　　　　150,000
　　其他應收款　　　　　　　　　　　　　　　　　300,000
　　貸：在建工程——建築工程——B工程　　　　　　450,000

⑦2012年12月20日，結算工程款並補付剩餘工程款

借：在建工程——建築工程——A工程　　　　　　5,000,000

	——建築工程——B 工程	2,800,000
	——安裝工程——C 工程	450,000
貸：銀行存款		3,850,000
	預付帳款——建築工程——A 工程	3,000,000
	——建築工程——B 工程	1,400,000

⑧ 分攤待攤支出

待攤支出分配率 = 116,000/（5,000,000 + 2,800,000 - 450,000 + 3,800,000 + 450,000）×100% = 1%

A 工程應分攤的待攤支出 = 5,000,000×1% = 50,000（元）

B 工程應分攤的待攤支出 =（2,800,000-450,000）×1% = 23,500（元）

C 安裝工程應分攤的待攤支出 =（450,000+3,800,000）×1% = 42,500（元）

⑨ 計算固定資產成本並結轉固定資產

A 工程成本 = 5,000,000+50,000 = 5,050,000（元）

B 工程成本 = 2,800,000-450,000+23,500 = 2,373,500（元）

C 安裝工程成本 = 450,000+3,800,000+42,500 = 4,292,500（元）

借：固定資產——A 工程		5,050,000
	——B 工程	2,373,500
	——C 工程	4,292,500
貸：在建工程——建築工程——A 工程		5,050,000
	——建築工程——B 工程	2,373,500
	——安裝工程——C 工程	4,292,500

四、其他方式取得固定資產的初始計量

1. 投資者投入固定資產的成本

投資者投入固定資產的成本，應當按照投資合同或協議約定的價值加上應支付的相關稅費確定，但合同或協議約定價值不公允的除外。在投資合同或協議約定價值不公允的情況下，按照該項固定資產的公允價值作為入帳價值。

【例7-7】光輝公司接受 K 公司機器設備一臺作為投資，經評估機構確認，該機器設備的評估價值為 1,000,000 元，增值稅稅率為 17%。

借：固定資產	1,000,000
應交稅費——應交增值稅（進項稅額）	170,000
貸：實收資本	1,170,000

2. 盤盈固定資產的成本

企業應定期或者至少於每年年末對固定資產進行清查盤點，以保證固定資產核算的真實性和完整性。如果清查過程中發現盤盈的固定資產，應填製固定資產盤盈報告表，並及時查明原因，在期末結帳前處理完畢。

盤盈的固定資產，作為前期差錯處理。在按管理權限報經批準處理前，應先通過「以前年度損益調整」帳戶核算，即按重置成本確定其入帳價值，借記「固定資產」

帳戶，貸記「以前年度損益調整」帳戶。

【例 7-8】光輝公司在財產清查過程中，發現一臺未入帳的機器，重置成本為 25,000 元（假定與其計稅基礎不存在差異）。根據《企業會計準則第 28 號——會計政策、會計估計變更和差錯更正》規定，該盤盈固定資產作為前期差錯進行處理。光輝公司適用的所得稅稅率是 25%，按淨利潤的 10% 計提法定盈餘公積。光輝公司應作如下帳務處理：

①盤盈固定資產時
借：固定資產　　　　　　　　　　　　　　　　　25,000
　　貸：以前年度損益調整　　　　　　　　　　　　　　25,000
②確定應繳納的所得稅時
借：以前年度損益調整　　　　　　　　　　　　　　6,250
　　貸：應交稅費——應交所得稅　　　　　　　　　　6,250
③結轉為留存收益時
借：以前年度損益調整　　　　　　　　　　　　　　18,750
　　貸：盈餘公積——法定盈餘公積　　　　　　　　　1,875
　　　　利潤分配——未分配利潤　　　　　　　　　　16,875

3. 融資租入固定資產的成本

融資租入固定資產的成本的會計處理按照《企業會計準則第 21 號——租賃》規範。

4. 非貨幣性資產交換取得的固定資產成本

非貨幣性資產交換取得的固定資產成本，應當按照《企業會計準則第 7 號——非貨幣性資產交換》的規定確定。

5. 債務重組取得的固定資產成本

債務重組取得的固定資產成本，應當按照《企業會計準則第 12 號——債務重組》的規定確定。

6. 企業合併取得的固定資產成本

企業合併取得的固定資產成本，應當按照《企業會計準則第 20 號——企業合併》的規定確定。

第三節　固定資產的後續計量

一、固定資產折舊

1. 固定資產折舊的含義

（1）固定資產折舊，是指在固定資產使用壽命內，按照確定的方法對應計折舊額進行的系統分攤。

（2）應計折舊額，是指應當計提折舊的固定資產的原價扣除其預計淨殘值後的金

額。已計提減值準備的固定資產，還應當扣除已計提的固定資產減值準備累計金額。

(3) 預計淨殘值，是指假定固定資產預計使用壽命已滿並處於使用壽命終了時的預期狀態，目前從該項資產處置中獲得的扣除預計處置費用後的金額。

2. 企業應當計提固定資產折舊的範圍和時間

(1) 企業固定資產計提折舊的範圍包括企業所有的固定資產，但已提足折舊仍繼續使用的固定資產和單獨計價入帳的土地除外。

(2) 計提固定資產折舊的時間。企業一般應按月提取折舊，當月增加的固定資產，當月不計提折舊，從下月起計提折舊；當月減少的固定資產，當月照提折舊，從下月起不提折舊。

固定資產提足折舊後，不論能否繼續使用，均不再提取折舊；提前報廢的固定資產，也不再補提折舊。所謂提足折舊，是指已經提足該項固定資產應提的折舊總額。應提的折舊總額為固定資產原價減去預計殘值加上預計清理費用後的金額。

3. 固定資產的折舊方法

企業可供選擇採用的折舊方法包括年限平均法、工作量法、年數總和法和雙倍餘額遞減法等。折舊方法一經確定，不得隨意變更。如需變更，應將變更的內容及原因在變更當期會計報表附注中說明。

(1) 年限平均法

年限平均法又稱直線法，是將固定資產的應計提折舊額均衡地分攤到各期的一種方法。應計提的折舊額指固定資產原價減去預計殘值收入加上清理費用。計算公式為：

$$固定資產年折舊額 = \frac{固定資產原價 - (預計殘值收入 - 清理費用)}{預計使用年限}$$

$$固定資產月折舊額 = 固定資產年折舊額 \div 12$$

(2) 工作量法

工作量法是指按照固定資產預計完成的工作總量計提折舊的一種方法。這種方法是假定固定資產的價值隨著其使用程度而磨損，因此，固定資產的原始價值應該平均分攤於固定資產提供的各個工作量中。其計算公式為：

$$每單位工作量折舊額 = \frac{固定資產原價 - (預計殘值收入 - 清理費用)}{預計使用期內可以完成的工作總量}$$

某期折舊額（年、季、月）＝某期實際完成的工作量×每單位工作量折舊額

【例7-9】光輝公司購置的一輛貨車，原價為 200,000 元，預計總行駛里程為 200,000 千米，預計淨殘值率為 5%，本月工作了 2,000 千米。則該汽車本月折舊額計算如下：

單位工作量折舊額＝200,000×(1-5%)÷200,000＝0.95（元/千米）

本月折舊額＝2,000×0.95＝1,900（元）

(3) 雙倍餘額遞減法

雙倍餘額遞減法是將固定資產期初帳面淨值乘以不考慮殘值情況下的直線法折舊率兩倍來計算各期固定資產折舊額的一種方法。其計算公式為：

年折舊率＝2／折舊年限×100%

年折舊額=固定資產帳面淨值×年折舊率

注意在採用此法時，為了避免固定資產的帳面淨值降低到它的預計淨殘值以下，應當在其固定資產折舊年限到期的前兩年內，將固定資產帳面淨值扣除預計淨殘值後的餘額平均攤銷。

（4）年數總和法

年數總和法是將固定資產原值減去殘值後的淨額乘以一個逐年遞減的分數計算每年折舊額的一種方法。這個分數的分子代表固定資產尚可使用的年數，分母代表使用年限的各年年數之和。其計算公式為：

$$年折舊率 = \frac{折舊年限-已使用年限}{(1+2+3+\cdots+n)} \times 100\%$$

$$= \frac{折舊年限-已使用年限}{折舊年限 \times (折舊年限+1) \div 2} \times 100\%$$

$$= \frac{尚可使用的年數}{年數總和} \times 100\%$$

年折舊額=（固定資產原值-預計淨殘值）×年折舊率

　　　　=應計提折舊總額×年折舊率

【例7-10】光輝公司的一臺生產用設備，原值50,000元，預計淨殘值2,000元，使用年限5年。下面用以上方法計算年折舊額：

①使用年限平均法下

年折舊額=（50,000-2,000）÷5=9,600（元）

年折舊率=9,600÷50,000=19.2%

月折舊率=19.2%÷12=1.6%

②採用雙倍餘額遞減法下

年折舊率=2÷5×100%=40%

其各年折舊額計算結果如表7-2所示。

表7-2　　　　　　　　雙倍餘額遞減法的各年折舊額計算表　　　　　　金額單位：元

年份	期初帳面淨額	年折舊率	年折舊額	累計折舊額	期末帳面價值
1	50,000	40%	20,000	20,000	30,000
2	30,000	40%	12,000	32,000	18,000
3	18,000	40%	7,200	39,200	10,800
4	10,800		4,400	43,600	6,400
5			4,400	48,000	2,000

③採用年數總和法下

年數總和=1+2+3+4+5=15

應計提折舊總額=50,000-2,000=48,000（元）

其各年折舊額計算結果如表7-3所示。

表 7-3　　　　　　　　　年限總和法的各年折舊額計算表　　　　　　金額單位：元

年份	應計提折舊總額	尚可使用年限	年折舊率	年折舊額	累計折舊額
1	48,000	5	5/15	16,000	16,000
2	48,000	4	4/15	12,800	28,800
3	48,000	3	3/15	9,600	38,400
4	48,000	2	2/15	6,400	44,800
5	48,000	1	1/15	3,200	48,000

4. 固定資產折舊率

在實際工作中，企業按月計提折舊額的，首先是先確定折舊率，再利用折舊率來計算固定資產折舊額。折舊率是指折舊額占固定資產原值的比率，它反應固定資產的磨損程度。其計算公式如下：

$$固定資產折舊率 = \frac{年折舊額}{固定資產原值} \times 100\%$$

$$（或）= \frac{1-預計淨殘值率}{使用年限} \times 100\%$$

其中：

$$預計淨殘值率 = \frac{預計殘值收入 - 預計清理費用}{固定資產原始價值} \times 100\%$$

固定資產折舊率分為個別折舊率、分類折舊率和綜合折舊率三種。

（1）個別折舊率是按每項固定資產分別計算的。

（2）分類折舊率是將性質、結構和使用年限大體相同的固定資產歸並為不同類別計算的。

（3）綜合折舊率是按整個企業的全部固定資產綜合計算的。

$$月度固定資產折舊額 = 固定資產原值 \times 月折舊率$$

5. 固定資產折舊的帳務處理

企業是按月計提折舊，並通過按月編製「固定資產折舊計算表」進行的。

本月計提的折舊額是以上月所計提的折舊額為基礎，對上月固定資產的增減情況進行調整後計算而得的。其計算公式為：

本月固定資產應計提的折舊額＝上月固定資產計提的折舊額＋上月增加的固定資產本月應計提的折舊額－上月減少的固定資產和已提足折舊固定資產計提的折舊額

企業按月計提的折舊額，按固定資產的不同用途，分別借記「製造費用」「管理費用」等帳戶，貸記「累計折舊」帳戶。

「累計折舊」帳戶只進行總分類核算，不進行明細分類核算。需要查明某項固定資產已提取的折舊，可以根據固定資產卡片上所記載的該項固定資產原價、折舊率和使用年數等進行計算。

【例7-11】光輝公司2010年10月編製的固定資產折舊表如表7-4所示。

表 7-4　　　　　　　　　　　　固定資產折舊表　　　　　　　　　　　　單位：元

使用部門	固定資產類別	上月折舊額	上月增加固定資產 原價	上月增加固定資產 折舊額	上月減少固定資產 原價	上月減少固定資產 折舊額	本月折舊額
車　間	廠房	100,000					100,000
	機器設備	260,000	500,000	2,500	200,000	1,000	261,500
	其他設備	20,000					20,000
	小計	380,000	500,000	2,500	200,000	1,000	381,500
廠部管理部門	房屋建築	50,000					50,000
	設備	20,000					20,000
	小計	70,000					70,000
租出設備		30,000					30,000
合　計		480,000	500,000	2,500	200,000	1,000	481,500

根據上述固定資產折舊計算表編製會計分錄：

借：製造費用　　　　　　　　　　　　　381,500
　　管理費用　　　　　　　　　　　　　 70,000
　　其他業務成本　　　　　　　　　　　 30,000
　貸：累計折舊　　　　　　　　　　　　481,500

6. 固定資產使用壽命、預計淨殘值和折舊方法的復核

企業應當至少於每年年度終了時，對固定資產的使用壽命、預計淨殘值和折舊方法進行復核。

使用壽命預計數與原先估計數有差異的，應當調整固定資產折舊年限。

預計淨殘值預計數與原先估計數有差異的，應當調整預計淨殘值。

固定資產包含的經濟利益預期實現方式有重大改變的，應當改變固定資產折舊方法。

固定資產使用壽命、預計淨殘值和折舊方法的改變應當作為會計估計變更。

固定資產使用壽命、預計淨殘值和折舊方法發生變化時，應當重新計算各期折舊額。

二、固定資產的後續支出

1. 固定資產後續支出的處理原則

（1）固定資產的後續支出，是指固定資產使用過程中發生的更新改造支出、修理費用等。

企業的固定資產投入使用後，為了適應新技術發展的需要，或者為維護或提高固定資產的使用效能，往往需要對現有固定資產進行維護、改建、擴建或者改良，充分發揮其使用效能，就必須對其進行必要的後續支出。

（2）固定資產後續支出的處理原則為：符合固定資產確認條件的，應當計入固定資產成本，如有被替換部分，應同時將被替換部分的帳面價值從該固定資產原帳面價值中扣除；不符合固定資產確認條件的，應當在發生時計入當期損益。

2. 資本化的後續支出

固定資產發生可資本化的後續支出時，企業一般應將該固定資產的原價、已計提的累計折舊和減值準備轉銷，將固定資產的帳面價值轉入在建工程，並在此基礎上重新確定固定資產原價。因已轉入在建工程，因此停止計提折舊。在固定資產發生的後續支出完工並達到預定可使用狀態時，再從在建工程轉為固定資產，並按重新確定的固定資產原價、使用壽命、預計淨殘值和折舊方法計提折舊。

固定資產發生的可資本化的後續支出，通過「在建工程」帳戶核算。在固定資產發生的後續支出完工並達到預定可使用狀態時，從「在建工程」帳戶轉入「固定資產」帳戶。

【例7-12】光輝公司對一幢廠房進行更新改造，有關的會計資料如下：

（1）2009年12月31日，該公司自行建成了一幢廠房並投入使用，建造成本為500,000元；採用年限平均法計提折舊；預計淨殘值率為2%，預計使用壽命為8年。

（2）2012年1月1日，由於公司規模擴大，現有的這幢廠房已難以滿足公司發展的需要，但若新建則建設週期過長。光輝公司決定對這幢廠房進行改擴建。假定該幢廠房未發生減值。

（3）2012年1月1日至4月30日，經過四個月的改擴建，完成了對廠房的更新改造工程，改造中領用工程物資250,000元（含稅），計提工程人員工資18,250元。

（4）該廠房的改擴建工程達到預定可使用狀態並重新投入使用，預計將其使用壽命延長8年，即為16年。預計淨殘值率為4%，折舊方法仍為年限平均法。

（5）為簡化計算過程，整個過程不考慮其他相關稅費；公司按月計提固定資產折舊。

本例中，廠房改擴建後，生產能力將大大提高，能夠為公司帶來更多的經濟利益，改擴建的支出金額也能可靠計量，因此該後續支出符合固定資產的確認條件，應計入固定資產的成本。有關的帳務處理如下：

（1）2010年1月1日至2011年12月31日，固定資產後續支出發生前：

該幢廠房的應計折舊額 = 500,000×（1-2%）= 490,000（元）

年折舊額 = 490,000÷8 = 61,250（元）

月折舊額 = 61,250÷12 = 5,104.17（元）

這兩年每月計提固定資產折舊的帳務處理為：

借：製造費用　　　　　　　　　　　　　　　　　　　　　　　5,104.17
　　貸：累計折舊　　　　　　　　　　　　　　　　　　　　　　5,104.17

（2）2012年1月1日，固定資產的帳面價值 = 500,000-（61,250×2）= 377,500（元）。

固定資產轉入改擴建：

借：在建工程　　　　　　　　　　　　　　　　　　　　　　　377,500

　　　　累計折舊　　　　　　　　　　　　　　　　　　　122,500
　　　貸：固定資產　　　　　　　　　　　　　　　　　　　500,000
　（3）2012 年 1 月 1 日至 4 月 30 日，領用工程物資：
　　借：在建工程　　　　　　　　　　　　　　　　　　　250,000
　　　貸：工程物資　　　　　　　　　　　　　　　　　　　250,000
　（4）2012 年 1 月 1 日至 4 月 30 日，計提工程人員工資：
　　借：在建工程　　　　　　　　　　　　　　　　　　　18,250
　　　貸：應付職工薪酬　　　　　　　　　　　　　　　　　18,250
　（5）2012 年 4 月 30 日，廠房改擴建工程達到預定可使用狀態：
固定資產入帳價值＝377,500＋250,000＋18,250＝645,750（元）
　　借：固定資產——廠房　　　　　　　　　　　　　　　645,750
　　　貸：在建工程　　　　　　　　　　　　　　　　　　　645,750
　（6）2012 年 4 月 30 日，轉為固定資產後，按重新確定的使用壽命、預計淨殘值和折舊方法計提折舊：
　　應計折舊額＝645,750×(1－4%)＝619,920（元）
　　月折舊額＝619,920÷(13×12＋8)＝3,780（元）
　　2012 年 5 月計提折舊額的會計分錄為：
　　借：製造費用　　　　　　　　　　　　　　　　　　　3,780
　　　貸：累計折舊　　　　　　　　　　　　　　　　　　　3,780
　　企業發生的某些固定資產後續支出可能涉及替換原固定資產的某組成部分，當發生的後續支出符合固定資產確認條件時，應將其計入固定資產成本，同時將被替換部分的帳面價值扣除。這樣可以避免將替換部分的成本和被替換部分的成本同時計入固定資產成本，導致固定資產成本高計。

　　3. 費用化的後續支出
　　一般情況下，固定資產投入使用之後，由於固定資產磨損、各組成部分耐用程度不同，可能導致固定資產的局部損壞，為了維護固定資產的正常運轉和使用，充分發揮其使用效能，企業將對固定資產進行必要的維護。固定資產的日常修理費用只是確保固定資產的正常工作狀況，一般不產生未來的經濟利益。因此，通常不符合固定資產的確認條件，在發生時應直接計入當期損益。企業生產車間（部門）和行政管理部門等發生的固定資產修理費用等後續支出計入「管理費用」或借記「管理費用」等帳戶，貸記「銀行存款」等帳戶；企業設置專設銷售機構的，其發生的與專設銷售機構相關的固定資產修理費用等後續支出，計入「銷售費用」或借記「銷售費用」等帳戶，貸記「銀行存款」等帳戶。對於處於修理、更新改造過程而停止使用的固定資產，如果其修理、更新改造支出不滿足固定資產的確認條件，在發生時也應直接計入當期損益。

　　【例 7-13】2012 年 5 月 23 日，光輝公司對辦公樓進行日常維護，維護過程中領用原材料一批，價值為 35,000 元，購買該批原材料時支付的增值稅（進項稅額轉出）為 5,950 元；應付維修人員的薪酬為 6,330 元。

本例中，對辦公樓的日常維護不滿足固定資產的確認條件，僅僅是為了保證固定資產的正常使用而發生的，不產生未來的經濟利益，因此應將該項固定資產的後續支出在其發生時確認為費用，計入當期損益。光輝公司的帳務處理為：

借：管理費用　　　　　　　　　　　　　　　　　　　　　　47,280
　　貸：原材料　　　　　　　　　　　　　　　　　　　　　　35,000
　　　　應交稅費——應交增值稅（進項稅額轉出）　　　　　　 5,950
　　　　應付職工薪酬　　　　　　　　　　　　　　　　　　　 6,330

4. 後續支出在具體實務中的會計處理方法

（1）固定資產修理費用，應當直接計入當期費用。

（2）固定資產改良支出，應當計入固定資產帳面價值。

（3）如果不能區分是固定資產修理還是固定資產改良，或固定資產修理和固定資產改良結合在一起，則企業應當判斷，與固定資產有關的後續支出是否滿足固定資產的確認條件。如果該後續支出滿足了固定資產的確認條件，後續支出應當計入固定資產帳面價值；否則，後續支出應當確認為當期費用。

（4）固定資產裝修費用，如果滿足固定資產的確認條件，裝修費用應當計入固定資產帳面價值，並在「固定資產」帳戶下單設「固定資產裝修」明細帳戶進行核算，在兩次裝修間隔期間與固定資產尚可使用年限兩者中較短的期間內，採用合理的方法單獨計提折舊。如果在下次裝修時，與該項固定資產相關的「固定資產裝修」明細帳戶仍有帳面價值，應將該帳面價值一次全部計入當期營業外支出。

（5）融資租入固定資產發生的固定資產後續支出，按照租賃準則的規定處理。

（6）經營租入固定資產發生的改良支出，應通過「長期待攤費用」帳戶核算，並在剩餘租賃期與租賃資產尚可使用年限兩者中較短的期間內，採用合理的方法進行攤銷。

【例7-14】2012年8月15日，光輝公司對採用經營租賃方式租入的一棟房屋進行改良，發生的有關支出有：領用生產用原材料13,000元，購進該批原材料時支付的增值稅進項稅額為2,210元；輔助生產車間為房屋改良提供的勞務支出為1,108元；發生有關人員薪酬20,990元。2012年12月31日，房屋改良工程完工，房屋達到預定可使用狀態並交付使用。假定該房屋預計使用壽命為8年，剩餘租賃期為6年；採用直線法進行攤銷；不考慮其他因素。帳務處理如下：

（1）改良工程領用原材料

借：在建工程　　　　　　　　　　　　　　　　　　　　　　15,210
　　貸：原材料　　　　　　　　　　　　　　　　　　　　　　13,000
　　　　應交稅費——應交增值稅（進項稅額轉出）　　　　　　 2,210

（2）輔助生產車間為房屋改良提供勞務

借：在建工程　　　　　　　　　　　　　　　　　　　　　　 1,108
　　貸：生產成本——輔助生產成本　　　　　　　　　　　　　1,108

（3）發生有關人員薪酬

借：在建工程　　　　　　　　　　　　　　　　　　　　　　20,990

　　　　貸：應付職工薪酬　　　　　　　　　　　　　　　　　　20,990
　（4）改良工程達到預定可使用狀態並交付
　　借：長期待攤費用　　　　　　　　　　　　　　　　　　　37,308
　　　　貸：在建工程　　　　　　　　　　　　　　　　　　　　37,308
　（5）2013年度進行攤銷
　　因房屋預計尚可使用年限為8年，剩餘租賃期為6年，因此，該房屋應按剩餘租賃期6年進行攤銷。
　　借：管理費用　　　　　　　　　　　　　　　　　　　　　　6,218
　　　　貸：長期待攤費用　　　　　　　　　　　　　　　　　　6,218

第四節　固定資產的處置

一、固定資產終止確認的條件

　　固定資產滿足下列條件之一的，應當予以終止確認：
　　（1）該固定資產處於處置狀態。處於處置狀態的固定資產不再用於生產商品、提供勞務、出租或經營管理，因此不再符合固定資產的定義，應予終止確認。
　　（2）該固定資產預期通過使用或處置不能產生經濟利益。如果一項固定資產預期通過使用或處置不能產生經濟利益，那麼它就不再符合固定資產的定義和確認條件，應予終止確認。

二、固定資產處置的帳務處理

　　企業出售、轉讓、報廢固定資產或發生固定資產毀損，應當將處置收入扣除帳面價值和相關稅費後的金額計入當期損益。固定資產的帳面價值是固定資產成本扣減累計折舊和累計減值準備後的金額。固定資產處置一般通過「固定資產清理」科目進行核算。
　　（1）出售、報廢和毀損等原因減少的固定資產，首先應注銷帳面的固定資產，按減少的固定資產帳面價值，借記「固定資產清理」科目，按已計提折舊，借記「累計折舊」科目，按已計提的減值準備，借記「固定資產減值準備」科目，按固定資產原價，貸記「固定資產」科目。對於清理過程中發生的費用，借記「固定資產清理」科目，貸記「銀行存款」「應交稅費——應交營業稅」等科目。對於收回出售固定資產的價款、毀損報廢取得的殘料價值和變價收入等，借記「銀行存款」「原材料」等科目，貸記「固定資產清理」「應交稅費——應交增值稅」科目；應當由保險公司或過失人賠償的損失，借記「其他應收款」等科目，貸記「固定資產清理」科目。
　　（2）固定資產清理後的淨收益，區別情況處理：
　　屬於籌建期間的，冲減管理費用，借記「固定資產清理」科目，貸記「管理費用」科目。

屬於生產經營期間的，記入損益，借記「固定資產清理」，貸記「營業外收入——處置非流動資產利得」科目。固定資產清理後的淨損失，區別情況處理：

①屬於生產經營期間由於自然災害等非正常原因造成的損失，借記「營業外支出——非常損失」科目，貸記「固定資產清理」科目；

②屬於生產經營期間正常的處理損失，借記「營業外支出——處置非流動資產損失」科目，貸記「固定資產清理」科目。

【例 7-15】光輝公司出售一棟閒置辦公用房，該房屋帳面原始價值為 2,000,000 元，已提折舊 1,100,000 元，取得出售價款 1,000,000 元，增值稅稅率為 11%。該廠房已計提減值準備 100,000 元，光輝公司有關帳務處理如下：

①註銷出售固定資產價值

借：固定資產清理	800,000
累計折舊	1,100,000
固定資產減值準備	100,000
貸：固定資產	2,000,000

②取得清理收入

借：銀行存款	1,110,000
貸：固定資產清理	1,000,000
應交稅費——應交增值稅（銷項稅額）	110,000

③結轉清理淨收益

借：固定資產清理	310,000
貸：營業外收入——固定資產清理收益	310,000

三、固定資產盤虧的會計處理

為了保證固定資產核算的真實性和完整性，企業應定期或者至少於每年年末對固定資產進行清查盤點。如果清查過程中發現盤虧的固定資產，應填製固定資產盤虧報告表，並及時查明原因，在期末結帳前處理完畢。

固定資產盤虧造成的損失，應當計入當期損益。企業在財產清查中盤虧的固定資產，按盤虧固定資產的帳面價值借記「待處理財產損溢——待處理固定資產損溢」帳戶，按已計提的累計折舊，借記「累計折舊」帳戶，按已計提的減值準備，借記「固定資產減值準備」帳戶，按固定資產原價，貸記「固定資產」帳戶。按管理權限經報批准後處理時，按可收回的保險賠償或過失人賠償，借記「其他應收款」帳戶，按應計入營業外支出的金額，借記「營業外支出——盤虧損失」帳戶，貸記「待處理財產損溢」帳戶。

【例 7-16】光輝公司於 2012 年 6 月 30 日進行資產清查，盤虧設備一臺，原價 60,000 元，經查帳發現該臺機器已計提折舊 35,000 元，已計提減值準備 10,000 元。查明原因屬保管員保管不當造成。經批准，光輝公司責成保管員賠償 3,000 元，其他損失由公司承擔。有關帳務處理如下：

（1）發現機器丟失時

借：待處理財產損溢——待處理固定資產損溢	15,000

　　　　累計折舊　　　　　　　　　　　　　　　　　35,000
　　　　固定資產減值準備　　　　　　　　　　　　　10,000
　　　貸：固定資產　　　　　　　　　　　　　　　　　　60,000
（2）報經批準後
　　借：其他應收款——保管員　　　　　　　　　　　3,000
　　　　營業外支出——盤虧損失　　　　　　　　　　12,000
　　　貸：待處理財產損溢——待處理固定資產損溢　　　　15,000

復習思考題

　　1. 固定資產的確認條件是什麼？固定資產與低值易耗品的主要區別是什麼？
　　2. 企業應當設置哪些帳戶來核算固定資產業務？
　　3. 固定資產初始計量的原則是什麼？
　　4. 什麼是固定資產折舊和應計折舊額？企業計提固定資產折舊的範圍包括哪些？
　　5. 固定資產折舊方法有哪些？如何運用這些方法正確計提固定資產折舊？
　　6. 資本化後續支出和費用化後續支出應當如何進行會計處理？
　　7. 固定資產終止確認的條件有哪些？
　　8. 企業盤盈、盤虧、出售、轉讓、報廢固定資產或發生固定資產毀損如何進行帳務處理？

第八章　無形資產核算

第一節　無形資產的確認帳戶設置

一、無形資產的確認

1. 無形資產的特徵

無形資產是指企業擁有或者控制的沒有實物形態的可辨認非貨幣性資產。相對於其他資產，無形資產具有如下特徵：

（1）沒有實物形態。無形資產通常表現為某種權利、某項技術或是某種獲取超額利潤的綜合能力，它們不具有實物形態，比如，土地使用權、非專利技術等。某些無形資產的存在有賴於實物載體。比如，計算機軟件需要存儲在磁盤中。但這並不改變無形資產本身不具實物形態的特性。在確定一項包含無形和有形要素的資產是屬於固定資產，還是屬於無形資產時，需要通過判斷來加以確定，通常以哪個要素更重要作為判斷的依據。例如，計算機控制的機械工具沒有特定計算機軟件就不能運行時，說明該軟件是構成相關硬件不可缺少的組成部分，該軟件應作為固定資產處理；如果計算機軟件不是相關硬件不可缺少的組成部分，則該軟件應作為無形資產核算。

（2）具有可辨認性。符合以下條件之一的，則認為其具有可辨認性：

①能夠從企業中分離或者劃分出來，並能單獨或與相關合同、資產或負債一起，用於出售或轉讓等。

②產生於合同性權利或其他法定權利，無論這些權利是否可以從企業或其他權利和義務中轉移或者分離。如一方通過與另一方簽訂特許權合同而獲得的特許使用權通過法律程序申請獲得的商標權、專利權等。由於商譽無法與企業自身分離，不具有可辨認性，因而不屬於企業的無形資產。

（3）屬於非貨幣性資產。非貨幣性資產是指企業持有的貨幣資金和將以固定或可確定的金額收取的資產以外的其他資產。無形資產由於沒有發達的交易市場，一般不容易轉化成現金，在持有過程中為企業帶來未來經濟利益的情況不確定，不屬於以固定或可確定的金額收取的資產，屬於非貨幣性資產。

2. 無形資產的確認

對無形資產的確認，除了滿足無形資產的定義外，還應同時滿足下列條件：

（1）與該無形資產有關的經濟利益很可能流入企業。企業在判斷無形資產產生的經濟利益是否很可能流入企業時，應對無形資產在預計使用年限內可能存在的各種經

濟因素做出合理估計，並且應當有明確證據支持。

（2）該無形資產的成本能夠可靠地計量。成本能夠可靠地計量是無形資產的一個非常重要的確認條件。

二、無形資產的構成內容

無形資產通常包括專利權、非專利技術、商標權、著作權、特許權、土地使用權等。

1. 專利權

專利權，是指國家專利主管機關依法授予發明創造專利申請人，對其發明創造在法定期限內所享有的專有權利。專利權包括發明專利權、實用新型專利權和外觀設計專利權。

2. 非專利技術

非專利技術，也稱專有技術。它是指不為外界所知、在生產經營活動中已採用了的、不享有法律保護的、可以帶來經濟效益的各種技術和訣竅。非專利技術一般包括工業專有技術、商業貿易專有技術、管理專有技術等。

3. 商標權

商標是用來辨認特定的商品或勞務的標記。商標權指專門在某類指定的商品或產品上使用特定的名稱或圖案的權利。

4. 著作權

著作權又稱版權，指作者對其創作的文學、科學和藝術作品依法享有的某些特殊權利。著作權包括作品署名權、發表權、修改權和保護作品完整權，還包括復制權、發行權、出租權、展覽權、表演權、放映權、廣播權、信息網絡傳播權、攝制權、改編權、翻譯權、匯編權以及應當由著作權人享有的其他權利。

5. 特許權

特許權，又稱經營特許權、專營權，指企業在某一地區經營或銷售某種特定商品的權利或是一家企業接受另一家企業使用其商標、商號、技術秘密等的權利。特許權通常有兩種形式，一種是由政府機構授權，準許企業使用或在一定地區享有經營某種業務的特權，如水、電、郵電通信等專營權、烟草專賣權等；另一種指企業間依照簽訂的合同，有限期或無限期使用另一家企業的某些權利，如連鎖店分店使用總店的名稱等。

6. 土地使用權

土地使用權，指國家準許某企業在一定期間內對國有土地享有開發、利用、經營的權利。根據《中華人民共和國土地管理法》的規定，中國土地實行公有制，任何單位和個人不得侵占、買賣或者以其他形式非法轉讓。企業取得土地使用權的方式大致有：行政劃撥取得、外購取得及投資者投資取得。

三、無形資產的分類

1. 按無形資產的不同來源分類

無形資產按其來源途徑可以分為外來無形資產和自創無形資產。外來無形資產是

指企業用貨幣資金購入，或以非貨幣性資產換入，或通過債務重組獲得以及接受投資等形成的無形資產；自創無形資產是指企業自行開發、研製的無形資產。

2. 按無形資產的經濟內容分類

無形資產按其反應的經濟內容一般分為專利權、非專利技術、商標權、著作權、特許權、土地使用權等。

3. 按無形資產有無期限分類

無形資產按有無期限可以分為期限確定的無形資產和期限不確定的無形資產。

（1）期限確定的無形資產。期限確定的無形資產是指有關法律中規定有最長有效期限的無形資產，如專利權、商標權、著作權、土地使用權和特許權等。

（2）期限不確定的無形資產。期限不確定的無形資產是指沒有相應法律規定其有效期限的無形資產，如非專利技術等。這些無形資產的有效期限取決於技術進步的快慢以及技術保密工作的好壞等因素。

四、無形資產核算的帳戶設置

1.「無形資產」帳戶

該帳戶為資產類帳戶，核算企業持有的無形資產成本，包括專利權、非專利技術、商標權、著作權、土地使用權等。本帳戶借方登記取得無形資產等所引起的無形資產增加，貸方登記無形資產的處置等所引起的無形資產減少，期末餘額在貸方，反應期末無形資產的成本。本帳戶可按無形資產項目進行明細核算。

2.「累計攤銷」帳戶

該帳戶核算企業對使用壽命有限的無形資產計提的累計攤銷。企業按月計提無形資產攤銷，借記「管理費用」「其他業務成本」等帳戶，處置無形資產結轉已計提的累計攤銷時，借記「累計攤銷」帳戶，該帳戶的期末餘額在貸方，反應企業無形資產累計攤銷額。「累計攤銷」應按無形資產項目進行明細核算。

五、無形資產的主要帳務處理

（1）企業外購的無形資產，按應計入無形資產成本的金額，借記本帳戶，貸記「銀行存款」等帳戶。

（2）自行開發的無形資產，按應予以資本化的支出，借記本帳戶，貸記「研發支出」帳戶。

（3）無形資產預期不能為企業帶來經濟利益的，應按已計提的累計攤銷，借記「累計攤銷」帳戶，按其帳面餘額，貸記本帳戶，按其差額，借記「營業外支出」帳戶。已計提減值準備的，還應同時結轉減值準備。

（4）處置無形資產，應按實際收到的金額等，借記「銀行存款」等帳戶，按已計提的累計攤銷，借記「累計攤銷」帳戶，按應支付的相關稅費及其他費用，貸記「應交稅費」「銀行存款」等帳戶，按其帳面餘額，貸記本帳戶，按其差額，貸記「營業外收入——處置非流動資產利得」帳戶或借記「營業外支出——處置非流動資產損失」帳戶。已計提減值準備的，還應同時結轉減值準備。

第二節　無形資產的初始計量

一、無形資產初始計量原則

無形資產應當按照成本進行初始計量，無形資產的初始計量是指無形資產取得時的入帳價值。企業取得無形資產的途徑有多種，如：用貨幣資金購入，投資者投入，自行研發，或以非貨幣性資產換入，通過債務重組和企業合併獲得等。不同來源的無形資產其初始計量的計量屬性不同。

二、外購無形資產的初始計量

外購無形資產按成本進行初始計量。外購無形資產的成本，包括購買價款、相關稅費以及直接歸屬於使該項資產達到預定用途所發生的其他支出。其他支出包括專業服務費用以及無形資產測試等費用。

1. 正常條件下外購無形資產

（1）購入專利技術、商標權等。

【例8-1】2012年1月5日，光輝公司從A公司購入一項專利技術，按協議約定以銀行存款支付價款2,400,000元，並支付相關稅費10,000元和有關專業服務費用90,000元。

光輝公司的帳務處理如下：

借：無形資產——專利技術　　　　　　　　　　　　　　　　2,500,000
　　貸：銀行存款　　　　　　　　　　　　　　　　　　　　　　　2,500,000

（2）購入土地使用權。企業取得的土地使用權通常應確認為無形資產，但改變土地使用權用途，用於賺取租金或資本增值的，應當將其轉為投資性房地產；自行開發建造廠房等建築物，相關的土地使用權與建築物應當分別進行處理；外購土地及建築物支付的價款應當在建築物與土地使用權之間進行分配，難以進行分配的，應當全部作為固定資產。

公司購入土地使用權時，應確認為無形資產。在該土地上自行建造廠房，應將土地使用權和地上建築物分別作為無形資產和固定資產進行核算。

【例8-2】2012年6月1日，光輝公司購入一塊土地的使用權，以銀行存款轉帳支付5,000萬元；2013年4月1日，在該土地上自行建造廠房等工程發生材料支出10,000萬元，工資費用7,000萬元，其他相關費用9,000萬元等。該工程於2013年12月31日完工並達到預定可使用狀態。

2012年6月1日，支付轉讓價款，取得土地使用權時：

借：無形資產——土地使用權　　　　　　　　　　　　　　　50,000,000
　　貸：銀行存款　　　　　　　　　　　　　　　　　　　　　　　50,000,000

2013年4月1日，開始在土地上自行建造廠房：

借：在建工程 260,000,000
　　貸：工程物資 100,000,000
　　　　應付職工薪酬 70,000,000
　　　　銀行存款 90,000,000

2013年12月31日，廠房達到預定可使用狀態：
借：固定資產 260,000,000
　　貸：在建工程 260,000,000

2. 超過正常信用條件延期支付條件下購買無形資產

如果購買無形資產的價款超過正常信用條件（通常在3年以上）延期支付的，實際上具有融資性質，無形資產的成本應以購買價款的現值為基礎確定。按協議約定的長期應付款與購買價款的現值之間的差額，除在達到可使用狀態之前應予以資本化的以外，應作為未確認的融資費用，在付款期間內按照實際利率法確認為利息費用。

【例8-3】2012年1月10日，光輝公司從乙公司購買一項專利技術，由於光輝公司資金周轉比較緊張，經與乙公司協議採用分期付款方式支付款項。協議規定：從光輝公司購買當年開始，每年年末付款300萬元，4年付清，共計1,200萬元。假定銀行同期貸款利率為6%。為了簡化核算，假定不考慮其他有關稅費。（已知4年期，利率6%的年金現值系數為3.465）

光輝公司的帳務處理如下：

無形資產入帳價值（現值）= 3,000,000×3.465 = 10,395,000（元）

未確認的融資費用 = 12,000,000-10,395,000 = 1,605,000（元）

依據「利息支出＝借款本金×實際利率×期限」的計算原理，每期期末在按實際利率法計算確認本期融資費用時，可按下列公式計算：

　　每期期末應確認融資費用＝每期期初應付本金餘額×實際利率
　　每期期初應付本金餘額＝期初長期應付款餘額－期初未確認融資費用餘額

各期末計算確認的融資費用結果如表8-1所示。

表8-1　　　　　　　　　　未確認融資費用分攤表
2012年1月10日　　　　　　　　　　　　單位：元

日期 ①	分期付款額 ②	確認的融資費用 ③＝期初⑤×6%	應付本金減少額 ④＝②－③	應付本金餘額 期末⑤＝期初⑤－④
2012.01.10				10,395,000
2012.12.31	3,000,000	623,700	2,376,300	8,018,700
2013.12.31	3,000,000	481,122	2,518,878	5,499,822
2014.12.31	3,000,000	329,990	2,670,000	2,829,812
2015.12.31	3,000,000	170,188*	2,829,812	0
合計	12,000,000	1,605,000	10,395,000	

注：＊尾數調整為170,188＝1,605,000－623,700－481,122－329,990。

根據表8-1所列示的計算結果，各期末的會計處理如下：

(1) 2012 年 1 月 10 日

借：無形資產——專利技術　　　　　　　　　　　10,395,000
　　未確認融資費用　　　　　　　　　　　　　　 1,605,000
　貸：長期應付款　　　　　　　　　　　　　　　　　　　　12,000,000

(2) 2012 年 12 月 31 日

借：長期應付款　　　　　　　　　　　　　　　　3,000,000
　貸：銀行存款　　　　　　　　　　　　　　　　　　　　　3,000,000
借：財務費用　　　　　　　　　　　　　　　　　　623,700
　貸：未確認融資費用　　　　　　　　　　　　　　　　　　623,700

(3) 2013 年 12 月 31 日

借：長期應付款　　　　　　　　　　　　　　　　3,000,000
　貸：銀行存款　　　　　　　　　　　　　　　　　　　　　3,000,000
借：財務費用　　　　　　　　　　　　　　　　　　481,122
　貸：未確認融資費用　　　　　　　　　　　　　　　　　　481,122

(4) 2014 年 12 月 31 日

借：長期應付款　　　　　　　　　　　　　　　　3,000,000
　貸：銀行存款　　　　　　　　　　　　　　　　　　　　　3,000,000
借：財務費用　　　　　　　　　　　　　　　　　　329,990
　貸：未確認融資費用　　　　　　　　　　　　　　　　　　329,990

(5) 2015 年 12 月 31 日

借：長期應付款　　　　　　　　　　　　　　　　3,000,000
　貸：銀行存款　　　　　　　　　　　　　　　　　　　　　3,000,000
借：財務費用　　　　　　　　　　　　　　　　　　170,188
　貸：未確認融資費用　　　　　　　　　　　　　　　　　　170,188

三、自行開發取得無形資產的初始計量

1. 研究階段與開發階段的區分

研究階段是探索性的，為進一步開發活動進行資料及相關方面的準備，已進行的研究活動將來是否會轉入開發、開發後是否會形成無形資產等均具有較大的不確定性。比如，意在獲取知識而進行的活動，研究成果或其他知識的應用研究、評價和最終選擇，材料、設備、產品、工序、系統或服務替代品的研究，新的或經改進的材料、設備、產品、工序、系統或服務的可能替代品的配製、設計、評價和最終選擇等，均屬於研究活動。

相對於研究階段而言，開發階段應當是已完成研究階段的工作，在很大程度上具備了形成一項新產品或新技術的基本條件。比如，生產前或使用前的原型和模型的設計、建造和測試，不具有商業性生產經濟規模的試生產設施的設計、建造和營運等，均屬於開發活動。

2. 研發支出的會計處理

(1) 研發費用的確認

研發支出是指企業進行研究與開發無形資產過程中發生的各項支出。

①研究階段的支出，屬於費用化支出，應計入當期損益，確認為當期管理費用。

②開發階段的支出，屬於費用化支出的，應計入當期損益，確認為當期管理費用；屬於資本化支出的，確認為無形資產。

(2) 研發費用核算帳戶的設置

企業應當設置「研發支出」帳戶核算企業進行研究與開發無形資產過程中發生的各項支出。該帳戶借方登記研究與開發階段中發生的各項支出，貸方登記轉入「管理費用」帳戶的費用化支出和確認為無形資產的資本化支出，該帳戶的期末餘額在借方，反應企業正在進行無形資產研究開發項目滿足資本化條件的支出。

本帳戶可按研究開發項目，分別「費用化支出」「資本化支出」進行明細核算。

(3) 研發支出的主要帳務處理

①企業自行開發無形資產發生的研發支出，不滿足資本化條件的，借記本帳戶（費用化支出），滿足資本化條件的，借記本帳戶（資本化支出），貸記「原材料」「銀行存款」「應付職工薪酬」等帳戶。

②研究開發項目達到預定用途形成無形資產的，應按本帳戶（資本化支出）的餘額，借記「無形資產」帳戶，貸記本帳戶（資本化支出）。

③期（月）末，應將本帳戶歸集的費用化支出金額轉入「管理費用」帳戶，借記「管理費用」帳戶，貸記本帳戶（費用化支出）。

3. 開發階段的支出資本化條件

開發階段的支出在同時滿足下列條件時，予以資本化，確認為無形資產：

(1) 完成該無形資產以使其能夠使用或出售在技術上具有可行性。判斷無形資產的開發在技術上是否具有可行性，應當以目前階段的成果為基礎，並提供相關證據和材料，證明企業進行開發所需的技術條件等已經具備，不存在技術上的障礙或其他不確定性。比如，企業已經完成了全部計劃、設計和測試活動，這些活動是使無形資產能夠達到設計規劃書中的功能、特徵和技術所必需的活動，或經過專家鑒定等。

(2) 具有完成該無形資產並使用或出售的意圖。企業能夠說明其開發無形資產的目的。

(3) 無形資產產生經濟利益的方式。無形資產是否能夠為企業帶來經濟利益，應當對運用該無形資產生產產品的市場情況進行可靠預計，以證明所生產的產品存在市場並能夠帶來經濟利益，或能夠證明市場上存在對該無形資產的需求。

(4) 有足夠的技術、財務資源和其他資源支持，以完成該無形資產的開發，並有能力使用或出售該無形資產。企業能夠證明可以取得無形資產開發所需的技術、財務和其他資源，以及獲得這些資源的相關計劃。企業自有資金不足以提供支持的，應能夠證明存在外部其他方面的資金支持，如銀行等金融機構聲明願意為該無形資產的開發提供所需資金等。

(5) 歸屬於該無形資產開發階段的支出能夠可靠地計量。企業對研究開發的支出

應當單獨核算，比如，直接發生的研發人員工資、材料費，以及相關設備折舊費等。同時從事多項研究開發活動的，所發生的支出應當按照合理的標準在各項研究開發活動之間進行分配；無法合理分配的，應當計入當期損益。

【例8-4】光輝公司從 2012 年 3 月 1 日開始研發某項新產品專利技術，至 2012 年 12 月 20 日該新產品專利技術最終開發成功。在研究開發過程中共發生材料費 60 萬元，人工工資 30 萬元，以及其他費用 40 萬元，總計 130 萬元，其中，開發階段能夠資本化的支出為 90 萬元。

該公司帳務處理如下：
①發生研發支出時

借：研發支出——費用化支出	400,000
——資本化支出	900,000
貸：原材料	600,000
應付職工薪酬	300,000
銀行存款	400,000

②2012 年 12 月該專利技術已經達到預定用途

借：管理費用	400,000
無形資產	900,000
貸：研發支出——費用化支出	400,000
——資本化支出	900,000

四、其他來源無形資產的初始計量

1. 投資者投入的無形資產

投資者投入的無形資產應當按照投資合同或協議約定的價值確定，但合同或協議約定價值不公允的除外。

【例8-5】因 A 公司創立的商標已有較好的聲譽，光輝公司預計使用 A 公司商標後可使其未來利潤增長 30%。為此，光輝公司與 A 公司協議商定，A 公司以其商標權投資於光輝公司，雙方協議價格（等於公允價值）為 500 萬元，光輝公司另支付印花稅等相關稅費 2 萬元，款項已通過銀行轉帳支付。

光輝公司接受 A 公司作為投資的商標權的成本 = 500 + 2 = 502（萬元）

光輝公司的帳務處理如下：

借：無形資產——商標權	5,020,000
貸：實收資本	5,000,000
銀行存款	20,000

2. 通過非貨幣性資產交換取得的無形資產

企業通過非貨幣性資產交換取得的無形資產，應當按照《企業會計準則第 7 號——非貨幣性資產交換》確定。

3. 通過債務重組取得的無形資產

通過債務重組取得的無形資產，應當按照《企業會計準則第 12 號——債務重組》

確定。

4. 企業合併中取得的無形資產

企業合併中取得的無形資產，應當按照《企業會計準則第 20 號——企業合併》確定。

第三節　無形資產的後續計量

一、無形資產使用壽命的確認

企業應當於取得無形資產時分析判斷其使用壽命。

無形資產的使用壽命如為有限的，應當估計該使用壽命的年限或者構成使用壽命的產量等類似計量單位數量；無法預見無形資產為企業帶來未來經濟利益的期限的，應當視為使用壽命不確定的無形資產。

1. 企業無形資產使用壽命的確定方法

（1）企業持有的來源於合同性權利或其他法定權利的無形資產，其使用壽命不應超過合同性權利或其他法定權利的期限；合同性權利或其他法定權利在到期時因續約等延續，且有證據表明企業續約不需要付出大額成本的，續約期應當計入使用壽命。

（2）合同或法律沒有規定使用壽命的，企業應當綜合各方面因素判斷，以確定無形資產能為企業帶來經濟利益的期限。比如，與同行業的情況進行比較，參考歷史經驗，或聘請相關專家進行論證等。

（3）按照上述方法仍無法合理確定無形資產為企業帶來經濟利益期限的，該項無形資產應作為使用壽命不確定的無形資產。

2. 企業確定無形資產使用壽命通常應當考慮的因素

（1）運用該資產生產的產品通常的壽命週期、可獲得的類似資產使用壽命的信息。

（2）技術、工藝等方面的現階段情況及對未來發展趨勢的估計。

（3）以該資產生產的產品或提供服務的市場需求情況。

（4）現在或潛在的競爭者預期採取的行動。

（5）為維持該資產帶來經濟利益能力的預期維護支出，以及企業預計支付有關支出的能力。

（6）對該資產控制期限的相關法律規定或類似限制，如特許使用期、租賃期等。

（7）與企業持有其他資產使用壽命的關聯性等。

3. 無形資產使用壽命的復核

企業應當至少於每年年度終了時，對使用壽命有限的無形資產的使用壽命及未來經濟利益的預期消耗方式進行復核。無形資產的預計使用壽命及未來經濟利益的預期消耗方式與以前估計不同的，應當改變攤銷期限和攤銷方法。

企業應當在每個會計期間對使用壽命不確定的無形資產的使用壽命進行復核。如果有證據表明無形資產的使用壽命是有限的，應當估計其使用壽命，並對使用壽命確

定的無形資產進行會計處理。

二、使用壽命有限的無形資產的後續計量

1. 無形資產的攤銷

（1）無形資產的攤銷金額

使用壽命有限的無形資產，其應攤銷金額應當在使用壽命內系統、合理地攤銷。應攤銷金額，是指無形資產的成本扣除殘值後的金額，使用壽命有限的無形資產，其殘值應當視為零。已計提減值準備的無形資產，還應當扣除已計提的無形資產減值準備累計金額。

通常使用壽命有限的無形資產其殘值應當視為零，但下列情況除外：

①有第三方承諾在無形資產使用壽命結束時購買該無形資產。

②可以根據活躍市場得到預計殘值信息，並且該市場在無形資產使用壽命結束時很可能存在。

（2）無形資產的攤銷期限

企業攤銷無形資產，應當自無形資產可供使用時起，至不再作為無形資產確認時止。

（3）無形資產攤銷的方法及會計處理

企業在選擇無形資產攤銷方法時應當考慮與該項無形資產有關的經濟利益的預期實現方式。例如，受技術陳舊因素影響較大的專利權和專有技術等無形資產可採用類似固定資產加速折舊的方法進行攤銷，有特定產量限制的特許經營權或專利權，應採用產量法進行攤銷，無法可靠確定預期實現方式的，應當採用直線法攤銷。

無形資產的攤銷金額一般應計入當期損益，但如果某項無形資產專門用於生產某項產品或者其他資產，其所包含的經濟利益是通過轉入到所生產的產品或其他資產中實現的，則無形資產的攤銷費用應當計入相關資產的成本。

【例8-6】光輝公司支付2,000萬元銀行存款購入一項商標權，估計該商標權的使用壽命為10年。假設該企業採用直線法進行攤銷。

會計處理如下：

①取得無形資產時

借：無形資產——商標權　　　　　　　　　　　　20,000,000
　　貸：銀行存款　　　　　　　　　　　　　　　　20,000,000

②按年攤銷時

每年攤銷金額＝2,000÷10＝200（萬元）

借：管理費用——商標權　　　　　　　　　　　　2,000,000
　　貸：累計攤銷　　　　　　　　　　　　　　　　2,000,000

【例8-7】續【例8-1】2012年1月5日購入時估計該專利技術使用壽命為10年，並採用直線法進行攤銷。但使用2年後，光輝公司根據科技發展和新技術情況，對該專利技術的使用壽命及攤銷方法進行復核，判斷該專利技術將在3年後不能再為公司帶來經濟利益，決定4年後將其淘汰，不再使用。光輝公司會計處理如下：

① 2012 年 1 月 5 日，購入專利技術
借：無形資產——專利技術 2,500,000
　　貸：銀行存款 2,500,000
② 2012 年和 2013 年每年攤銷額 = 2,500,000÷10 = 250,000（元）
借：製造費用——專利技術 250,000
　　貸：累計攤銷 250,000
③ 2013 年 12 月 31 日該專利技術帳面餘額 = 2,500,000 - 250,000×2 = 2,000,000（元）
剩餘使用壽命 = 4 年，每年攤銷額 = 2,000,000÷4 = 500,000（元）
④ 2014 年至 2017 年每年的攤銷分錄
借：製造費用——專利技術 500,000
　　貸：累計攤銷 500,000
2. 無形資產減值
無形資產減值的會計處理，將在第九章「資產減值核算」中介紹。

三、使用壽命不確定的無形資產

對於使用壽命不確定的無形資產，在持有期間內不需要攤銷，但應當在每個會計期間進行減值測試。其減值測試的方法按照固定資產減值的原則進行處理，如經減值測試表明已發生減值，則需要計提相應的減值準備，其相關的帳務處理為：借記「資產減值損失」帳戶，貸記「無形資產減值準備」帳戶。

【例 8-8】2009 年 1 月 1 日，光輝公司用銀行存款 3,000 萬元購入一項技術先進的非專利技術，該技術在較長時期內為公司帶來良好的經濟利益和現金流量，但不能估計和確定其使用壽命。公司將該非專利技術確認為使用壽命不確定的無形資產。但該公司在 2011 年年末對該非專利技術進行減值測試，確定其可回收金額為 2,500 萬元；公司在 2012 年年末對其進行分析，根據技術進步的要求，該非專利技術還能夠為企業服務 5 年，5 年後將被新的技術代替。

光輝公司各年的會計處理如下：
① 2009 年 1 月 1 日，購入非專利技術。
借：無形資產——非專利技術 30,000,000
　　貸：銀行存款 30,000,000
② 2009 年至 2012 年，該項非專利技術為使用壽命不確定無形資產，故不攤銷。
③ 2011 年年末計提減值準備 = 30,000,000 - 25,000,000 = 5,000,000（元）。
借：資產減值損失 5,000,000
　　貸：無形資產減值準備——非專利技術 5,000,000
④ 2013 年該非專利技術確認為使用壽命確定的無形資產，從 2013 年起至 2017 年每年攤銷。
年攤銷額 = 25,000,000÷5 = 5,000,000（元）
借：製造費用——非專利技術 5,000,000

貸：累計攤銷　　　　　　　　　　　　　　　　　　　　　　5,000,000

第四節　無形資產的處置

　　無形資產的處置，主要是指無形資產的出售、對外出租、對外捐贈，或者是無法為企業帶來未來經濟利益時，應予轉銷並終止確認。

一、無形資產的出租

　　企業將所擁有的無形資產的使用權讓渡給他人，並收取租金，屬於與企業日常活動相關的其他經營活動取得的收入，在滿足收入準則規定的確認標準的情況下，應確認相關的收入及成本。

　　出租無形資產時，取得的租金收入，借記「銀行存款」等科目，貸記「其他業務收入」等科目；攤銷出租無形資產的成本並發生與轉讓有關的各種費用支出時，借記「其他業務成本」科目，貸記「無形資產」科目。

　　【例8-9】光輝公司將一項專利技術出租給A公司使用，該專利技術帳面餘額為80萬元，攤銷期限為10年。出租合同規定，A公司每銷售一件用該專利生產的產品，必須付給光輝公司2元專利技術使用費。假定A公司當年銷售該產品5萬件。

　　假定不考慮其他相關稅費。出租方的帳務處理如下：

借：銀行存款　　　　　　　　　　　　　　　　　　　　　　100,000
　　貸：其他業務收入　　　　　　　　　　　　　　　　　　　100,000
借：其他業務成本　　　　　　　　　　　　　　　　　　　　　80,000
　　貸：累計攤銷　　　　　　　　　　　　　　　　　　　　　80,000

二、無形資產的出售

　　企業將無形資產出售，表明企業放棄無形資產的所有權。無形資產準則規定，企業出售無形資產時，應將所取得的價款與該無形資產帳面價值的差額作為資產處置利得或損失（營業外收入或營業外支出），與固定資本處置性質相同，計入當期損益。

　　出售無形資產時，應按實際收到的金額，借記「銀行存款」等科目；按已攤銷的累計攤銷額，借記「累計攤銷」科目；原已計提減值準備的，借記「無形資產減值準備」科目；按應支付的相關稅費，貸記「應交稅費」等科目；按其帳面餘額，貸記「無形資產」科目，按其差額，貸記「營業外收入——處置非流動資產利得」科目或借記「營業外支出——處置非流動資產損失」科目。

　　【例8-10】光輝公司將擁有的一項非專利技術出售，取得收入200萬元，應交增值稅為22萬元。該非專利技術的帳面餘額為360萬元，累計攤銷額為180萬元，已計提的減值準備為10萬元。帳務處理如下：

借：銀行存款　　　　　　　　　　　　　　　　　　　　　2,000,000
　　累計攤銷　　　　　　　　　　　　　　　　　　　　　1,800,000

	無形資產減值準備		100,000
貸：	無形資產		3,600,000
	應交稅費——應交增值稅（銷項稅額）		220,000
	營業外收入——處置非流動資產利得		80,000

三、無形資產的報廢

如果無形資產預期不能為企業帶來未來經濟利益，不再符合無形資產的定義，應將其轉銷。無形資產已被其他新技術所替代，不能為企業帶來經濟利益；或者無形資產不再受到法律保護，且不能給企業帶來經濟利益等。例如，甲企業的某項無形資產法律保護期限已過，用其生產的產品沒有市場，則說明該無形資產無法為企業帶來未來經濟利益，應予轉銷。

無形資產預期不能為企業帶來經濟利益的，應按已攤銷的累計攤銷額，借記「累計攤銷」科目；原已計提減值準備的，借記「無形資產減值準備」科目；按其帳面餘額，貸記「無形資產」科目；按其差額，借記「營業外支出」科目。

【例 8-11】光輝公司的某項專利技術，其帳面餘額為 3,000,000 元，攤銷期限為 10 年，採用直線法進行攤銷，已攤銷了 5 年。假定該項專利權的殘值為 0，計提的減值準備為 600,000 元，今年用其生產的產品沒有市場，該項專利技術應予轉銷。假定不考慮其他相關因素，其帳務處理如下：

借：	累計攤銷	1,500,000
	無形資產減值準備	600,000
	營業外支出——處置非流動資產損失	900,000
貸：	無形資產——專利權	3,000,000

復習思考題

1. 企業的無形資產具有哪些特徵？主要包括哪些內容？
2. 無形資產的確認應滿足哪幾個條件？如何理解？
3. 什麼是研發支出？會計準則對研發支出的會計處理做了哪些規範？
4. 外購無形資產的初始計量是如何進行的？
5. 中國是如何確定無形資產使用壽命的？
6. 中國無形資產攤銷一般可以採用哪些攤銷方法？

第九章　資產減值核算

第一節　資產減值的內涵

一、資產減值的定義及依據

1. 資產減值的含義

資產減值，是指現時對資產經濟利益的預期低於原來記帳時對資產經濟利益的預期，即資產的可收回金額低於其帳面價值。當企業資產的可收回金額低於其帳面價值時，即表明資產發生了減值，企業應當確認資產減值損失，並把資產的帳面價值減記至可收回金額。

2. 資產減值處理的依據

企業應對其所有資產的減值損失及時加以確認和計量，因此，資產減值包括所有資產的減值。但由於各類資產的特性有所不同，其減值時的會計處理有差異，適用的具體會計準則也有所不同。如存貨資產的減值，適用《企業會計準則第1號——存貨》；採用公允價值計量模式計量的投資性房地產的減值，適用《企業會計準則第3號——投資性房地產》；消耗性生物資產的減值，適用《企業會計準則第5號——生物資產》；建造合同形成的資產的減值，適用《企業會計準則第15號——建造合同》；遞延所得稅資產的減值，適用《企業會計準則第18號——所得稅》；融資租賃中出租人未擔保餘值的減值，適用《企業會計準則第21號——租賃》；《企業會計準則第22號——金融工具確認和計量》規範的金融資產的減值，適用《企業會計準則第22號——金融工具確認和計量》；未探明礦區權益的減值，適用《企業會計準則第27號——石油天然氣開採》。這些資產減值的處理在其他章節中闡述，本章不涉及相關內容。

本章所涉及的資產減值僅限於《企業會計準則第8號——資產減值》所規範的資產，這些資產一般屬於非流動資產。具體包括：

(1) 對子公司、聯營企業和合營企業的長期股權投資；

(2) 採用成本模式進行後續計量的投資性房地產；

(3) 固定資產；

(4) 生產性生物資產；

(5) 無形資產；

(6) 商譽；

(7) 探明石油天然氣礦區權益和井及相關設施。

二、進行資產減值處理的前提條件

企業在資產負債表日應當判斷資產是否存在可能發生減值的跡象，主要可從外部信息來源和內部信息來源兩方面加以判斷：

1. 根據企業外部信息判斷資產發生減值的前提條件

（1）資產的市價在當期大幅度下跌，其跌幅明顯高於因時間的推移或者正常使用而預計的下跌；

（2）企業經營所處的經濟、技術或者法律等環境以及資產所處的市場在當期或者將在近期發生重大變化，從而對企業產生不利影響；

（3）市場利率或者其他市場投資報酬率在當期已經提高，從而影響企業計算資產預計未來現金流量現值的折現率，導致資產可收回金額大幅度降低；

（4）企業所有者權益的帳面價值遠高於其市值等。

上述外部條件，均屬於資產可能發生減值的跡象。

2. 根據企業內部信息判斷資產發生減值的前提條件

（1）有證據表明資產已經陳舊過時或者其實體已經損壞；

（2）資產已經或者將被閒置、終止使用或者計劃提前處置；

（3）企業內部報告的證據表明資產的經濟績效已經低於或者將低於預期，如資產所創造的淨現金流量或者實現的營業利潤遠遠低於原來的預算或者預計金額、資產發生的營業損失遠遠高於原來的預算或者預計金額、資產在建造或者收購時所需的現金支出遠遠高於最初的預算、資產在經營或者維護中所需的現金支出遠遠高於最初的預算等。

上述內部條件，均屬於資產可能發生減值的跡象。

上述列舉的資產減值跡象並不能窮盡所有的減值跡象，企業應當根據實際情況來認定資產可能發生減值的跡象。有確鑿證據表明資產存在減值跡象的，應當在資產負債表日進行減值測試，估計資產的可收回金額。

資產存在減值跡象是資產是否需要進行減值測試的必要前提，但因企業合併形成的商譽和使用壽命不確定的無形資產除外。根據《企業會計準則第20號——企業合併》和《企業會計準則第06號——無形資產》的規定，因企業合併所形成的商譽和使用壽命不確定的無形資產在後續計量中不再進行攤銷，但是考慮到這兩類資產的價值和產生的未來經濟利益有較大的不確定性。為了避免資產價值高估，及時確認商譽和使用壽命不確定的無形資產的減值損失，如實反應企業財務狀況和經營成果。對於這些資產，企業至少應當於每年年度終了進行減值測試。另外，對於尚未達到可使用狀態的無形資產，由於其價值通常具有較大的不確定性，也應當每年進行減值測試。

第二節　資產可收回金額的計量

一、估計資產可收回金額的基本方法

根據資產減值準則的規定，資產存在減值跡象的，應當估計其可收回金額，然後將所估計的資產可收回金額與其帳面價值相比較，以確定資產是否發生了減值，以及是否需要計提資產減值準備並確認相應的減值損失。在估計資產可收回金額時，原則上應當以單項資產為基礎，企業難以對單項資產的可收回金額進行估計的，應當以該資產所屬的資產組為基礎確定資產組的可收回金額。有關資產組的認定及其減值處理將在本章第四節中闡述。

1. 估計資產可收回金額的基本方法

資產可收回金額的估計，應當根據其公允價值減去處置費用後的淨額與資產預計未來現金流量的現值兩者之間較高者確定。因此，要估計資產的可收回金額，通常需要同時估計該資產的公允價值減去處置費用後的淨額和資產預計未來現金流量的現值，但是在下列情況下，可以有例外或者做特殊考慮：

（1）資產的公允價值減去處置費用後的淨額與資產預計未來現金流量的現值，只要有一項超過了資產的帳面價值，就表明資產沒有發生減值，不需再估計另一項金額。

（2）沒有確鑿證據或者理由表明，資產預計未來現金流量現值顯著高於其公允價值減去處置費用後的淨額的，可以將資產的公允價值減去處置費用後的淨額視為資產的可收回金額。企業持有待售的資產往往屬於這種情況，即該資產在持有期間（處置之前）所產生的現金流量可能很少，其最終取得的未來現金流量往往就是資產的處置淨收入，在這種情況下，以資產公允價值減去處置費用後的淨額作為其可收回金額是適宜的，因為資產的未來現金流量現值通常不會顯著高於其公允價值減去處置費用後的淨額。

（3）資產的公允價值減去處置費用後的淨額如果無法可靠估計的，應當以該資產預計未來現金流量的現值作為其可收回金額。

2. 估計資產可收回金額應當遵循重要性要求

企業在估計資產可收回金額時，應當遵循重要性要求。在下列情況下可以不重新估計可收回金額：

（1）以前報告期間的計算結果表明，資產可收回金額顯著高於其帳面價值，之後又沒有發生消除這一差異的交易或者事項的，資產負債表日可以不重新估計該資產的可收回金額。

（2）以前報告期間的計算與分析表明，資產可收回金額相對於某種減值跡象反應不敏感，在本報告期間又發生了該減值跡象的，可以不因該減值跡象的出現而重新估計該資產的可收回金額。比如，當期市場利率或市場投資報酬率上升，對計算資產未來現金流量現值採用的折現率影響不大的，可以不重新估計資產的可收回金額。

二、公允價值減去處置費用後的淨額的估計

資產的公允價值是指在公平交易中，熟悉情況的交易雙方自願進行資產交換的金額；處置費用是指可直接歸屬於資產處置的增量成本，包括與資產處置有關的法律費用、相關稅金、搬運費以及為使資產達到可銷售狀態所發生的直接費用等。

企業在估計資產的公允價值減去處置費用後的淨額時，應當按照下列順序進行：

第一，根據公平交易中有法律約束力的銷售協議價格減去直接歸屬於該資產處置費用的金額確定。這是估計公允價值減去處置費用後的淨額的最佳方法，企業應優先採用該種方法。

【例9-1】成都光華公司的某項資產在公平交易中的銷售協議價格為120萬元，可直接歸屬於該資產的處置費用為30萬元，則該資產的公允價值減去處置費用後的淨額為90萬元。

第二，在資產不存在銷售協議但存在活躍市場的情況下，應當根據該資產的市場價格減去處置費用後的金額確定。資產的市場價格通常應該按照資產的買方出價確定。如果當前的購買價格不易獲得，只要交易日和估計日之間經濟環境沒有發生重大變化，則最近的交易價格可以為估計資產的公允價值減去處置費用後的金額提供基礎。

【例9-2】成都光華公司的某項資產不存在銷售協議但存在活躍市場，市場價格為300萬元，估計的處置費用為40萬元，則成都光華公司該資產的公允價值減去處置費用後的淨額為260萬元。

第三，在既沒有法律約束力的銷售協議，又不存在活躍市場的情況下，應當以可獲取的最佳信息為基礎，估計資產的公允價值減去處置費用後的淨額。同行業類似資產的最近交易價格或者結果可以作為估計資產公允價值減去處置費用後的淨額的參考。

【例9-3】成都光華公司的某項資產不存在銷售協議，也不存在活躍市場。成都光華公司參考同行業類似資產的最近交易價格估計該資產的公允價值為60萬元，可直接歸屬於該資產的處置費用為10萬元，則成都光華公司該資產的公允價值減去處置費用後的淨額為50萬元。

企業按照上述規定仍然無法可靠估計資產的公允價值減去處置費用後的淨額的，應當以該資產未來現金流量的現值作為其可收回金額。

三、資產預計未來現金流量的現值的估計

《企業會計準則第8號——資產減值》規定，資產未來現金流量的現值，應當按照資產在持續使用過程中和最終處置時所產生的預計未來現金流量，選擇恰當的折現率對其進行折現後的金額加以確定。企業在預計資產未來現金流量的現值，應當綜合考慮資產的預計未來現金流量、使用壽命和折現率等因素。

1. 資產未來現金流量的估計

(1) 資產未來現金流量的估計基礎

預計未來現金流量時，企業管理層應當在合理和有依據的基礎上對資產剩餘使用壽命內整個經濟狀況進行最佳估計。

在實務中，預計資產的未來現金流量，應當以經企業管理層批準的最近財務預算或預測數據，以及該預算或預測期之後年份穩定的或者遞減的增長率為基礎進行估計，企業管理層如能證明遞增的增長率是合理的，可以以遞增的增長率為基礎進行估計。同時，所使用的增長率除了企業能夠證明更高的增長率是合理的之外，不應當超過企業經營的產品、市場、所處的行業或者所在國家或者地區的長期平均增長率，或者該資產所處市場的長期平均增長率。

建立在預算或者預測基礎上的預計現金流量最多涵蓋5年，企業管理層如能證明更長的期間是合理的，可以涵蓋更長的期間。原因是，在現有資源情況下，企業要對期限超過5年的未來現金流量數據進行較為可靠的預測是比較困難的。如果企業以超過5年的財務預算或預測為基礎並對未來現金流量進行預計，企業應該確保這些估計的可靠性，並提供相應的證明。

（2）資產未來現金流量的構成

預計的資產未來現金流量應當包括：

①資產持續使用過程中預計產生的現金流入。

②為實現資產持續使用過程中產生的現金流入所必需的預計現金流出（包括為使資產達到預定可使用狀態所發生的現金流出）。該現金流出應當是可直接歸屬於或者可通過合理而一致的基礎分配到資產中的現金流出；

③資產使用壽命結束時，處置資產所收到或支付的淨現金流量。該現金流量應當是在公平交易中，熟悉情況的交易雙方自願進行交易時，企業預期可從資產的處置中獲取或者支付的，減去預計處置費用後的金額。

（3）預計未來現金流量應考慮的因素

①預計資產未來現金流量和折現率，應當在一致的基礎上考慮因一般通貨膨脹而導致物價上漲等因素的影響。如果折現率考慮了這一影響因素，資產預計未來現金流量也應當考慮；折現率沒有考慮這一影響因素的，預計未來現金流量則不予考慮。

②預計資產未來現金流量，應當分析以前期間現金流量預計數與實際數的差異情況，以評判預計當期現金流量所依據的假設的合理性。通常應當確保當期預計現金流量所依據假設與前期實際結果相一致。

③預計資產未來現金流量應當以資產的當前狀況為基礎，不應包括與將來可能會發生的、尚未做出承諾的重組事項有關或者與資產改良有關的預計未來現金流量。未來發生的現金流出是為了維持資產正常運轉或者原定正常產出水準所必需的，預計資產未來現金流量時應當將其考慮在內。

需要注意的是，企業已經承諾重組的，在確定資產的未來現金流量的現值時，預計的未來現金流入和流出數，應當反應重組所能節約的費用和由重組所帶來的其他利益，以及因重組所導致的估計未來現金流出數。其中重組所能節約的費用和由重組所帶來的其他利益，通常應當根據企業管理層批準的最近財務預算或者預測數據進行估計；因重組所導致的估計未來現金流出數應當根據《企業會計準則第13號——或有事項》所確認的因重組所發生的預計負債金額進行估計。

④預計在建工程開發過程中的無形資產等的未來現金流量，應當包括預期為使該

資產達到預定可使用或可銷售狀態而發生的全部現金流出。

⑤資產的未來現金流量受內部轉移價格影響的,應當採用在公平交易前提下企業管理層能夠達成的最佳價格估計數進行預計。

(4) 預計資產未來現金流量的方法

企業預計未來現金流量的現值,需要預計資產未來現金流量。預計資產未來現金流量,通常應當根據資產未來期間最有可能產生的現金流量進行預測,即使用單一未來每期預計現金流量來計算資產未來現金流量的現值。

【例9-4】成都光華公司擁有的某項固定資產,該固定資產的剩餘使用壽命為5年,預計在未來5年中,該固定資產可為企業產生的現金淨流量分別為:第1年130萬元,第2年160萬元,第3年180萬元,第4年150萬元,第5年80萬元。該現金流量即為企業在未來最有可能產生的現金流量,企業應以該現金流量的預計數為基礎計算該固定資產的現值。

在實務中,資產未來現金流量受很多因素的影響,具有很大不確定性,因此,單一現金流量有可能不能如實反應資產創造現金流量的實際情況,在這種情況下,應當採用期望現金流量法預計資產未來現金流量。採用期望現金流量法,資產未來現金流量應當根據每期現金流量期望值進行預計,每期現金流量期望值按照各種可能情況下的現金流量乘以相應的發生概率加總計算。

【例9-5】假設成都光華公司某種機器設備生產的產品受市場行情的影響比較大,採用單一現金流量無法如實反應企業未來的現金流量情況,企業採用期望現金流量法預計未來現金流量,企業預計該設備未來4年每年的現金流量情況如表9-1所示。

表9-1　　　　　　　　　　各年現金流量概率分佈及發生情況　　　　　　　單位:萬元

年份	市場行情好 (40%)	市場行情一般 (40%)	市場行情差 (20%)
第1年	200	160	100
第2年	240	180	160
第3年	180	150	100
第4年	150	100	60

根據表9-1的資料計算資產每年的預計未來現金流量如下:

第1年的現金流量 = 200×40%+160×40%+100×20% = 164 (萬元)
第2年的現金流量 = 240×40%+180×40%+160×20% = 200 (萬元)
第3年的現金流量 = 180×40%+150×40%+100×20% = 152 (萬元)
第4年的現金流量 = 150×40%+100×40%+60×20% = 112 (萬元)

2. 折現率的預計

企業計算資產未來現金流量現值時使用的折現率應當是一個反應當前市場貨幣時間價值和資產特定風險的稅前利率。它是企業在購置或者投資資產時所要求的必要報酬率。如果在預計資產的未來現金流量時已經對資產特定風險的影響作了調整的,估計折現率不需要考慮這些特定風險。如果用於估計折現率的基礎是稅後的,應當將其

調整為稅前的折現率,以便與資產未來現金流量的估計基礎一致。

在實際工作中,折現率的確定通常應當以該資產的市場利率為依據。如果該資產的利率無法從市場獲得的,可以使用替代利率估計折現率。替代利率可以根據加權平均資金成本、增量借款利率或者其他相關市場借款利率作適當調整後確定。調整時,應當考慮與資產預計未來現金流量有關的特定風險以及其他有關貨幣風險和價格風險等。

估計資產未來現金流量現值時,通常應當使用單一的折現率;如果資產未來現金流量的現值對未來不同期間的風險差異或者利率的期限結構反應敏感的,應當使用不同的折現率。

3. 資產未來現金流量現值的預計

在預計了資產未來現金流量和折現率後,就可以預計資產未來現金流量的現值。其一般計算公式如下:

資產預計未來現金流量的現值=Σ[第 t 年預計資產未來現金流量/$(1+折現率)^t$]

【例9-6】成都光華公司 2012 年對一大型機器設備進行減值測試,該機器設備的帳面價值220 萬元(原值 250 萬元,累計折舊 30 萬元),預計尚可使用年限為 6 年,該機器設備的公允價值減去處置費用難以確定,公司通過預計的未來現金流量現值確定資產可收回金額。

成都光華公司預計機器設備在 2013 年至 2018 年每年預計的現金流量分別為 45 萬元、52 萬元、56 萬元、50 萬元、47 萬元、46 萬元。

假定該公司的平均資金成本率為 12%,該公司認為 12%的利率是該機器設備的最低必要報酬,已考慮了與該資產有關的貨幣時間價值和特定風險。因此,企業在計算資產未來現金流量現值時以 12%作為折現率。

該公司未來現金流量現值的計算如表 9-2 所示。

表 9-2　　　　　　　　　　未來現金流量現值計算表　　　　　　　　金額單位:萬元

年份	預計的現金流量	折現系數（12%）	預計未來現金流量的現值
2013 年	45	0.892,86	40.18
2014 年	52	0.797,19	41.45
2015 年	56	0.711,78	39.86
2016 年	50	0.635,52	31.78
2017 年	51	0.567,43	28.94
2018 年	46	0.506,63	23.30
合計	296		205.51

由計算結果可以看出,2018 年年末,該機器設備的帳面價值為 220 萬元,可收回金額為 205.51 萬元,其可收回金額低於帳面價值 14.49 萬元。企業應將可收回金額低於帳面價值的差額確認為當期資產減值損失,並計提相應的減值準備。

第三節　資產減值損失的確認與計量

一、資產減值損失確認與計量的原則

根據《企業會計準則第 8 號——資產減值》的規定，如果可收回金額的計量結果表明，資產的可收回金額低於其帳面價值的，應當將資產的帳面價值減記至可收回金額，減記的金額確認為資產減值損失，計入當期損益，同時計提相應的資產減值準備。

資產減值損失確認後，減值資產的折舊或者攤銷費用應當在未來期間作相應調整，以使該資產在剩餘使用壽命內，系統地分攤調整後的資產帳面價值（扣除預計淨殘值）。資產減值損失一經確認，在以後會計期間不得轉回。

二、資產減值損失的帳務處理

為了正確核算企業確認的資產減值損失和計提的資產減值準備，企業應當設置「資產減值損失」帳戶，該帳戶可按資產類別設置明細帳戶，反應各類資產在當期確認的資產減值損失金額；同時，根據不同類的資產分別設置「固定資產減值準備」「在建工程減值準備」「投資性房地產減值準備」「長期股權投資減值準備」「商譽減值準備」「無形資產減值準備」等帳戶。期末，企業應當將「資產減值損失」帳戶餘額轉入「本年利潤」帳戶，結轉後該帳戶無餘額。

【例 9-7】2012 年年末，成都光華公司對其一套生產線進行檢查時發現該生產線可能因市場環境的變化發生減值。該套生產線的公允價值為 320 萬元，可歸屬於該生產線的處置費用為 12 萬元；預計其在未來 3 年內每年年末產生的現金流量分別為 150 萬元、100 萬元、120 萬元，綜合考慮貨幣時間價值及其相關風險確定的折現率為 8%。

經計算該公司預計資產未來現金流量的現值為 319.88 萬元，大於該生產線的公允價值減去處置費用後的淨額 308 萬元，因此，該生產線的可收回金額為 319.88 萬元。假設該生產線的帳面價值為 350 萬元，以前沒有計提資產減值準備，則成都光華公司應計提資產減值準備 30.12 萬元。編製的會計分錄如下：

借：資產減值損失——固定資產減值損失　　　　　　　301,200
　　貸：固定資產減值準備　　　　　　　　　　　　　　　301,200

計提資產減值準備後，該生產線的帳面價值變為 319.88 萬元。在生產線的剩餘使用壽命內，公司應當以此為基礎計提折舊。如果進一步發生減值，再作進一步調整。

【例 9-8】成都光華公司 2009 年 1 月 8 日購入一項專利權，實際支付價款 400,000 元，預計使用 10 年。2012 年年末，該專利發生了減值，預計未來現金流量的現值為 180,000 元，企業無法確定該專利的公允價值。該專利減值後預計使用年限為 3 年。

由上述資料可以看出，該企業 2012 年年末該專利計提減值準備前的帳面價值為：400,000−400,000/10×4＝240,000（元）

該項專利 2012 年年末的公允價值無法確定，企業以該專利未來現金流量的現值為

可收回金額，應計提的減值準備為 60,000 元。編製的分錄為：
　　借：資產減值損失——無形資產減值損失　　　　　　　　　　60,000
　　　　貸：無形資產減值準備　　　　　　　　　　　　　　　　60,000
　　計提減值準備後該專利的帳面價值為 180,000 元，在剩餘使用壽命中，該專利的攤銷額應以此帳面價值為依據。
　　剩餘使用年限內的年攤銷額＝180,000/3＝60,000（元）

第四節　資產組的認定及減值處理

一、資產組的認定

　　企業在判斷資產減值時，如果有跡象表明一項資產可能發生減值，企業應當以單項資產為基礎估計其可收回金額。企業難以對單項資產的可收回金額進行估計的，應當按照該資產所屬的資產組為基礎確定資產組的可收回金額。
　　資產組是企業可以認定的最小資產組合，其產生的現金流入應當基本上獨立於其他資產或者資產組。資產組應當由創造現金流入相關的資產組成。
　　認定資產組時應考慮以下因素：
　　（1）認定資產組最關鍵的因素是該資產組能否獨立產生現金流入。企業的某一生產線、營業網點、業務部門等，如果能夠獨立於其他部門或者單位等形成收入、產生現金流入，或者其形成的收入和現金流入絕大部分獨立於其他部門或者單位，且屬於可認定的最小資產組合的，通常應將該生產線、營業網點、業務部門等認定為一個資產組。
　　幾項資產的組合生產的產品（或者其他產出）存在活躍市場的，無論這些產品（或者其他產出）是用於對外出售還是僅供企業內部使用，均表明這幾項資產的組合能夠獨立產生現金流入，應當將這些資產的組合認定為資產組。
　　（2）企業對生產經營活動的管理或者監控方式以及對資產使用或者處置的決策方式等，也是認定資產組應考慮的重要因素。
　　比如，成都光華公司有童裝、西裝、襯衫三個工廠，每個工廠在核算、考核和管理等方面都相對獨立，在這種情況下，每個工廠通常為一個資產組。
　　再如，成都興蓉公司有 A 車間和 B 車間，A 車間專門生產家具部件（該家具部件不存在活躍市場），生產完後由 B 車間負責組裝，成都興蓉公司對 A 車間和 B 車間資產的使用和處置等決策是一體的，在這種情況下，A 車間和 B 車間通常應當認定為一個資產組。
　　資產組一經確定，各個會計期間應當保持一致，不得隨意變更。如需變更，企業管理層應當證明該變更是合理的，並應當在附注中作相應說明。

二、資產組減值的測試

　　1. 資產組帳面價值和可收回金額的確定
　　資產組的可收回金額的確定方法與單項資產一致，應當以資產組的公允價值減去

處置費用後的淨額與其預計未來現金流量的現值兩者之間的較高者確定。

資產組帳面價值的確定基礎應當與其可收回金額的確定方式相一致。資產組的帳面價值應當包括可直接歸屬於資產組和可以合理且一致地分攤至資產組的資產帳面價值，通常不應當包括已確認負債的帳面價值，但如果不考慮該負債金額就無法確定資產組可收回金額的除外。

資產組在處置時如果要求購買者承擔一項負債（如環境恢復負債等），該負債金額已經確認並計入相關資產帳面價值，而且企業只能取得包括上述資產和負債在內的單一公允價值減去處置費用後的淨額的，為了比較資產組的帳面價值和可收回金額，在確定資產組的帳面價值及其未來現金流量的現值時，應當將已確認的負債金額從中扣除。

【例9-9】成都光華公司在某地經營一座鐵礦，根據規定，公司在開採完鐵礦後應將該地區恢復原貌，恢復費用主要為山體表層復原費用，因為山體表層必須在礦山開發前挖走。因此，公司在山體表層被挖走後就應確認一項預計負債，並計入礦山成本，在礦山使用壽命內計提折舊。假設該公司在山體表層被挖走後確認的預計負債為1,800萬元。

2012年12月31日，該礦山出現了減值跡象，公司對該礦山進行減值測試。綜合各種因素，把整座礦山認定為一個資產組。該礦山在2012年年末的帳面價值為4,500萬元（包括確認的恢復山體表層的預計負債）。

礦山若於2012年12月31日對外出售，買方願意出價2,000萬元（這一價格已考慮了恢復山體表層的費用），預計處置費用65萬元，該礦山的公允價值減去處置費用後的淨額為1,935萬元。

礦山的預計未來現金流量的現值為4,400萬元，不包括恢復山體表層費用。

本例中，該資產組公允價值減去處置費用後的淨額為1,935萬元，未來現金流量的現值在考慮了恢復費用後為2,600萬元（4,400萬元-1,800萬元）。因此，資產組的可收回金額為2,600萬元。資產組的帳面價值扣除已確認的恢復原貌預計負債後的金額為2,700萬元（4,500萬元-1,800萬元），大於其可收回金額，資產組發生了減值。

2. 資產組減值的會計處理

《企業會計準則第8號——資產減值》規定，資產組的可收回金額低於其帳面價值的，應當確認相應的減值損失。減值損失的金額應先抵減分攤至資產組或者資產組組合中商譽的帳面價值，再根據資產組或者資產組組合中除商譽之外的其他各項資產的帳面價值所占比重，按比例抵減其他各項資產的帳面價值。

以上資產帳面價值的抵減，應當作為單項資產的減值損失處理，計入當期損益。抵減後的各資產的帳面價值不得低於以下三者之中最高者：該資產的公允減值減去處置費用後的淨額（如可確定的）、該資產預計未來現金流量的現值（如可確定的）和零。因此而導致的未能分攤的減值損失金額，應當按照相關資產組或者資產組組合中其他各項資產的帳面價值所占比重進行分攤。

【例9-10】成都光華公司有一生產線，該生產線由甲、乙、丙三臺機器設備組成，各機器設備都無法獨立產生現金流量，但整條生產線構成一個完整的產銷單位，該公司將其歸屬於一個資產組。2012年年末，該資產組生產的產品出現滯銷情況，因此，該公司對該生產線進行減值測試。

2012年年末，甲、乙、丙三臺機器設備的帳面價值分別為450萬元、600萬元、

680萬元。三臺機器設備的公允價值減去處置費用後淨額以及預計未來現金流量現值均無法單獨確定。

整條生產線預計使用年限為4年。A公司根據有關財務預算,估計出了該生產線4年的現金流量及折現率後,得出生產線預計未來現金流量的現值為1,450萬元。若把該生產線整體出售,買方願意出價1,200萬元,處置費用為20萬元。

從上述資料可以看出,該資產組(生產線)的帳面價值為1,730萬元,可收回金額為1,450萬元,可收回金額低於帳面價值,企業應確認資產減值損失280萬元,同時,按資產組內機器設備的帳面價值把減值損失分攤至每一機器設備。分攤方法如下:

甲機器設備應分攤的減值損失 $= 2,800,000 \times \dfrac{4,500,000}{17,300,000} = 728,323.71$ (元)

乙機器設備應分攤的減值損失 $= 2,800,000 \times \dfrac{6,000,000}{17,300,000} = 971,098.27$ (元)

丙機器設備應分攤的減值損失 $= 2,800,000 \times \dfrac{6,800,000}{17,300,000} = 1,100,578.02$ (元)

根據分攤結果編製會計分錄:

借:資產減值損失——固定資產減值損失　　　　2,800,000
　　貸:固定資產減值準備——甲機器　　　　　　728,323.71
　　　　　　　　　　　　——乙機器　　　　　　971,098.27
　　　　　　　　　　　　——丙機器　　　　　1,100,578.02

分攤減值損失後各資產的帳面減值分別為:
甲機器設備的帳面價值 $= 4,500,000 - 728,323.71 = 3,771,676.29$(元)
乙機器設備的帳面價值 $= 6,000,000 - 971,098.27 = 5,028,901.73$(元)
丙機器設備的帳面價值 $= 6,800,000 - 1,100,578.02 = 5,699,421.98$(元)

三、總部資產的減值測試

企業總部資產包括企業集團或者事業部的辦公樓、電子數據處理設備等資產。總部資產的顯著特徵是難以脫離其他資產或者資產組產生獨立的現金流入,而且其帳面價值難以完全歸屬於某一資產組。因此對總部資產通常難以單獨進行減值測試,需要結合其他相關資產組或資產組組合進行。資產組組合,是指由若干個資產組組成的最小資產組組合,包括資產組或者資產組組合,以及按合理方法分攤的總部資產部分。

在資產負債表日,如果有跡象表明某項總部資產可能發生減值的,企業應當計算確定該總部資產所歸屬的資產組或者資產組組合的可收回金額,然後將其與相應的帳面價值相比較,據以判斷是否需要確認減值損失。

對某一資產組作減值測試時,首先應當認定所有與該資產組相關的總部資產。然後,根據相關總部資產能否按照合理和一致的基礎分攤至該資產組分別處理。

(1) 對於相關總部資產能夠按照合理和一致的基礎分攤至該資產組的部分,企業應當將該部分總部資產的帳面價值分攤至該資產組,再據以比較該資產組的帳面價值(包括已分攤的總部資產的帳面價值部分)和可收回金額,並按前述有關資產組減值測試的順序和方法處理。

第九章 資產減值核算

【例9-11】成都光華公司擁有甲、乙、丙三條生產線,被認定為三個資產組。2012年年末,三個資產組的帳面價值分別為400萬元、600萬元和800萬元,沒有商譽。三條生產線的使用壽命分別為5年、10年、10年。由於三條生產線所生產的產品市場競爭激烈,同類產品更為價廉物美,從而導致產品滯銷,開工嚴重不足,產量大大過剩,使三條生產線出現減值的跡象並於期末進行減值測試。

成都光華公司的生產經營管理由總部負責,總部資產(辦公樓)的帳面價值為600萬元。總部資產(辦公樓)的帳面價值可以在合理基礎上分攤至各資產組,假定其分攤是以各資產組的帳面價值和剩餘使用壽命加權平均計算的帳面價值作為分攤的依據。

假定經減值測試計算確定的三個資產組(甲、乙、丙三條生產線)的可收回金額分別為480萬元、750萬元和880萬元。

根據上述資料,該公司資產組減值計算及處理如下:

首先,將總部資產以各資產組的帳面價值和剩餘使用壽命加權平均計算的帳面價值為標準分配至各資產組;其次比較各資產組的可收回金額與帳面價值;最後將各資產組的資產減值額在總部資產和各資產組之間分配。計算過程如表9-3所示。

表9-3　　　　　　　　　　資產組減值計算表　　　　　　金額單位:萬元

項目	甲生產線	乙生產線	丙生產線	合計
各資產組帳面價值	400	600	800	1,800
各資產組剩餘使用壽命	5	10	10	
按剩餘使用壽命計算的權重	1	2	2	
各資產組加權計算後的帳面價值	400	1,200	1,600	3,200
總部資產的分攤比例*	12.5%	37.5	50%	100%
總部資產帳面價值分攤到各資產組的金額	75	225	300	600
包括分攤的總部資產帳面價值部分的各資產組帳面價值	475	825	1,100	2,400
可收回金額	480	750	880	2,110
應計提的減值準備金額	0	75	220	295
各資產組減值額分配給總部資產數額	0	20.45 (75×225÷825)	60 (220×300÷1,100)	80.45
資產組本身的減值數額	0	54.55 (75×600÷825)	160 (220×800÷1,100)	214.55

注:*總部資產的分攤比例=各資產加權平均後的帳面價值÷各資產組加權平均計算後的帳面價值合計。

會計分錄:
借:資產減值損失——固定資產減值損失　　　　　2,950,000
　　貸:固定資產減值準備——總部資產(辦公樓)　　804,500
　　　　　　　　　　　　——乙生產線　　　　　　545,500
　　　　　　　　　　　　——丙生產線　　　　　1,600,000

經過上述處理後,資產組甲、乙、丙和辦公大樓的帳面價值分別為400萬元、

169

545.45（600-54.55）萬元、640（800-160）萬元、519.55（600-80.45）萬元。

（2）對於相關總部資產中有部分資產難以按照合理和一致的基礎分攤至該資產組的，應當按照下列步驟處理：

首先，在不考慮相關總部資產的情況下，估計和比較資產組的帳面價值和可收回金額，並按前述有關資產組減值測試的順序和方法處理。

其次，認定由若干個資產組組成的最小的資產組組合，該資產組組合應當包括所測試的資產組和可以按照合理和一致的基礎把該部分總部資產的帳面價值分攤其上的部分。

最後，比較所認定的資產組組合的帳面價值（包括已分攤的總部資產的帳面價值部分）和可收回金額，並按前述有關資產組減值測試的順序和方法處理。

【例9-12】接上例，假設成都光華公司總部另有一個研發中心，該研發中心的帳面價值為200萬元，但研發中心的帳面價值難以在合理和一致的基礎上分攤至各相關資產組。假設經計算包括研發中心在內的資產組組合的可收回金額為2,280萬元，則在上例的基礎上，公司還應做如下處理：

經過減值測試後，包括研發中心在內的資產組組合的帳面價值總額為2,305萬元（400萬元+545.45萬元+640萬元+519.55萬元+200萬元），而其可收回金額為2,280萬元，低於其帳面價值，企業應進一步確認研發中心減值損失25萬元。會計分錄為：

借：資產減值損失——固定資產減值損失　　　　　　　250,000
　　貸：固定資產減值準備——總部資產（研發中心）　　250,000

第五節　商譽減值的處理

一、商譽減值測試的基本要求

企業合併所形成的商譽，至少應當在每年年度終了進行減值測試。商譽難以獨立於其他資產為企業單獨產生現金流量，應當結合與其相關的資產組或者資產組組合進行減值測試。相關的資產組或者資產組組合應當是能夠從企業合併的協同效應中受益的資產組或者資產組組合，不應當大於按照《企業會計準則第35號——分部報告》所確定的報告分部。

為了減值測試的目的，企業應當自購買日起將因企業合併形成的商譽的帳面價值按照合理的方法分攤至相關的資產組；難以分攤至相關的資產組的，應當將其分攤至相關的資產組組合。

在將商譽的帳面價值分攤至相關的資產組或者資產組組合時，應當按照各資產組或者資產組組合的公允價值占相關資產組或者資產組組合公允價值總額的比例進行分攤。公允價值難以可靠計量的，按照各資產組或者資產組組合的帳面價值占相關資產組或者資產組組合帳面價值總額的比例進行分攤。

二、商譽減值測試的方法及會計處理

企業在對包含商譽的相關資產組或者資產組組合進行減值測試時，如果與商譽相

關的資產組或者資產組組合存在減值跡象的，應當首先對不包含商譽的資產組或者資產組組合進行減值測試，計算可收回金額，並與相關帳面價值相比較，確認相應的減值損失。然後，再對包含商譽的資產組或者資產組組合進行減值測試，比較這些相關資產組或者資產組組合的帳面價值（包括所分攤的商譽的帳面價值部分）與其可收回金額，如果相關資產組或者資產組組合的可收回金額低於其帳面價值的，就應確認減值損失，減值損失金額應當先抵減分攤至資產組或者資產組組合中商譽的帳面價值，再根據資產組或者資產組組合中除商譽之外的其他各項資產的帳面價值所占比重，按比例抵減其他各項資產的帳面價值。

以上資產帳面價值的抵減，應當作為各單項資產（包括商譽）的減值損失處理，計入當期損益。抵減後的各項資產的帳面價值不得低於以下三者之中最高者：該資產的公允價值減去處置費用後的淨額（如可確定的）、該資產預計未來現金流量的現值（如可確定的）和零。

【例9-13】成都光華公司在2012年4月1日以2,600萬元收購了成都興蓉公司100%的股權，在購買日，成都興蓉公司可辨認淨資產的公允價值為2,300萬元，沒有負債和或有負債。因此成都光華公司在其合併財務報表中確認商譽300萬元、成都興蓉公司可辨認淨資產2,300萬元。

假定成都興蓉公司的所有資產被認定為一個資產組。由於該資產組包括商譽，因此它至少應當於每年年末進行減值測試。2012年年末，假設成都光華公司確定該資產組的可收回金額為2,000萬元，可辨認淨資產的帳面價值為2,150萬元。因此，包括商譽的該資產組的帳面價值為2,450萬元（2,150萬元+300萬元），大於其可收回金額，應確認減值損失450萬元。減值損失應先沖減商譽價值300萬元，剩餘的再分配給資產組中其他的可辨認淨資產。

商譽減值的會計處理為：

借：資產減值損失——商譽減值損失　　　　　　　　　　3,000,000
　　貸：商譽減值準備　　　　　　　　　　　　　　　　3,000,000

復習思考題

1. 企業為什麼要進行資產減值處理？怎樣判斷企業的某項資產發生了減值？
2. 資產可收回金額如何進行估計與計量？
3. 如何對資產減值損失進行計量？其會計處理方法是什麼？
4. 資產組的定義為何？如何進行資產組的減值測試？
5. 總部資產的定義為何？如何進行總部資產的減值測試？
6. 什麼是企業的商譽？如何進行商譽減值的處理？

第三篇　權益核算篇

- 負債核算

- 所有者權益核算

第十章 負債核算

第一節 應付及預收款項

一、應付帳款核算

1. 應付帳款的含義

應付帳款是指企業因購買材料、商品或接受勞務等經營活動而應付而未付給供應單位的款項。這是買賣雙方在購銷活動中由於取得物資與支付貨款在時間上不一致而產生的流動負債。

2. 設置帳戶

企業應設置「應付帳款」帳戶核算企業因購買材料、商品和接受勞務等經營活動應支付的款項。本帳戶貸方登記因購買材料、商品和接受勞務等經營活動所發生的應付未付帳款，借方登記支付的應付帳款，期末餘額一般在貸方，反應企業尚未支付的應付帳款餘額。本帳戶可按債權人進行明細核算。

3. 應付帳款的帳務處理

(1) 企業購入材料、商品等驗收入庫，根據有關憑證，借記「材料採購」「在途物資」「應交稅費——應交增值稅（進項稅額）」等帳戶，按應付的款項，貸記「應付帳款」帳戶。

(2) 企業接受供應單位提供勞務而發生的應付未付款項，根據供應單位的發票帳單，借記「生產成本」「管理費用」等帳戶，貸記「應付帳款」帳戶。

(3) 應付帳款的入帳時間，應以與所購貨物的所有權有關的風險和報酬已經轉移或勞務已經接受為標誌。但在會計實務中，應區別情況處理：在物資和發票帳單同時到達的情況下，應付帳款一般待物資驗收入庫後，才按發票帳單登記入帳。如果貨物已到但發票帳單尚未到達，為在資產負債表上客觀反應企業所擁有的資產和承擔的債務，企業應在月份終了將所購物資和應付債務暫估入帳，待發票帳單收到後再用紅字沖回，按實際金額入帳。

(4) 應付帳款的入帳金額。一般而言，應付帳款應以發票上記載的金額入帳，但是，在存在折扣的情況下應分兩種情況區別處理：

① 如果存在商業折扣的，購貨方應根據發票價格即扣除了商業折扣後的金額入帳；

② 如果存在現金折扣的，購貨方應根據發票上記載的應付金額入帳，即按未扣除現金折扣的金額入帳，待實際發生折扣時，再將折扣的金額計入當期財務費用。

【例10-1】光輝公司2013年5月10日向C公司購入D材料一批，價款為100,000元，增值稅為17,000元，付款條件為「5/10，2/20，n/30」。材料已經驗收入庫，貨款尚未支付。

(1) 購買材料時：

借：原材料——D材料	100,000
應交稅費——應交增值稅（進項稅額）	17,000
貸：應付帳款——C公司	117,000

(2) 如果光輝公司在5月19日付款，可享受5%的現金折扣，現金折扣計入財務費用。

實際支付的款項＝117,000×(1-5%)＝111,150（元）

借：應付帳款——C公司	117,000
貸：銀行存款	111,150
財務費用	5,850

(3) 如果光輝公司在6月2日付款，就不能享受現金折扣了，會計分錄為：

借：應付帳款——C公司	117,000
貸：銀行存款	117,000

【例10-2】2013年3月31日，光輝公司根據有關資料結轉本月應支付的電費（不含稅），共計4,000元。其中，基本生產車間產品生產用電3,000元，車間照明用電500元，廠部照明用電500元。4月5日以支票支付上述電費和增值稅。

(1) 3月31日，結轉本月應支付的電費

借：生產成本	3,000
製造費用	500
管理費用	500
應交稅費——應交增值稅（進項稅額）	680
貸：應付帳款	4,680

(2) 4月5日，實際支付電費和稅金

借：應付帳款	4,680
貸：銀行存款	4,680

【例10-3】光輝公司前欠Z公司的款項50,000元，由於該公司被撤銷，這筆應付款項無法支付。光輝公司將其作為公司的利得，記入「營業外收入」帳戶。

借：應付帳款——Z公司	50,000
貸：營業外收入	50,000

二、應付票據核算

1. 應付票據的形成

應付票據是因企業購買材料、商品和接受勞務供應等開出、承兌的商業匯票，包括銀行承兌匯票和商業承兌匯票。商業匯票的期限最長為6個月，所以，應付票據屬於流動負債。

商業匯票知識在第 3 章中已經介紹。

2. 設置帳戶

企業應設置「應付票據」帳戶核算企業購買材料、商品和接受勞務供應等開出、承兌的商業匯票。本帳戶貸方登記開出、承兌的商業匯票，借方登記到期付款或轉出的商業匯票，期末餘額在貸方，反應企業尚未到期的商業匯票的票面金額。

本帳戶可按債權人進行明細核算；同時企業應當設置「應付票據備查簿」，詳細登記商業匯票的種類、號數和出票日期、到期日、票面金額、交易合同號和收款人姓名或單位名稱以及付款日期和金額等資料。應付票據到期結清時，在備查簿中應予注銷。

3. 應付票據的帳務處理

(1) 企業開出、承兌商業匯票或以承兌商業匯票抵付貨款、應付帳款等，借記「材料採購」「庫存商品」等帳戶，貸記本帳戶。涉及增值稅進項稅額的，還應進行相應的處理。

(2) 支付銀行承兌匯票的手續費，借記「財務費用」帳戶，貸記「銀行存款」帳戶。支付票款，借記本帳戶，貸記「銀行存款」帳戶。

(3) 銀行承兌匯票到期，企業無力支付票款的，按應付票據的票面金額，借記本帳戶，貸記「短期借款」帳戶。

【例 10-4】光輝公司發生有關應付票據的業務及帳務處理如下：

(1) 企業購買材料 A，取得增值稅專用發票，價款 100,000 元，增值稅稅額 17,000 元，企業開出期限為 6 個月的商業承兌匯票一張給對方企業。

借：原材料——A 材料　　　　　　　　　　　　　　　100,000
　　應交稅費——應交增值稅（進項稅額）　　　　　　17,000
　貸：應付票據　　　　　　　　　　　　　　　　　　117,000

(2) 企業開出一張期限為 3 個月、金額為 200,000 元的銀行承兌匯票，用以抵付前欠 M 公司的購材料款。銀行承兌匯票的手續費率為 0.5‰。

開出商業匯票時：

借：應付帳款——M 公司　　　　　　　　　　　　　　200,000
　貸：應付票據　　　　　　　　　　　　　　　　　　200,000

支付銀行承兌匯票的手續費：

借：財務費用　　　　　　　　　　　　　　　　　　　100
　貸：銀行存款　　　　　　　　　　　　　　　　　　100

(3) 票據到期，收到銀行支付到期票據的付款 200,000 元的通知。

借：應付票據　　　　　　　　　　　　　　　　　　　200,000
　貸：銀行存款　　　　　　　　　　　　　　　　　　200,000

若企業無力支付 (1) 的票款，將應付票據的帳面餘額轉為應付帳款。

借：應付票據　　　　　　　　　　　　　　　　　　　117,000
　貸：應付帳款　　　　　　　　　　　　　　　　　　117,000

(4) 企業有一張 300,000 元銀行承兌匯票到期，但企業的銀行存款帳戶上只有 200,000 元，銀行付款後，將其差額 100,000 元轉作對企業的短期借款。

借：應付票據 300,000
　　貸：銀行存款 200,000
　　　　短期借款 100,000

根據《支付結算辦法》的規定，銀行要對這 100,000 元按每天萬分之五計收利息。

三、預收帳款

1. 預收帳款的含義

預收帳款是指企業在銷售商品或提供勞務前，根據購銷合同的規定，向購貨方預先收取的部分或全部貨款。預收帳款具有定金的性質，企業一般應在預收款項後的一年或超過一年的一個營業週期內以商品或勞務的形式償還，屬於流動負債。

2. 設置帳戶

企業應設置「預收帳款」帳戶核算企業按照合同規定預收的款項，本帳戶貸方登記企業在銷售之前向購貨方預收的帳款，借方登記實現的銷售收入，期末餘額一般在貸方，反應企業預收的款項；期末如為借方餘額，反應企業尚未轉銷的款項。本帳戶可按購貨單位進行明細核算。

預收帳款情況不多的，也可以不設置本帳戶，將預收的款項直接記入「應收帳款」帳戶。

3. 預收帳款的帳務處理

企業向購貨單位預收的款項，借記「銀行存款」等帳戶，貸記本帳戶；銷售實現時，按實現的收入，借記本帳戶，貸記「主營業務收入」帳戶。涉及增值稅銷項稅額的，還應進行相應的處理。

【例 10-5】光輝公司與客戶簽訂一項購銷合同，為客戶生產一批產品，不含稅貨款總額 200 萬元，增值稅稅率 17%，預計 1 年完成。按合同規定，客戶預先支付貨款的 50%，剩餘 50% 待完工交貨時再支付。根據上述經濟業務，光輝公司應作如下帳務處理：

（1）收到 50% 的預付款時

借：銀行存款　　　　　　　　　　　　　　　　　1,000,000
　　貸：預收帳款　　　　　　　　　　　　　　　1,000,000

（2）一年後交付產品並收回剩餘 50% 款項時

借：預收帳款　　　　　　　　　　　　　　　　　1,000,000
　　銀行存款　　　　　　　　　　　　　　　　　1,340,000
　　貸：主營業務收入　　　　　　　　　　　　　2,000,000
　　　　應交稅費——應交增值稅（銷項稅額）　　340,000

四、其他應付款

1. 其他應付款的含義

其他應付款是指企業除應付票據、應付帳款、預收帳款、應付職工薪酬、應交稅費、應付股利等經營活動以外的其他各項應付、暫收的款項，包括經營租入固定資產

和包裝物租金，存入保證金（如收到的出租、出借包裝物押金等），職工未按時領取的工資，應付暫收所屬單位、個人的款項，其他應付，暫收款項等。

2. 設置帳戶

企業應設置「其他應付款」帳戶，核算其他應付款的增減變動及其結存情況，本帳戶貸方登記發生的各種其他應付款項，借方登記支付或轉銷的其他應付款項，期末餘額在貸方，反應企業應付未付的其他應付款項。

本帳戶可按其他應付款的項目和對方單位（或個人）進行明細核算。

3. 其他應付款的帳務處理

企業發生其他各種應付、暫收款項時，借記「管理費用」等帳戶，貸記「其他應付款」帳戶；支付的其他各種應付、暫收款項，借記「其他應付款」帳戶，貸記「銀行存款」等帳戶。

五、應付利息

1. 應付利息的含義

應付利息是指企業按照規定從成本費用中預先提取但尚未支付的費用，包括短期借款利息、帶息應付票據的利息、分期付息到期還本的長期借款、企業債券等應支付的利息。

2. 設置帳戶

企業應設置「應付利息」帳戶，核算企業按照合同約定應支付的利息。本帳戶貸方登記期末計算出的應該支付而尚未支付的利息，借方登記實際支付的利息，期末餘額在貸方，反應期末應付未付的利息。本帳戶可按存款人或債權人進行明細核算。

3. 應付利息的帳務處理

資產負債表日，應按攤餘成本和實際利率計算確定的利息費用，借記「在建工程」「財務費用」「研發支出」等帳戶，按合同利率計算確定的應付未付利息，貸記「應付利息」，按其差額，借記或貸記「長期借款——利息調整」等帳戶。

合同利率與實際利率差異較小的，也可以採用合同利率計算確定利息費用。

實際支付利息時，借記「應付利息」帳戶，貸記「銀行存款」等帳戶。

六、應付股利

1. 應付股利的含義

應付股利，是指企業經股東大會或類似機構審議批準分配的現金股利或利潤。企業股東大會或類似機構審議批準的利潤分配方案、宣告分派的現金股利或利潤，在實際支付前，形成企業的負債。

2. 設置帳戶

企業應設置「應付股利」帳戶核算現金股利的分配和發放，本帳戶貸方登記根據企業經董事會或股東大會或類似機構決議通過的利潤分配方案，確定應分配的現金股利或利潤，借方登記實際支付的股利或利潤，期末餘額在貸方，反應企業應付未付的現金股利或利潤。本帳戶可按投資者進行明細核算。

3. 應付股利的帳務處理

在中國，股利的支付通常有兩種基本形式，即股票股利和現金股利。

企業分配的股票股利，在正式辦理增資手續以前，只須在備查簿中作相應登記，不需要作正式的帳務處理。

企業根據股東大會或類似機構審議批准的利潤分配方案，按應支付的現金股利或利潤，借記「利潤分配」帳戶，貸記「應付股利」帳戶。實際支付現金股利或利潤，借記「應付股利」帳戶，貸記「銀行存款」等帳戶。

董事會或類似機構通過的利潤分配方案中擬分配的現金股利或利潤，不作帳務處理，但應在附注中披露。

本帳戶期末貸方餘額，反應企業應付未付的現金股利或利潤。

【例10-6】光輝公司於2013年3月1日決定向投資者分配現金股利200萬元，3月15日用銀行存款支付現金股利。根據上述經濟業務，光輝公司應作帳務處理：

(1) 3月1日，宣告分派現金股利時

借：利潤分配——應付股利　　　　　　　　　　　2,000,000
　　貸：應付股利　　　　　　　　　　　　　　　2,000,000

(2) 3月15日，支付現金股利時

借：應付股利　　　　　　　　　　　　　　　　　2,000,000
　　貸：銀行存款　　　　　　　　　　　　　　　2,000,000

第二節　應付職工薪酬

一、職工薪酬的含義及內容

1. 職工薪酬的概念

職工薪酬，是指企業為獲得職工提供的服務或解除勞動關係而給予的各種形式的報酬或補償。企業提供給職工配偶、子女、受贍養人、已故員工遺屬及其他受益人等的福利，也屬於職工薪酬。

2. 職工的範圍

職工是指與企業訂立勞動合同的所有人員，含全職、兼職和臨時職工；也包括雖未與企業訂立正式勞動合同但由企業正式任命的人員，如董事會成員、監事會成員和內部審計委員會成員等。在企業的計劃和控制下，雖未與企業訂立正式勞動合同或未由其正式任命，但為企業提供與職工類似服務的人員，也視為企業職工，如勞務用工合同人員。

3. 職工薪酬的內容

根據中國《企業會計準則第9號——職工薪酬》（2014）的規定，職工薪酬主要包括短期薪酬、離職後福利、辭退福利和其他長期職工福利。

(1) 短期薪酬

短期薪酬，是指企業在職工提供相關服務的年度報告期間結束後十二個月內需要

全部予以支付的職工薪酬，因解除與職工的勞動關係給予的補償除外。因解除與職工的勞動關係給予的補償屬於辭退福利的範疇。

短期薪酬主要包括：職工工資、獎金、津貼和補貼，職工福利費，醫療保險費、工傷保險費和生育保險費等社會保險費，住房公積金，工會經費和職工教育經費，短期帶薪缺勤，短期利潤分享計劃，非貨幣性福利以及其他短期薪酬。

（2）離職後福利

離職後福利，是指企業為獲得職工提供的服務而在職工退休或與企業解除勞動關係後，提供的各種形式的報酬和福利，屬於短期薪酬和辭退福利之外的福利範疇。

（3）辭退福利

辭退福利，是指企業在職工勞動合同到期之前解除與職工的勞動關係，或者為鼓勵職工自願接受裁減而給予職工的補償。

（4）其他長期職工福利

其他長期職工福利，是指除短期薪酬、離職後福利、辭退福利之外所有的職工薪酬，包括長期帶薪缺勤、長期殘疾福利、長期利潤分享計劃等。

二、短期薪酬的確認與計量

1. 貨幣性短期薪酬確認與計量

企業應當設置「應付職工薪酬」帳戶，核算企業根據有關規定應付給職工的各種薪酬。本帳戶貸方登記已分配計入有關成本費用項目的職工薪酬數額，借方登記實際發放的職工薪酬數額，期末餘額在貸方，反應企業應付未付的職工薪酬。本帳戶可按「工資」「職工福利」「社會保險費」「住房公積金」「工會經費」「職工教育經費」「非貨幣性福利」「累積帶薪缺勤」「利潤分享計劃」「設定提存計劃」「辭退福利」「股份支付」等進行明細核算。

企業計算分配職工薪酬時，應支付給生產部門人員的職工薪酬，借記「生產成本」「製造費用」「勞務成本」等帳戶，應支付給工程人員、研發人員的職工薪酬，借記「在建工程」「研發支出」等帳戶，應支付給管理部門人員的職工薪酬，借記「管理費用」，應支付給銷售人員的職工薪酬，借記「銷售費用」帳戶；同時按應支付的職工薪酬總額，貸記「應付職工薪酬」帳戶。

企業實際支付職工薪酬時，按應支付的薪酬總額借記「應付職工薪酬」帳戶，從應付職工薪酬中扣還的各種款項（代墊的家屬藥費、個人所得稅等）等，貸記「其他應收款」「應交稅費——應交個人所得稅」等帳戶，按實際支付的貨幣金額，貸記「銀行存款」「庫存現金」等帳戶。

【例10-7】光輝公司2013年3月編製的「工資結算匯總表」顯示：當月應發工資總額5,000,000萬元，其中：生產工人工資2,300,000萬元，車間管理人員工資500,000萬元，行政管理人員工資1,000,000萬元，專設銷售機構人員工資200,000萬元，在建工程人員工資1,000,000萬元。該公司並按工資總額的14%提取職工福利費，按照12%提取應交住房公積金，按照2%和2.5%提取工會經費與職工教育經費。假定該公司於月末計算工資並發放。公司的會計處理如下：

(1) 月末，計算並分配工資費用時：

借：生產成本　　　　　　　　　　　　　　　　2,300,000
　　製造費用　　　　　　　　　　　　　　　　　 500,000
　　管理費用　　　　　　　　　　　　　　　　 1,000,000
　　銷售費用　　　　　　　　　　　　　　　　　 200,000
　　在建工程　　　　　　　　　　　　　　　　 1,000,000
　　貸：應付職工薪酬——工資　　　　　　　　 5,000,000

(2) 提取各種其他薪酬項目時：

借：生產成本　　　　　　　　　　　　　　　　　701,500
　　製造費用　　　　　　　　　　　　　　　　　152,500
　　管理費用　　　　　　　　　　　　　　　　　305,000
　　銷售費用　　　　　　　　　　　　　　　　　 61,000
　　在建工程　　　　　　　　　　　　　　　　　305,000
　　貸：應付職工薪酬——職工福利費　　　　　　 700,000
　　　　　　　　　　——住房公積金　　　　　　 600,000
　　　　　　　　　　——工會經費　　　　　　　 100,000
　　　　　　　　　　——職工教育經費　　　　　 125,000

(3) 實際發放職工工資時：

借：應付職工薪酬——工資　　　　　　　　　　5,000,000
　　貸：銀行存款　　　　　　　　　　　　　　 5,000,000

2. 非貨幣性福利的確認與計量

企業向職工提供非貨幣性福利的，應當按照公允價值計量。企業以其自產產品發放給職工作為職工薪酬的，在決定發放時，借記「管理費用」「生產成本」「製造費用」等帳戶，貸記「應付職工薪酬」帳戶。實際發放時，借記「應付職工薪酬」帳戶，貸記「主營業務收入」帳戶；同時，還應結轉產成品的成本，涉及增值稅銷項稅額的，還應進行相應的處理。

無償向職工提供住房等固定資產使用的，按應計提的折舊額，借記「管理費用」「生產成本」「製造費用」等帳戶，貸記「應付職工薪酬」帳戶；同時，借記「應付職工薪酬」帳戶，貸記「累計折舊」帳戶。

租賃住房等資產供職工無償使用的，按每期應支付的租金，借記「管理費用」「生產成本」「製造費用」等帳戶，貸記「應付職工薪酬」帳戶。實際支付租金時，借記「應付職工薪酬」帳戶，貸記「銀行存款」等帳戶。

【例10-8】大方服裝公司共有職工300人，其中直接參加生產的職工250人，總部管理人員50人。2012年12月20日，公司決定以其生產的服裝作為元旦節福利發放給全體職工。該服裝的單位成本為180元，市場售價為280元，適用的增值稅率為17%。公司應作如下帳務處理：

計入生產成本的金額＝250×280×（1+17%）＝81,900（元）
計入管理費用的金額＝ 50×280×（1+17%）＝16,380（元）

公司決定發放非貨幣性福利時：
借：生產成本 81,900
　　管理費用 16,380
　　貸：應付職工薪酬——非貨幣性福利 98,280
實際發放非貨幣性福利時：
借：應付職工薪酬——非貨幣性福利 98,280
　　貸：主營業務收入 84,000
　　　　應交稅費——應交增值稅（銷項稅額） 14,280
借：主營業務成本 54,000
　　貸：庫存商品 54,000

【例10-9】某公司為部門經理級別以上的職工共12名免費提供自有的汽車使用，每輛汽車每月計提折舊1,000元，同時為車間工人共200名提供集體宿舍居住，該住房為公司租賃而來，每月租金共計24,000元。公司應做如下帳務處理：

借：生產成本 24,000
　　管理費用 12,000
　　貸：應付職工薪酬——非貨幣性福利 36,000
借：應付職工薪酬——非貨幣性福利 36,000
　　貸：累計折舊 12,000
　　　　其他應付款 24,000

3. 短期帶薪缺勤的確認與計量

帶薪缺勤應當根據其性質及其職工享有的權利，分為累積帶薪缺勤和非累積帶薪缺勤兩類。企業應當對累積帶薪缺勤和非累積帶薪缺勤分別進行會計處理。如果帶薪缺勤屬於長期帶薪缺勤的，企業應當將其作為其他長期職工福利處理。

（1）累積帶薪缺勤及其會計處理

累積帶薪缺勤，是指帶薪權利可以結轉下期的帶薪缺勤，本期尚未用完的帶薪缺勤權利可以在未來期間使用。企業應當在職工提供了服務從而增加了其未來享有的帶薪缺勤權利時，確認與累積帶薪缺勤相關的職工薪酬，並以累積未行使權利而增加的預期支付金額計量。

有些累積帶薪缺勤在職工離開企業時，對於未行使的權利，職工有權獲得現金支付。職工在離開企業時能夠獲得現金支付的，企業應當確認企業必須支付的、職工全部累積未使用權利的金額。企業應當根據資產負債表日因累積未使用權利而導致的預期支付的追加金額，作為累積帶薪缺勤費用進行預計。

【例10-10】乙公司共有1,000名職工，從2014年1月1日起，該公司實行累積帶薪缺勤制度。該制度規定，每個職工每年可享受10個工作日帶薪年休假，未使用的年休假只能向後結轉一個日曆年度，超過1年未使用的權利作廢；職工休年休假時，首先使用當年可享受的權利，不足部分再從上年結轉的帶薪年休假中扣除；職工離開公司時，對未使用的累積帶薪年休假無權獲得現金支付。

2014年12月31日，每個職工當年平均未使用帶薪年休假為2天。乙公司預計

2015年有900名職工將享受不超過10天的帶薪年休假，剩餘100名職工每人將平均享受11天半年休假，假定這100名職工全部為總部管理人員，該公司平均每名職工每個工作日工資為400元。

根據上述資料，乙公司職工2014年已休帶薪年休假的，由於在休假期間照發工資，因此相應的薪酬已經計入公司每月確認的薪酬金額中。與此同時，公司還需要預計職工2014年享有但尚未使用的、預期將在下一年度使用的累積帶薪缺勤，並計入當期損益或者相關資產成本。在本例中，乙公司在2014年12月31日預計由於職工累積未使用的帶薪年休假權利而導致預期將支付的工資負債即為150天（100×1.5天）的年休假工資金額60,000元（150×400），並作如下帳務處理：

借：管理費用　　　　　　　　　　　　　　　　　　60,000
　　貸：應付職工薪酬——累積帶薪缺勤　　　　　　60,000

（2）非累積帶薪缺勤及其會計處理

非累積帶薪缺勤，是指帶薪權利不能結轉下期的帶薪缺勤，本期尚未用完的帶薪缺勤權利將予以取消，並且職工離開企業時也無權獲得現金支付。中國企業職工休婚假、產假、喪假、探親假、病假期間的工資通常屬於非累積帶薪缺勤。由於職工提供服務本身不能增加其能夠享受的福利金額，企業在職工未缺勤時不應當計提相關費用和負債。為此，本準則規定，企業應當在職工實際發生缺勤的會計期間確認與非累積帶薪缺勤相關的職工薪酬。企業確認職工享有的與非累積帶薪缺勤權利相關的薪酬，視同職工出勤確認的當期損益或相關資產成本。通常情況下，與非累積帶薪缺勤相關的職工薪酬已經包括在企業每期向職工發放的工資等薪酬中，因此，不必額外作相應的帳務處理。

4. 短期利潤分享計劃的確認與計量

短期利潤分享計劃同時滿足下列條件的，企業應當確認相關的應付職工薪酬，並計入當期損益或相關資產成本：

（1）企業因過去事項導致現在具有支付職工薪酬的法定義務或推定義務。
（2）因利潤分享計劃所產生的應付職工薪酬義務能夠可靠估計。

屬於下列三種情形之一的，視為義務金額能夠可靠估計。①在財務報告批準報出之前企業已確定應支付的薪酬金額。②該利潤分享計劃的正式條款中包括確定薪酬金額的方式。③過去的慣例為企業確定推定義務金額提供了明顯證據。

企業在計量利潤分享計劃產生的應付職工薪酬時，應當反應職工因離職而沒有得到利潤分享計劃支付的可能性。如果企業預期在職工為其提供相關服務的年度報告期間結束後十二個月內，不需要全部支付利潤分享計劃產生的應付職工薪酬，該利潤分享計劃應當適用本準則其他長期職工福利的有關規定。

企業根據經營業績或職工貢獻等情況提取的獎金，屬於獎金計劃，應當比照短期利潤分享計劃進行處理。

【例10-11】丙公司於2014年年初制訂和實施了一項短期利潤分享計劃，以對公司管理層進行激勵。該計劃規定，公司全年的淨利潤指標為5,000萬元，如果在公司管理層的努力下完成的淨利潤超過1,000萬元，公司管理層將可以分享超過5,000萬元

淨利潤部分的 10%作為額外報酬。假定至 2014 年 12 月 31 日，丙公司全年實際完成淨利潤 6,000 萬元。假定不考慮離職等其他因素，則丙公司管理層按照利潤分享計劃可以分享利潤 100 萬元〔(6,000-5,000)×10%〕作為其額外的薪酬。

丙公司 2014 年 12 月 31 日的相關帳務處理如下：

借：管理費用　　　　　　　　　　　　　　　　　　　1,000,000
　　貸：應付職工薪酬——利潤分享計劃　　　　　　　　　1,000,000

三、離職後福利的確認與計量

離職後福利計劃，是指企業與職工就離職後福利達成的協議，或者企業為向職工提供離職後福利制定的規章或辦法等。企業應當按照企業承擔的風險和義務情況，將離職後福利計劃分類為設定提存計劃和設定受益計劃兩種類型。

1. 設定提存計劃的確認與計量

設定提存計劃，是指企業向單獨主體（如基金等）繳存固定費用後，不再承擔進一步支付義務的離職後福利計劃。對於設定提存計劃，企業應當根據在資產負債表日為換取職工在會計期間提供的服務而應向單獨主體繳存的提存金，確認為職工薪酬負債，並計入當期損益或相關資產成本。

【例 10-12】承【例 10-7】，光輝公司根據所在地政府規定，按照職工工資總額的 12%計提基本養老保險費，繳存當地社會保險經辦機構。公司 2013 年 3 月的帳務處理如下：

借：生成成本　　　　　　　　　　　　　　　　　　　276,000
　　製造費用　　　　　　　　　　　　　　　　　　　 60,000
　　管理費用　　　　　　　　　　　　　　　　　　　120,000
　　銷售費用　　　　　　　　　　　　　　　　　　　 24,000
　　在建工程　　　　　　　　　　　　　　　　　　　120,000
　　貸：應付職工薪酬——設定提存計劃　　　　　　　　 600,000

2. 設定受益計劃的確認與計量

設定受益計劃，是指除設定提存計劃以外的離職後福利計劃。設定提存計劃和設定受益計劃的區分，取決於離職後福利計劃的主要條款和條件所包含的經濟實質。在設定提存計劃下，企業的義務以企業應向獨立主體繳存的提存金金額為限，職工未來所能取得的離職後福利金額取決於向獨立主體支付的提存金金額，以及提存金所產生的投資回報，從而精算風險和投資風險實質上要由職工來承擔。在設定受益計劃下，企業的義務是為現在及以前的職工提供約定的福利，並且精算風險和投資風險實質上由企業來承擔。

四、辭退福利的確認和計量

企業向職工提供辭退福利的，應當在企業不能單方面撤回因解除勞動關係計劃或裁減建議所提供的辭退福利時和企業確認涉及支付辭退福利的重組相關的成本或費用時，兩者孰早日確認辭退福利產生的職工薪酬負債，並計入當期損益。

企業有詳細、正式的重組計劃並且該重組計劃已對外公告時，表明已經承擔了重組義務。重組計劃包括重組涉及的業務、主要地點、需要補償的職工人數及其崗位性質、預計重組支出、計劃實施時間等。

企業應當按照辭退計劃條款的規定，合理預計並確認辭退福利產生的職工薪酬負債，並具體考慮下列情況。

（1）對於職工沒有選擇權的辭退計劃，企業應當根據計劃條款規定擬解除勞動關係的職工數量、每一職位的辭退補償等確認職工薪酬負債。

（2）對於自願接受裁減建議的辭退計劃，由於接受裁減的職工數量不確定，企業應當根據《企業會計準則第13號——或有事項》規定，預計將會接受裁減建議的職工數量，根據預計的職工數量和每一職位的辭退補償等確認職工薪酬負債。

（3）對於辭退福利預期在其確認的年度報告期間期末後十二個月內完全支付的辭退福利，企業應當適用短期薪酬的相關規定。

（4）對於辭退福利預期在年度報告期間期末後十二個月內不能完全支付的辭退福利，企業應當適用其他長期職工福利的相關規定。即實質性辭退工作在一年內實施完畢但補償款項超過一年支付的辭退計劃，企業應當選擇恰當的折現率，以折現後的金額計量應計入當期損益的辭退福利金額。

企業應在辭退計劃經正式批準後，按照預計補償總額，借記「管理費用」帳戶，貸記「應付職工薪酬——辭退福利」帳戶。實際支付給職工時，借記「應付職工薪酬——辭退福利」帳戶，貸記「銀行存款」「庫存現金」等帳戶。

第三節　應交稅費

一、應交稅費的形成及帳戶設置

1. 應交稅費的形成

應交稅費是指企業在生產經營活動中產生的應當向國家繳納的各種稅費。由於企業計算確認相關稅費時點與企業向國家實際繳納稅費時點的不一致，導致會計期末產生應交而未交的各種稅費，形成了應交稅費，屬於企業的流動負債。

2. 設置帳戶

企業應當設置「應交稅費」帳戶來核算企業按照稅法等規定計算應繳納的各種稅費，包括增值稅、消費稅、所得稅、資源稅、土地增值稅、城市維護建設稅、房產稅、土地使用稅、車船使用稅、教育費附加、礦產資源補償費等。企業代扣代繳的個人所得稅等，也通過本帳戶核算。企業繳納的印花稅、耕地占用稅以及其他不需要預計應交數的稅金，不在本帳戶中核算。

本帳戶貸方登記計算出應交未交的各項稅費，借方登記繳納的各項稅費，期末餘額一般在貸方，反應企業尚未繳納的稅費；期末如為借方餘額，反應企業多交或尚未抵扣的稅費。本帳戶可按應交的稅費項目進行明細核算。

二、應交增值稅

1. 設置帳戶

增值稅一般納稅人應當在「應交稅費」科目下設置「應交增值稅」「未交增值稅」「預交增值稅」「待抵扣進項稅額」「待認證進項稅額」「待轉銷項稅額」「增值稅留抵稅額」「簡易計稅」「轉讓金融商品應交增值稅」「代扣代交增值稅」等明細科目。

(1) 應交增值稅

一般納稅人應在「應交增值稅」明細帳內設置「進項稅額」「銷項稅額抵減」「已交稅金」「轉出未交增值稅」「減免稅款」「出口抵減內銷產品應納稅額」「銷項稅額」「出口退稅」「進項稅額轉出」「轉出多交增值稅」等專欄，並按規定進行核算。其帳戶格式設置如表 10-1 所示。

表 10-1　　　　　　　　　　應交稅費——應交增值稅

借　方						貸　方					借或貸	餘　額
合計	進項稅額	銷項稅額抵減	已交稅金	減免稅款	轉出未交增值稅	出口抵減內銷產品應納稅額	合計	銷項稅額	出口退稅	進項稅額轉出	轉出多交增值稅		

各專欄所反應的經濟內容為：

「進項稅額」專欄，記錄一般納稅人購進貨物、加工修理修配勞務、服務、無形資產或不動產而支付或負擔的、準予從當期銷項稅額中抵扣的增值稅額。

「銷項稅額抵減」專欄，記錄一般納稅人按照現行增值稅制度規定因扣減銷售額而減少的銷項稅額。

「已交稅金」專欄，記錄一般納稅人當月已繳納的應交增值稅額。

「減免稅款」專欄，記錄一般納稅人按現行增值稅制度規定準予減免的增值稅額。

「轉出未交增值稅」專欄，反應企業月份終了轉出應交未交的增值稅。

「出口抵減內銷產品應納稅額」專欄，記錄實行「免、抵、退」辦法的一般納稅人按規定計算的出口貨物的進項稅抵減內銷產品的應納稅額。

「銷項稅額」專欄，記錄一般納稅人銷售貨物、加工修理修配勞務、服務、無形資產或不動產應收取的增值稅額。

「出口退稅」專欄，記錄一般納稅人出口貨物、加工修理修配勞務、服務、無形資產按規定退回的增值稅額。

「進項稅額轉出」專欄，記錄一般納稅人購進貨物、加工修理修配勞務、服務、無形資產或不動產等發生非正常損失以及其他原因而不應從銷項稅額中抵扣、按規定轉出的進項稅額。

「轉出多交增值稅」專欄，反應企業月份終了轉出多交的增值稅。

(2) 未交增值稅

「未交增值稅」明細科目，核算一般納稅人月度終了從「應交增值稅」或「預交增值稅」明細科目轉入當月應交未交、多交或預繳的增值稅額，以及當月繳納以前期間未交的增值稅額。

(3) 預交增值稅

「預交增值稅」明細科目，核算一般納稅人轉讓不動產、提供不動產經營租賃服務、提供建築服務、採用預收款方式銷售自行開發的房地產項目等，以及其他按現行增值稅制度規定應預繳的增值稅額。

(4) 待抵扣進項稅額

「待抵扣進項稅額」明細科目，核算一般納稅人已取得增值稅扣稅憑證並經稅務機關認證，按照現行增值稅制度規定準予以後期間從銷項稅額中抵扣的進項稅額。它包括：一般納稅人自 2016 年 5 月 1 日後取得並按固定資產核算的不動產或者 2016 年 5 月 1 日後取得的不動產在建工程，按現行增值稅制度規定準予以後期間從銷項稅額中抵扣的進項稅額；實行納稅輔導期管理的一般納稅人取得的尚未交叉稽核比對的增值稅扣稅憑證上注明或計算的進項稅額。

(5) 待認證進項稅額

「待認證進項稅額」明細科目，核算一般納稅人由於未經稅務機關認證而不得從當期銷項稅額中抵扣的進項稅額。它包括：一般納稅人已取得增值稅扣稅憑證、按照現行增值稅制度規定準予從銷項稅額中抵扣，但尚未經稅務機關認證的進項稅額；一般納稅人已申請稽核但尚未取得稽核相符結果的海關繳款書進項稅額。

(6) 待轉銷項稅額

「待轉銷項稅額」明細科目，核算一般納稅人銷售貨物、加工修理修配勞務、服務、無形資產或不動產，已確認相關收入（或利得）但尚未發生增值稅納稅義務而需要於以後期間確認為銷項稅額的增值稅額。

(7) 增值稅留抵稅額

「增值稅留抵稅額」明細科目，核算兼有銷售服務、無形資產或者不動產的原增值稅一般納稅人，截至納入營改增試點之日前的增值稅期末留抵稅額按照現行增值稅制度規定不得從銷售服務、無形資產或不動產的銷項稅額中抵扣的增值稅留抵稅額。

(8) 簡易計稅

「簡易計稅」明細科目，核算一般納稅人採用簡易計稅方法發生的增值稅計提、扣減、預繳、繳納等業務。

(9) 轉讓金融商品應交增值稅

「轉讓金融商品應交增值稅」明細科目，核算增值稅納稅人轉讓金融商品發生的增值稅額。

(10) 代扣代交增值稅

「代扣代交增值稅」明細科目，核算納稅人購進在境內未設經營機構的境外單位或個人在境內的應稅行為代扣代繳的增值稅。

小規模納稅人只需要在「應交稅費」科目下設置「應交增值稅」明細科目，不需

要設置上述專欄及除「轉讓金融商品應交增值稅」「代扣代交增值稅」外的明細科目。

2. 一般納稅人增值稅帳務處理

（1）取得資產或接受勞務等業務的帳務處理

①採購等業務進項稅額允許抵扣的帳務處理

一般納稅人購進貨物、加工修理修配勞務、服務、無形資產或不動產，按應計入相關成本費用或資產的金額，借記「在途物資」或「原材料」「庫存商品」「生產成本」「無形資產」「固定資產」「管理費用」等科目，按當月已認證的可抵扣增值稅額，借記「應交稅費——應交增值稅（進項稅額）」科目，按當月未認證的可抵扣增值稅額，借記「應交稅費——待認證進項稅額」科目，按應付或實際支付的金額，貸記「應付帳款」「應付票據」「銀行存款」等科目。發生退貨的，如原增值稅專用發票已做認證，應根據稅務機關開具的紅字增值稅專用發票做相反的會計分錄；如原增值稅專用發票未做認證，應將發票退回並做相反的會計分錄。

【例10-13】光輝公司系一般納稅人，2013年3月購進A材料一批，貨款200,000萬元及稅金34,000元，運輸費用1,000元及稅金110元，款項均以銀行存款支付，取得增值稅專用發票並以認證。

借：原材料——A　　　　　　　　　　　　　　　　　201,000
　　應交稅費——應交增值稅（進項稅額）　　　　　　34,110
　　貸：銀行存款　　　　　　　　　　　　　　　　　235,110

②採購等業務進項稅額不得抵扣的帳務處理

一般納稅人購進貨物、加工修理修配勞務、服務、無形資產或不動產，用於簡易計稅方法計稅項目、免徵增值稅項目、集體福利或個人消費等，其進項稅額按照現行增值稅制度規定不得從銷項稅額中抵扣的，取得增值稅專用發票時，應借記相關成本費用或資產科目，借記「應交稅費——待認證進項稅額」科目，貸記「銀行存款」「應付帳款」等科目，經稅務機關認證後，應借記相關成本費用或資產科目，貸記「應交稅費——應交增值稅（進項稅額轉出）」科目。

③購進不動產或不動產在建工程按規定進項稅額分年抵扣的帳務處理

一般納稅人自2016年5月1日後取得並按固定資產核算的不動產或者2016年5月1日後取得的不動產在建工程，其進項稅額按現行增值稅制度規定自取得之日起分兩年從銷項稅額中抵扣的，應當按取得成本，借記「固定資產」「在建工程」等科目，按當期可抵扣的增值稅額，借記「應交稅費——應交增值稅（進項稅額）」科目，按以後期間可抵扣的增值稅額，借記「應交稅費——待抵扣進項稅額」科目，按應付或實際支付的金額，貸記「應付帳款」「應付票據」「銀行存款」等科目。尚未抵扣的進項稅額待以後期間允許抵扣時，按允許抵扣的金額，借記「應交稅費——應交增值稅（進項稅額）」科目，貸記「應交稅費——待抵扣進項稅額」科目。

④購買方作為扣繳義務人的帳務處理

按照現行增值稅制度規定，境外單位或個人在境內發生應稅行為，在境內未設有經營機構的，以購買方為增值稅扣繳義務人。境內一般納稅人購進服務、無形資產或不動產，按應計入相關成本費用或資產的金額，借記「生產成本」「無形資產」「固定

資產」「管理費用」等科目,按可抵扣的增值稅額,借記「應交稅費——進項稅額」科目(小規模納稅人應借記相關成本費用或資產科目),按應付或實際支付的金額,貸記「應付帳款」等科目,按應代扣代繳的增值稅額,貸記「應交稅費——代扣代交增值稅」科目。實際繳納代扣代繳增值稅時,按代扣代繳的增值稅額,借記「應交稅費——代扣代交增值稅」科目,貸記「銀行存款」科目。

(2)銷售等業務的帳務處理

企業銷售貨物、加工修理修配勞務、服務、無形資產或不動產,應當按應收或已收的金額,借記「應收帳款」「應收票據」「銀行存款」等科目,按取得的收入金額,貸記「主營業務收入」「其他業務收入」「固定資產清理」「工程結算」等科目,按現行增值稅制度規定計算的銷項稅額(或採用簡易計稅方法計算的應納增值稅額),貸記「應交稅費——應交增值稅(銷項稅額)」或「應交稅費——簡易計稅」科目。發生銷售退回的,應根據按規定開具的紅字增值稅專用發票做相反的會計分錄。

【例10-14】光輝公司銷售產品甲500件,每件價格1,000元,貨已經發出,開出了增值稅發票,款項未收到。

借:應收帳款　　　　　　　　　　　　　　　　585,000
　貸:主營業務收入　　　　　　　　　　　　　　500,000
　　　應交稅費——應交增值稅(銷項稅額)　　　85,000

按照國家統一的會計制度確認收入或利得的時點早於按照增值稅制度確認增值稅納稅義務發生時點的,應將相關銷項稅額計入「應交稅費——待轉銷項稅額」科目,待實際發生納稅義務時再轉入「應交稅費——應交增值稅(銷項稅額)」或「應交稅費——簡易計稅」科目。

(3)差額徵稅的帳務處理

①企業發生相關成本費用允許扣減銷售額的帳務處理

按現行增值稅制度規定企業發生相關成本費用允許扣減銷售額的,發生成本費用時,按應付或實際支付的金額,借記「主營業務成本」「存貨」「工程施工」等科目,貸記「應付帳款」「應付票據」「銀行存款」等科目。待取得合規增值稅扣稅憑證且納稅義務發生時,按照允許抵扣的稅額,借記「應交稅費——應交增值稅(銷項稅額抵減)」或「應交稅費——簡易計稅」科目(小規模納稅人應借記「應交稅費——應交增值稅」科目),貸記「主營業務成本」「存貨」「工程施工」等科目。

②金融商品轉讓按規定以盈虧相抵後的餘額作為銷售額的帳務處理

金融商品實際轉讓月末,如產生轉讓收益,則按應納稅額借記「投資收益」等科目,貸記「應交稅費——轉讓金融商品應交增值稅」科目;如產生轉讓損失,則按可結轉下月抵扣稅額,借記「應交稅費——轉讓金融商品應交增值稅」科目,貸記「投資收益」等科目。交納增值稅時,應借記「應交稅費——轉讓金融商品應交增值稅」科目,貸記「銀行存款」科目。年末,本科目如有借方餘額,則借記「投資收益」等科目,貸記「應交稅費——轉讓金融商品應交增值稅」科目。

(4)出口退稅的帳務處理

為核算納稅人出口貨物應收取的出口退稅款,設置「應收出口退稅款」科目,該

科目借方反應銷售出口貨物按規定向稅務機關申報應退回的增值稅、消費稅等，貸方反應實際收到的出口貨物應退回的增值稅、消費稅等。期末借方餘額，反應尚未收到的應退稅額。

未實行「免、抵、退」辦法的一般納稅人出口貨物按規定退稅的，按規定計算的應收出口退稅額，借記「應收出口退稅款」科目，貸記「應交稅費——應交增值稅（出口退稅）」科目，收到出口退稅時，借記「銀行存款」科目，貸記「應收出口退稅款」科目；退稅額低於購進時取得的增值稅專用發票上的增值稅額的差額，借記「主營業務成本」科目，貸記「應交稅費——應交增值稅（進項稅額轉出）」科目。

實行「免、抵、退」辦法的一般納稅人出口貨物，在貨物出口銷售後結轉產品銷售成本時，按規定計算的退稅額低於購進時取得的增值稅專用發票上的增值稅額的差額，借記「主營業務成本」科目，貸記「應交稅費——應交增值稅（進項稅額轉出）」科目；按規定計算的當期出口貨物的進項稅抵減內銷產品的應納稅額，借記「應交稅費——應交增值稅（出口抵減內銷產品應納稅額）」科目，貸記「應交稅費——應交增值稅（出口退稅）」科目。在規定期限內，內銷產品的應納稅額不足以抵減出口貨物的進項稅額，不足部分按有關稅法規定給予退稅的，應在實際收到退稅款時，借記「銀行存款」科目，貸記「應交稅費——應交增值稅（出口退稅）」科目。

（5）進項稅額抵扣情況發生改變的帳務處理

因發生非正常損失或改變用途等，原已計入進項稅額、待抵扣進項稅額或待認證進項稅額，但按現行增值稅制度規定不得從銷項稅額中抵扣的，借記「待處理財產損溢」「應付職工薪酬」「固定資產」「無形資產」等科目，貸記「應交稅費——應交增值稅（進項稅額轉出）」「應交稅費——待抵扣進項稅額」或「應交稅費——待認證進項稅額」科目；原不得抵扣且未抵扣進項稅額的固定資產、無形資產等，因改變用途等用於允許抵扣進項稅額的應稅項目的，應按允許抵扣的進項稅額，借記「應交稅費——應交增值稅（進項稅額）」科目，貸記「固定資產」「無形資產」等科目。固定資產、無形資產等經上述調整後，應按調整後的帳面價值在剩餘尚可使用壽命內計提折舊或攤銷。

一般納稅人購進時已全額計提進項稅額的貨物或服務等轉用於不動產在建工程的，對於結轉以後期間的進項稅額，應借記「應交稅費——待抵扣進項稅額」科目，貸記「應交稅費——應交增值稅（進項稅額轉出）」科目。

【例10-15】光輝公司在存貨清查中，盤虧A材料一批，取得成本1,000元，系管理不善導致丟失。

借：待處理財產損溢   1,170
  貸：原材料——A   1,000
    應交稅費——應交增值稅（進項稅額轉出）   170

（6）月末轉出多交增值稅和未交增值稅的帳務處理

月度終了，企業應當將當月應交未交或多交的增值稅自「應交增值稅」明細科目轉入「未交增值稅」明細科目。對於當月應交未交的增值稅，借記「應交稅費——應交增值稅（轉出未交增值稅）」科目，貸記「應交稅費——未交增值稅」科目；對於

當月多交的增值稅,借記「應交稅費——未交增值稅」科目,貸記「應交稅費——應交增值稅(轉出多交增值稅)」科目。

(7) 交納增值稅的帳務處理

企業交納當月應交的增值稅,借記「應交稅費——應交增值稅(已交稅金)」科目,貸記「銀行存款」科目。

企業交納以前期間未交的增值稅,借記「應交稅費——未交增值稅」科目,貸記「銀行存款」科目。

企業預繳增值稅時,借記「應交稅費——預交增值稅」科目,貸記「銀行存款」科目。月末,企業應將「預交增值稅」明細科目餘額轉入「未交增值稅」明細科目,借記「應交稅費——未交增值稅」科目,貸記「應交稅費——預交增值稅」科目。房地產開發企業等在預繳增值稅後,應直至納稅義務發生時方可從「應交稅費——預交增值稅」科目結轉至「應交稅費——未交增值稅」科目。

對於當期直接減免的增值稅,借記「應交稅金——應交增值稅(減免稅款)」科目,貸記損益類相關科目。

另外,按現行增值稅制度規定,企業初次購買增值稅稅控系統專用設備支付的費用以及繳納的技術維護費允許在增值稅應納稅額中全額抵減的,按規定抵減的增值稅應納稅額,借記「應交稅費——應交增值稅(減免稅款)」科目(小規模納稅人應借記「應交稅費——應交增值稅」科目),貸記「管理費用」等科目。

3. 小規模納稅人增值稅的計算方法及帳務處理

小規模納稅人增值稅的計算方法,不採用購進扣稅法,而是直接按照不含增值稅的銷售額和規定的徵收率計算應納增值稅額,不得抵扣任何進項稅額。計算公式為:

應納增值稅額=計稅銷售額×徵收率

小規模納稅人的徵收率為3%。

【例10-16】H公司是小規模納稅人,用銀行存款購進商品一批,取得對方開具的增值稅專用發票,不含稅價為20,000元,增值稅額為3,400元;後將該批商品全部賣出,開出普通發票,金額為30,900元,款項已存入銀行。

(1) 購進商品時

借:庫存商品　　　　　　　　　　　　　　　　　　　　　　　23,400
　　貸:銀行存款　　　　　　　　　　　　　　　　　　　　　　23,400

(2) 銷售商品時

不含稅價=30,900/(1+3%)= 30,000（元）

應交增值稅額=30,000×3% = 900（元）

借:銀行存款　　　　　　　　　　　　　　　　　　　　　　　30,900
　　貸:主營業務收入　　　　　　　　　　　　　　　　　　　　30,900

三、應交消費稅

1. 設置帳戶

企業應當在「應交稅費」帳戶下設置「應交消費稅」二級帳戶來核算企業按規定

應交的消費稅。「應交消費稅」明細帳戶借方發生額反應實際繳納的消費稅和代扣的消費稅，其貸方發生額反應按規定應繳納的消費稅，期末貸方餘額反應尚未繳納的消費稅，期末借方餘額反應多應交或代扣的消費稅。

企業銷售需要繳納消費稅的物資時，計算出的應交的消費稅，是通過「營業稅金及附加」帳戶來核算的。

2. 消費稅應納稅額的計算

計算應納消費稅額有三種方式。

（1）從價定率計算徵稅下：

$$應納消費稅額＝應稅消費品的計稅銷售額×適用消費稅稅率$$

（2）從量定額計算徵稅下：

$$應納稅額＝應稅消費品的計稅數量×適用單位稅額$$

（3）從價定率與從量定額復合計算徵稅，即復合計稅下：

$$應納稅額＝應稅消費品的銷售額×消費稅比例稅率＋應稅消費品數量×消費稅單位稅額$$

3. 消費稅業務的財務處理

（1）企業自產自銷應稅消費品的應納稅額的計算與帳務處理。

【例10-17】某日用化工企業為一般納稅人，2012年12月份將生產的化妝品作為福利分發給職工，其生產成本為15,000元，市場售價為20,000元，適用稅率為30%。

應納消費稅＝20,000×30%＝6,000（元）

應交增值稅額＝20,000×17%＝3,400（元）

借：應付職工薪酬——福利費　　　　　　　　　　　　　　23,400
　　貸：主營業務收入　　　　　　　　　　　　　　　　　　20,000
　　　　應交稅費——應交增值稅（銷項稅額）　　　　　　　3,400
借：主營業務成本　　　　　　　　　　　　　　　　　　　15,000
　　貸：庫存商品　　　　　　　　　　　　　　　　　　　　15,000
借：稅金及附加　　　　　　　　　　　　　　　　　　　　　6,000
　　貸：應交稅費——應交消費稅　　　　　　　　　　　　　6,000

（2）用已稅消費品作為中間投入物生產的應稅消費品消費稅的計算與帳務處理。

計算納稅人自產自銷的使用已稅消費品生產的應稅消費品的應納稅額時，應扣除所用已稅消費品所含的已納消費稅稅款。

① 對於使用外購的已稅消費品連續生產應稅消費品的應納稅額的扣除。在計稅時按當期生產領用數量計算準予扣除外購的應稅消費品已繳納的消費稅稅款。當期準予扣除外購應稅消費品已納消費稅稅款的計算公式如下：

$$\frac{當期準予扣除外購應稅消費品已納消費稅稅額}＝\frac{當期準予扣除的外購應稅消費品的買價}×\frac{外購應稅消費品的適用稅率}$$

$$\frac{當期準予扣除的外購應稅消費品的買價}＝\frac{期初庫存的外購應稅消費品的買價}＋\frac{當期購進的外購應稅消費品的買價}－\frac{期末庫存的外購應稅消費品的買價}$$

【例10-18】某日用化企業2013年4月銷售化妝品為1,000,000元，外購原材料為

已繳納過消費稅的原材料，原材料期初庫存的買價為200,000元，本期入庫原材料的買價為400,000元，期末庫存原材料的買價為300,000元，外購原材料及化妝品的消費稅稅率為30%。

應納消費稅稅額＝1,000,000×30%－(200,00+400,000－300,000)×30%
　　　　　　　＝210,000（元）

借：稅金及附加　　　　　　　　　　　　　　　　　210,000
　　貸：應交稅費──應交消費稅　　　　　　　　　　　　210,000

② 對於使用委託加工收回的應稅消費品連續生產應稅消費品的應納稅額的扣除。因為已經由受託方將委託加工的原材料應納消費稅稅款計算出並代扣代繳，可直接按當期生產領用數量從應納消費稅稅額中計算準予扣除的已納消費稅稅款，其計算公式為：

當期準予扣除的委託　　期初庫存的委託　　當期收回的委託　　期末庫存的委託
加工應稅消費品已 ＝ 加工應稅消費品＋加工應稅消費品－加工應稅消費品
納　消　費　稅　稅　款　　已納消費稅稅款　　已納消費稅稅款　　已納消費稅稅款

（3）企業自產自用應稅消費品的應納消費稅稅額的計算。

企業使用自己生產的應稅消費品，如果是用於連續生產應稅消費品的，不納稅；如果是用於生產非應稅消費品和其他方面消費的，則在移送使用時納稅。計算用於其他消費的應稅消費品的應納稅額時，一般以納稅人生產的同類消費品的銷售價格為計稅依據；如果沒有同類消費品銷售價格，則可以組成計稅價格為計稅依據；如果用於其他消費的應稅消費品是用外購或委託加工收回的已稅消費品作為原材料生產的，所用外購或委託加工收回的已稅消費品已繳納的消費稅稅款也準予從應納稅額中扣除。

【例10-19】某日用化工企業（一般納稅人）2012年12月份將生產的化妝品作為福利分發給職工，本企業同類產品售價為20,000元，生產成本為15,000元，適用稅率為30%。

應納消費稅額＝20,000×30%＝6,000（元）
應交增值稅額＝20,000×17%＝3,400（元）

借：應付職工薪酬──福利費　　　　　　　　　　　23,400
　　貸：主營業務收入　　　　　　　　　　　　　　　20,000
　　　　應交稅費──應交增值稅（銷項稅額）　　　　　3,400
借：主營業務成本　　　　　　　　　　　　　　　　15,000
　　貸：庫存商品　　　　　　　　　　　　　　　　　15,000
借：稅金及附加　　　　　　　　　　　　　　　　　 6,000
　　貸：應交稅費──應交消費稅　　　　　　　　　　　 6,000

（4）委託加工應稅消費品的應納稅額的計算及帳務處理。該內容已經在存貨中介紹。

（5）以本企業生產的商品用於在建工程、非生產機構等，按規定應繳納的消費稅，借記「固定資產」「在建工程」「營業外支出」等帳戶，貸記「應交稅費──應交消費稅」帳戶。

(6) 需要繳納消費稅的進口物資，其繳納的消費稅應計入該項物資的成本，借記「固定資產」「在途物資」「庫存商品」等帳戶，貸記「銀行存款」等帳戶。

【例10-20】某日用化妝品生產企業從國外進口化妝品一批，到岸價格為200,000元，關稅稅率為10%，增值稅稅率為17%，消費稅稅率為30%。

組成計稅價格 = 200,000×(1+10%)/(1−30%) = 314,285.71（元）

應交關稅 = 200,000 ×10% = 20,000（元）

應交的消費稅 = 314,285.71×30% = 94,285.71（元）

應交的增值稅 = 314,285.71×17% = 53,428.57（元）

會計分錄：

借：庫存商品　　　　　　　　　　　　　　　　314,285.71

　　應交稅費——應交增值稅（進項稅額）　　　　53,428.57

　貸：銀行存款　　　　　　　　　　　　　　　　367,714.28

四、其他應交稅費

1. 資源稅

資源稅是國家對在中國境內開採礦產品或者生產鹽的單位和個人徵收的一種稅。資源按照應稅產品的課稅數量和規定的單位稅額計算。這裡的課稅數量為：開採或者生產應稅產品銷售的，以銷售數量為課稅數量；開採或者生產應稅產品自用的，以自用數量為課稅數量。

企業按規定應交的資源稅，在「應交稅費」帳戶下設置「應交資源稅」明細帳戶核算。

企業按規定計算出銷售的應稅產品應繳納的資源稅時，借記「稅金及附加」帳戶，貸記「應交稅費——應交資源稅」帳戶；企業按規定計算出自產自用的應稅產品應繳納的資源稅，借記「生產成本」「製造費用」等帳戶，貸記「應交稅費——應交資源稅」帳戶。

按照資源稅暫行條例的規定，收購未稅礦產品的單位為資源稅的扣繳義務人。企業應按收購未稅礦產品實際支付的收購款以及代扣代繳的資源稅，作為收購礦產品的成本，借記「原材料」等帳戶，按實際支付的收購款，貸記「銀行存款」等帳戶，將代扣代繳的資源稅，貸記「應交稅費——應交資源稅」帳戶。

企業外購液體鹽加工固體鹽的，在購入液體鹽時，按所允許抵扣的資源稅，借記「應交稅費——應交資源稅」帳戶，按外購價款扣除允許抵扣資源稅後的數額，借記「原材料」等帳戶，按應支付的全部價款，貸記「銀行存款」「應付帳款」等帳戶。企業將液體鹽加工成固體鹽後，在銷售時，按計算出的銷售固體鹽應交的資源稅，借記「稅金及附加」帳戶，貸記「應交稅費——應交資源稅」帳戶。將銷售固體鹽應納資源稅抵扣液體鹽已納資源稅後的差額上交時，借記「應交稅費——應交資源稅」帳戶，貸記「銀行存款」帳戶。

2. 土地增值稅

為了規範土地、房地產市場交易秩序，合理調節土地增值收益，維護國家權益，

國家開徵了土地增值稅。轉讓國有土地使用權、地上建築物及其附著物並取得收入的單位和個人，均應繳納土地增值稅。土地增值稅按照轉讓房地產所取得的增值額和規定的稅率計算徵收。這里的增值額是轉讓房地產所取得的收入減除規定扣除項目金額後的餘額。企業轉讓房地產所取得收入，包括貨幣收入、實物收入和其他收入。計算土地增值額的主要扣除項目有：①取得土地使用權所支付的金額；②開發土地的成本、費用；③新建房屋及配套設施的成本、費用，或者舊房及建築物的評估價格；④與轉讓房地產有關的稅金。

企業繳納的土地增值稅通過「應交稅費——應交土地增值稅」帳戶進行核算。

從事房地產業務的企業，應由當期營業收入負擔的土地增值稅，借記「稅金及附加」帳戶，貸記「應交稅費——應交土地增值稅」帳戶。

轉讓的國有土地使用權連同地上建築物及其附著物一併在「固定資產」或「在建工程」帳戶核算的，轉讓時應繳納的土地增值稅，借記「固定資產清理」「在建工程」帳戶，貸記「應交稅費——應交土地增值稅」帳戶。

企業在項目全部竣工結算前轉讓房地產取得的收入，按稅法規定預交的土地增值稅，借記「應交稅費——應交土地增值稅」帳戶，貸記「銀行存款」等帳戶；待該房地產銷售收入實現時，再按上述銷售業務的會計處理方法進行處理。該項目全部竣工、辦理結算後進行清算，收到退回多交的土地增值稅，借記「銀行存款」等帳戶，貸記「應交稅費——應交土地增值稅」帳戶，補交的土地增值稅作相反的會計分錄。

企業繳納土地增值稅，借記「應交稅費——應交土地增值稅」帳戶，貸記「銀行存款」帳戶。

3. 房產稅、土地使用稅、車船稅和印花稅

房產稅是國家為了加強房產的管理，提高房產使用效率，控制固定資產投資規模和配合國家房產政策的調整，合理調節房產所有人和經營人的收入而徵收的一種稅。房產稅以房產價格或房產租金收入為計稅依據，按照規定稅率向房產所有人或經營人徵收。

土地使用稅是國家為了加強土地管理，合理利用土地，提高土地使用效益，調節土地級差收入而徵收的一種稅。土地使用稅以納稅人實際占用的土地面積為計稅依據，按照規定稅率計算徵收。

車船稅由擁有或使用車船的單位，按適用稅額計算繳納。

印花稅是對書立、領受購銷合同等憑證行為徵收的稅款，實行由納稅人根據規定自行計算應納稅額，購買並一次貼足印花稅票的繳納方法。

企業按規定計算應交的房產稅、土地使用稅、車船稅，借記「稅金及附加」帳戶，貸記「應交稅費——應交房產稅、土地使用稅、車船稅」帳戶；繳納時，借記「應交稅費——應交房產稅、土地使用稅、車船稅」帳戶，貸記「銀行存款」帳戶。

企業繳納的印花稅不需要通過「應交稅費」帳戶核算。購買印花稅票時，直接借記「管理費用」帳戶，貸記「銀行存款」帳戶。

4. 城市維護建設稅和教育費附加

城市維護建設稅是國家為了加強城市的維護建設，擴大和穩定城市維護建設資金

的來源而徵收的一種稅。教育費附加是國家為了加快地方教育事業，擴大地方教育經費的資金來源而徵收的一項專用基金。城市維護建設稅和教育費附加均以企業實際繳納的增值稅、消費稅和營業稅稅額為計稅依據。

企業按規定計算出的城市維護建設稅和教育費附加，借記「稅金及附加」等帳戶，貸記「應交稅費——應交城市維護建設稅、應交教育費附加」帳戶；實際上交時，借記「應交稅費——應交城市維護建設稅、應交教育費附加」帳戶，貸記「銀行存款」帳戶。

5. 所得稅

企業的生產、經營所得和其他所得，依照《中華人民共和國企業所得稅法》及其實施條例的規定需要繳納所得稅。企業應交納的所得稅，在「應交稅費」帳戶下設置「應交所得稅」明細帳戶核算。當期應計入損益的所得稅，作為一項費用，在淨收益前扣除。企業按照一定的方法計算，計入損益的所得稅，借記「所得稅費用」等帳戶，貸記「應交稅費——應交所得稅」帳戶。

所得稅的會計處理將在「高級財務會計」中介紹。

6. 耕地占用稅

耕地占用稅是國家為了利用土地資源，加強土地管理，保護農用耕地而徵收的一種稅。耕地占用稅以實際占用的耕地面積計稅，在實際占用耕地之前一次性繳納，不存在與徵稅機關清算的問題。因此企業按規定繳納的耕地占用稅，可以不通過「應交稅費」帳戶核算。企業為購建固定資產而繳納的耕地占用稅，作為固定資產價值的組成部分，借記「在建工程」帳戶，貸記「銀行存款」帳戶。

第四節　借款

一、短期借款

短期借款是企業向銀行或其他金融機構等借入的期限在一年以下（含一年）的各種借款。企業為了核算短期借款的借入、歸還及結存情況，應設置「短期借款」帳戶，並按借款種類、貸款人和幣種進行明細核算。

企業借入的各種短期借款，取得時應借記「銀行存款」帳戶，貸記「短期借款」。歸還本金時應作相反的會計分錄。短期借款的核算除了借款本金的取得和償還外，還包括借款利息的結算。資產負債表日，應按計算確定的短期借款利息費用，借記「財務費用」、貸記「應付利息」帳戶，本帳戶的期末貸方餘額，反應企業尚未償還的短期借款。

【例10-21】光輝公司2013年1月2日從銀行借入款項200,000元，期限3個月，年利率6%，利息按季度結算，所借款項已存入銀行。

（1）1月2日借入款項

借：銀行存款　　　　　　　　　　　　　　　　　　　200,000
　　貸：短期借款　　　　　　　　　　　　　　　　　　　　200,000

(2) 1月31日計算利息

借：財務費用（200,000×6%×1/12） 1,000
　　貸：應付利息 1,000

2月28日計算利息同上。

(3) 3月31日歸還借款及利息

借：短期借款 200,000
　　應付利息 2,000
　　財務費用 1,000
　　貸：銀行存款 203,000

二、長期借款

1. 長期借款的內容

長期借款是企業從銀行或其他金融機構借入的償還期限超過1年的各種借款。長期借款按照借款用途的不同，可以分為基本建設借款、技術改造借款和生產經營借款。長期借款按照償還方式的不同，可以分為定期一次性償還的長期借款和分期償還的長期借款。長期借款按照涉及貨幣種類的不同，可以分為人民幣長期借款和外幣長期借款。長期借款按照來源的不同，可以分為從銀行借入的長期借款和從其他金融機構借入的長期借款等。

2. 設置帳戶

企業應設置「長期借款」帳戶來核算企業向銀行或其他金融機構借入的期限在1年以上（不含1年）的各項借款。本帳戶貸方登記長期借款的取得，借方登記長期借款的償還，期末餘額在貸方，反應企業期末尚未償還的長期借款。本帳戶可按貸款單位和貸款種類，分別「本金」「利息調整」等進行明細核算。

3. 長期借款的帳務處理

企業借入長期借款，應按實際收到的金額，借記「銀行存款」帳戶，按借款合同約定的借款本金，貸記「長期借款——本金」帳戶。如存在差額，還應借記「長期借款——利息調整」帳戶。

資產負債表日，應按攤餘成本和實際利率計算確定的長期借款的利息費用，借記「在建工程」「製造費用」「財務費用」「研發支出」等帳戶，按合同利率計算確定的應付未付利息，貸記「應付利息」帳戶，按其差額，貸記「長期借款——利息調整」帳戶。

實際利率與合同利率差異較小的，也可以採用合同利率計算確定利息費用。

歸還的長期借款本金，借記「長期借款——本金」帳戶，貸記「銀行存款」帳戶；同時，存在利息調整餘額的，借記或貸記「在建工程」「製造費用」「財務費用」「研發支出」等帳戶，貸記或借記「長期借款——利息調整」帳戶。

【例10-22】光輝公司2013年1月2日從銀行借入款項2,000,000元，期限2年，年利率6%，到期一次還本，按年計算並支付利息，所借款項已存入銀行。

(1) 1月2日，借入款項

借：銀行存款 2,000,000
　　貸：長期借款——本金 2,000,000

（2）2013 年 12 月 31 日，計算利息並支付利息

借：財務費用（2,000,000×6%）	120,000
貸：應付利息	120,000
借：應付利息	120,000
貸：銀行存款	120,000

（3）2014 年 12 月 31 日，歸還本金及利息

借：長期借款——本金	2,000,000
應付利息	120,000
財務費用	120,000
貸：銀行存款	2,240,000

【例 10-23】續【例 10-22】，光輝公司從銀行借入款項用於固定資產建造，固定資產建造工程在 2014 年 6 月底完成並投入使用，並辦理了工程決算。公司應作如下帳務處理：

（1）2013 年 1 月 2 日，取得借款，存入銀行

借：銀行存款	2,000,000
貸：長期借款——本金	2,000,000

（2）2013 年年末計提利息並支付利息

借：在建工程	120,000
貸：應付利息	120,000
借：應付利息	120,000
貸：銀行存款	120,000

（3）2014 年年末計提利息時

借：在建工程	60,000
財務費用	60,000
貸：應付利息	120,000

（4）2014 年年末償還本息時

借：長期借款——本金	2,000,000
應付利息	120,000
貸：銀行存款	2,120,000

第五節　應付債券

一、應付債券的性質與帳戶設置

1. 應付債券的性質

債券是企業為籌集長期資金而發行的一種書面憑證。憑證上所記載的利率、期限等，表明發行債券企業允諾在未來某一特定日期內還本付息。企業發行的超過一年

以上的債券，構成了一項非流動負債。

2. 債券的發行方式

債券的發行方式有三種：面值發行、溢價發行、折價發行。

(1) 面值發行。面值發行是指當債券的票面利率等於市場利率時，債券按票面價格發行的方式。

(2) 溢價發行。假設其他條件不變，債券的票面利率高於市場利率時，可按超過債券票面價值的價格發行，稱為溢價發行。溢價是企業以後各期多付利息而事先得到的補償。

(3) 折價發行。如果債券的票面利率低於市場利率時，可按低於債券面值的價值發行，稱為折價發行。折價是企業以後各期少付利息而預先給予投資者的補償。

3. 設置帳戶

企業應設置「應付債券」帳戶核算企業為籌集（長期）資金而發行債券的本金和利息。企業發行的可轉換公司債券，應將負債和權益成分進行分拆，分拆後形成的負債成分在本帳戶核算。本帳戶可按「面值」「利息調整」「應計利息」等進行明細核算。「應付債券——面值」明細帳戶專門核算債券票面價值的增減變動情況，「應付債券——利息調整」明細帳戶專門核算債券溢價或折價的形成和攤銷情況，「應付債券——應計利息」明細帳戶專門核算債券利息的計提和支付情況。本帳戶期末貸方餘額，反應企業尚未償還的長期債券攤餘成本。

企業應當設置「企業債券備查簿」，該備查簿詳細登記企業債券的票面金額、債券票面利率、還本付息期限與方式、發行總額、發行日期和編號、委託代售單位、轉換股份等資料。企業債券到期兌付，在備查簿中應予注銷。

二、公司債券的帳務處理

1. 應付債券的初始確認與計量

企業發行債券，應按實際收到的金額，借記「銀行存款」等帳戶，按債券票面金額，貸記「應付債券——面值」帳戶。實際收到的款項（債券的發行價格）與面值的差額，借記或貸記「應付債券——利息調整」帳戶。

$$債券的發行價格 = 到期償還面值按市場利率折算的現值 + 票面利息按市場利率折算的現值$$

2. 應付債券的後續計量

(1) 分期付息、一次還本的債券，資產負債表日，企業應按攤餘成本和實際利率計算確定的債券利息費用，借記「在建工程」「製造費用」「財務費用」「研發支出」等科目，按票面利率計算確定的應付未付利息，貸記「應付利息」科目，按其差額，借記或貸記「應付債券——利息調整」科目。

(2) 一次還本付息的債券，應於資產負債表日按攤餘成本和實際利率計算確定的債券利息費用，借記「在建工程」「製造費用」「財務費用」「研發支出」等科目，按票面利率計算確定的應付未付利息，貸記本科目（應計利息），按其差額，借記或貸記本科目（利息調整）。實際利率與票面利率差異較小的，也可以採用票面利率計算確定

利息費用。

3. 長期債券到期的會計處理

長期債券到期，支付債券本息，借記本科目（面值、應計利息）、「應付利息」等科目，貸記「銀行存款」等科目；同時，存在利息調整餘額的，借記或貸記本科目（利息調整），貸記或借記「在建工程」「製造費用」「財務費用」「研發支出」等科目。

4. 實際利率法

當企業溢價或折價發行債券時，企業應採用實際利率法在債券存續期內按期計提利息並攤銷溢價或折價金額。

實際利率是指將應付債券在存續期間的未來現金流量折現為該債券當前帳面價值所使用的利率。實際利率法是指按照應付債券的實際利率計算其攤餘成本和各期利息費用的方法，即以債券發行時的實際利率，乘以每期期初債券的帳面價值，求得該期的財務費用，財務費用與實際支付利息的差額，為該期溢價或折價攤銷額。

$$當期財務費用 = 債券該期期初帳面價值 \times 實際利率$$

$$溢價攤銷額 = 應支付的利息 - 當期財務費用$$

$$折價攤銷額 = 當期財務費用 - 應支付的利息$$

【例10-21】光輝公司2013年1月1日發行5年期一次還本、分期付息的公司債券1,000萬元，債券利息在每年12月31日支付，票面利率為年利率6%，發行時的市場利率為5%，發行收入已存入銀行。

債券的發行價格 $= 10,000,000 \times 0.783,5 + 10,000,000 \times 6\% \times 4.329,5 = 10,432,700$（元）

溢價額 $= 10,432,700 - 10,000,000 = 432,700$（元）

注：復利現值系數 $PVA_{5\%,5} = 0.783,5$；年金現值系數 $PVA_{5\%,5} = 4.329,5$。

公司根據上述資料，採用實際利率法和攤餘成本計算確定的利息費用如表10-2所示。

表10-2　　　　　　　　　　債券溢價攤銷表　　　　　　　　　金額單位：元

付息日期	應付利息 (A)=面值×6%	財務費用 (B)=上期(D)×5%	利息調整 (C)=(A)-(B)	帳面價值 (D)=上期(D)-(C)
2013年01月01日				10,432,700.00
2013年12月31日	600,000.00	521,635.00	78,365.00	10,354,335
2014年12月31日	600,000.00	517,716.75	82,283.25	10,272,051.75
2015年12月31日	600,000.00	513,602.59	86,397.41	10,185,654.34
2016年12月31日	600,000.00	509,282.72	90,717.28	10,094,937.06
2017年12月31日	600,000.00	505,062.94	94,937.06	10,000,000.00
合計	3,000,000.00	2,567,300.00	432,700.00	—

根據表10-2的資料，公司帳務處理如下：

(1) 2013 年 1 月 1 日，發行債券時

借：銀行存款　　　　　　　　　　　　　　　　10,432,700
　　貸：應付債券——面值　　　　　　　　　　　10,000,000
　　　　　　　——利息調整　　　　　　　　　　　 432,700

(2) 2013 年 12 月 31 日，計算債券利息並支付時

借：財務費用　　　　　　　　　　　　　　　　　 521,635
　　應付債券——利息調整　　　　　　　　　　　　 78,365
　　貸：應付利息　　　　　　　　　　　　　　　　600,000

借：應付利息　　　　　　　　　　　　　　　　　 600,000
　　貸：銀行存款　　　　　　　　　　　　　　　　600,000

(3) 2014—2017 年確認利息費用的會計處理同 2013 年

(4) 2014 年 12 月 31 日歸還債券本金及最後一期利息時

借：財務費用　　　　　　　　　　　　　　　　　505,062.94
　　應付債券——面值　　　　　　　　　　　　10,000,000.00
　　　　　　——利息調整　　　　　　　　　　　　94,937.06
　　貸：銀行存款　　　　　　　　　　　　　　10,600,000

三、可轉換公司債券

1. 可轉換公司債券的含義

可轉換公司債券是指發行人依照法定程序發行，在一定期限內依照約定的條件可以轉換為股票的公司債券。在可轉換公司債券轉換為股票之前，其特徵和運作方式與公司債券相同，它實際上就是公司債券，必須還本付息。而可轉換公司債券一旦轉換為股票以後，其具有的公司債券特徵全部喪失，而代之出現的是股票的特徵。

2. 可轉換公司債券的帳務處理

企業發行的可轉換公司債券在「應付債券」帳戶下設置「可轉換公司債券」明細帳戶核算。

(1) 發行的可轉換公司債券，企業應按實際收到的金額，借記「銀行存款」等帳戶，按該項可轉換公司債券包含的負債成分的面值，貸記「應付債券——可轉換公司債券（面值）」帳戶，按權益成分的公允價值，貸記「其他權益工具」帳戶，按借貸雙方之間的差額，借記或貸記「應付債券——可轉換公司債券（利息調整）」帳戶。

(2) 對於可轉換公司債券的負債成分，在轉換為股份前，其會計處理與一般公司債券相同。

(3) 可轉換公司債券持有人行使轉換權利，將其持有的債券轉換為股票時，按可轉換公司債券的餘額，借記「應付債券——可轉換公司債券（面值、利息調整）」帳戶，按其權益成分的金額，借記「資本公積——其他資本公積」帳戶，按股票面值和轉換的股數計算的股票面值總額，貸記「股本」帳戶，按其差額，貸記「資本公積——股本溢價」帳戶。對於債券面額不足轉換 1 股股份的部分，企業應當用現金償還，還應貸記「庫存現金」「銀行存款」等帳戶。

【例 10-25】K 公司經批準於 2012 年 1 月 1 日按面值發行 5 年期一次還本、分期付息的可轉換公司債券 200,000,000 元，款項已收存銀行，債券票面年利率為 6%，利息按年支付。債券發行 1 年後可轉換為普通股股票，初始轉股價為每股 10 元，股票面值為每股 1 元，不足 1 股的按初始轉股價計算應支付的現金金額。

2013 年 1 月 1 日債券持有人將持有的可轉換公司債券全部轉換為普通股股票（假定按當日可轉換公司債券的帳面價值計算轉股數），公司發行債券時二級市場上與之類似的沒有轉換權的債券市場利率為 9%。

根據上述資料，公司的帳務處理如下：

(1) 2012 年 1 月 1 日，發行可轉換公司債券時

可轉換公司債券負債成分的公允價值（發行價格）

= 200,000,000×0.649,9+200,000,000×6%×3.889,7 = 176,656,400（元）

注：復利現值系數 $PVA_{9\%,5}$ = 0.649,9；年金現值系數 $PVA_{9\%,5}$ = 4.329,5。

可轉換公司債券權益成分的公允價值 = 200,000,000 - 176,656,400 = 23,343,600（元）

借：銀行存款　　　　　　　　　　　　　　　　　　　　200,000,000
　　應付債券——可轉換公司債券（利息調整）　　　　　　23,343,600
　貸：應付債券——可轉換公司債券（面值）　　　　　　　200,000,000
　　　其他權益工具　　　　　　　　　　　　　　　　　　23,343,600

(2) 2012 年 12 月 31 日，確認利息費用時

應確認的利息費用 = 176,656,400×9% = 15,899,076（元）

應攤銷的利息調整金額 = 15,899,076 - 200,000,000×6% = 3,899,076（元）

借：財務費用　　　　　　　　　　　　　　　　　　　　15,899,076
　貸：應付利息　　　　　　　　　　　　　　　　　　　　12,000,000
　　　應付債券——可轉換公司債券（利息調整）　　　　　　3,899,076

(3) 2013 年 1 月 1 日，債券持有人行使轉換權

轉換的股份數 = (176,656,400+12,000,000+3,899,076)/10 = 19,255,547.6（股）

不足 1 股的部分支付現金 6 元。

借：應付債券——可轉換公司債券（面值）　　　　　　　200,000,000
　　應付利息　　　　　　　　　　　　　　　　　　　　12,000,000
　　其他權益工具　　　　　　　　　　　　　　　　　　23,343,600
　貸：股本　　　　　　　　　　　　　　　　　　　　　19,255,547
　　　應付債券——可轉換公司債券（利息調整）　　　　　19,444,524
　　　資本公積——資本溢價　　　　　　　　　　　　　196,643,523
　　　庫存現金　　　　　　　　　　　　　　　　　　　　　　　　6

第六節　長期應付款

一、長期應付款的內容

長期應付款是指企業除長期借款和應付債券以外的其他各種長期應付款項，包括應付融資租入固定資產的租賃費、以分期付款方式購入固定資產發生的應付款項等。

企業應當設置「長期應付款」帳戶來核算長期應付款項。本帳戶貸方登記企業各種長期應付款的確認金額，借方登記各期實際支付的款項，本帳戶期末貸方餘額，反應企業應付未付的長期應付款項。

本帳戶可按長期應付款的種類和債權人進行明細核算。

二、長期應付款的核算

1. 應付融資租賃固定資產的租賃費

企業融資租入的固定資產，在租賃開始日，按應計入固定資產成本的金額（租賃開始日租賃資產公允價值與最低租賃付款額現值兩者中較低者，加上初始直接費用），借記「在建工程」或「固定資產」帳戶，按最低租賃付款額，貸記「長期應付款」帳戶，按發生的初始直接費用，貸記「銀行存款」等帳戶，按其差額，借記「未確認融資費用」帳戶。

按期支付的租金，借記「長期應付款」帳戶，貸記「銀行存款」等帳戶。

有關應付融資租賃固定資產的租賃費形成的長期應付款核算內容將在高級財務會計課程中介紹。

2. 具有融資性質的延期付款購買固定資產

購入有關資產超過正常信用條件延期支付價款、實質上具有融資性質的，應按購買價款的現值，借記「固定資產」「在建工程」等帳戶，按應支付的金額，貸記「長期應付款」帳戶，按其差額，借記「未確認融資費用」帳戶。

按期支付的價款，借記「長期應付款」帳戶，貸記「銀行存款」帳戶。

有關具有融資性質的延期付款購買固定資產形成的長期應付款的核算內容已在本書固定資產一章中介紹，這里不再重述了。

復習思考題

1. 應付帳款與應付票據在會計核算上有何不同？企業對它們應當如何進行正確核算？
2. 短期借款與長期借款的區別為何？在財務處理上有何不同？
3. 應交稅費帳戶核算的內容包括哪些？如何進行帳務處理？
4. 應付職工薪酬的確認條件有哪些？應如何計量？
5. 應付債券的各期財務費用應如何計量？

第十一章 所有者權益核算

第一節 所有者權益的內容

一、所有者權益的概念與特徵

1. 所有者權益的概念

所有者權益是指企業資產扣除負債後由所有者享有的剩餘權益。所有者權益包括所有者投入的資本、直接計入所有者權益的利得和損失、留存收益。

2. 所有者權益的特徵

（1）所有者權益實質上是所有者在該企業中所享有的一種財產權利。

（2）作為一種權利，所有者權益包括所有者投入的可供企業長期使用的資源。

（3）從構成要素分析，所有者權益包括所有者投入的資本、企業的資產增值及留存於企業的利潤。

二、所有者權益的內容

在企業會計實務中，企業的所有者權益分為實收資本（或股本）、資本公積、盈餘公積和未分配利潤四個部分。

1. 實收資本

實收資本是企業的投資者按照企業章程或合同、協議的約定，在注冊資本金範圍內實際投入企業的資本。

2. 資本公積

資本公積，是所有者共有的、非日常經營活動增加的所有者權益。它包括企業收到投資者投入資本中超過其注冊資本的部分、直接計入所有者權益的利得和損失。

3. 盈餘公積

盈餘公積，是指歸投資者所共有的、按一定比例從淨利潤中提取的各種累積資金。盈餘公積一般又分為法定盈餘公積金和任意盈餘公積金。

4. 未分配利潤

未分配利潤，是指企業進行各種分配以後留在企業的未指定用途的那部分淨利潤。

盈餘公積和未分配利潤合起來稱為企業的留存收益。因為它們在性質上都屬於企業以前年度經營累積留到企業的收益。它們既非投資者投入的資本，也非日常活動的偶然所得，它們代表的是企業過去經營活動的業績，能體現公司的正常經營水準。

三、所有者權益與負債的區別

負債和所有者權益都是對企業資產的要求權，但它們之間存在著以下五個區別：

1. 性質不同

負債是對債權人承擔的經濟責任，在企業清算時債權人對企業的資產具有優先要求權；所有者權益是對股東承擔的經濟責任，是所有者對企業的剩餘資產的要求權，這種要求權在順序上置於債權人的要求權之後。

2. 權利不同

債權人只有獲取企業用以清償債務的資產的要求權，而沒有經營決策的參與權與收益分配權；所有者權益則可以參與公司的經營決策及收益分配。

3. 償還期限不同

負債必須在一定時期（特定日期或明確的日期）償還。所有者權益一般只有在企業解散清算時（除按法律程序特別規定外），其破產財產在償付了破產費用、債權人的債務以後，如果有剩餘財產，才可能償還給投資者，在企業持續經營的情況下，一般不能隨意抽回投資。

4. 計量不同

負債必須在發生時按規定的方法進行確認與計量；而所以者權益則不必單獨計量，而是對資產和負債計量以後形成的結果。

5. 承擔風險不同

債權人獲取的利息一般是按一定利率計算、預先可以確定的固定數額，企業不論盈利與否均應按期付息，風險較小。所有者獲得多少收益，則視企業的盈利水準及經營政策而定，風險較大。

第二節　實收資本

一、實收資本的法律規範及設置帳戶

1. 實收資本的法律規範

按照中國法律規定，投資者舉辦企業必須投入資本，而且必須達到法律規定的最低金額，即辦企業的最低本錢。但是，投入的資本必須經過註冊會計師的驗證後，才能到工商行政管理局進行登記註冊，登記註冊的資本即為註冊資本，投資者投入企業的資本等於註冊資本部分就是企業的實收資本（股份公司叫股本），超過註冊資本部分計入資本公積。

按照中國法律規定，投資者可以以貨幣資金以及存貨、無形資產、固定資產等非貨幣資產進行投資形成企業的實收資本和資本公積，但貨幣出資額不得低於註冊資本的30%。

2. 帳戶設置

為了核算有限責任公司投資者的投入資本，應設置「實收資本」帳戶。本帳戶為

所有者權益帳戶，核算企業接受投資者投入的實收資本，股份有限公司應將本帳戶改為「股本」帳戶。本帳戶借方登記實收資本的減少，貸方登記實收資本的增加，期末餘額在貸方，反應企業實際收到的資本或股本總額。本帳戶可按投資者進行明細核算。

二、實收資本的初始確認與計量

1. 帳務處理原則

股東以貨幣出資的，應當將貨幣出資額足額存入公司的銀行帳戶，以非貨幣財產出資的，應當依法辦理財產權的轉移手續。經過注冊會計師驗證並出具驗資證明後，公司進行實收資本的初始確認與計量。

公司接受投資者投入的資本，借記「銀行存款」「其他應收款」「固定資產」「無形資產」「長期股權投資」等帳戶，按其在注冊資本或股本中所占份額，貸記本帳戶，按其差額，貸記「資本公積——資本溢價或股本溢價」帳戶。

2. 接受現金資產投資

【例 11-1】A 公司由甲、乙、丙、丁等 4 位投資者舉辦，注冊資本 8,000,000 元，各占 25%股份。A 公司 2013 年 3 月 5 日分別收到甲、乙投資者各投入的銀行存款 1,000,000 元和 2,000,000 元。

借：銀行存款　　　　　　　　　　　　　　　　　3,000,000
　　貸：實收資本——甲　　　　　　　　　　　　　1,000,000
　　　　　　　　——乙　　　　　　　　　　　　　2,000,000

【例 11-2】N 股份公司 2013 年 3 月 1 日發行面值為 1 元的普通股 10,000,000 股，發行價為每股 2 元。款項已經收存銀行。

借：銀行存款　　　　　　　　　　　　　　　　　20,000,000
　　貸：股本　　　　　　　　　　　　　　　　　　10,000,000
　　　　資本公積——股本溢價　　　　　　　　　　10,000,000

3. 接受非貨幣資產投資

公司接受非貨幣資產投資時，應當按照投資協議或合同約定價值確定非貨幣資產價值（投資協議或合同約定價值不公允的除外）或按照評估確認的價值，按投資者在注冊資本中的份額確認實收資本，超過注冊資本部分確認為資本公積。

【例 11-3】續【例 11-1】，2013 年 3 月 20 日，A 公司收到丙投資者投入的機器設備 2 臺，評估確認價值 500,000 元，專利技術一項，合同約定價值 1,800,000 元；同時收到丁投資者投入原材料一批，有增值稅發票，發票上價款 1,000,000 元，稅款 170,000 元。

借：固定資產　　　　　　　　　　　　　　　　　500,000
　　無形資產——專利技術　　　　　　　　　　　1,800,000
　　原材料　　　　　　　　　　　　　　　　　　1,000,000
　　應交稅費——應交增值稅（進項稅額）　　　　170,000
　　貸：實收資本——丙　　　　　　　　　　　　　2,000,000
　　　　　　　　——丁　　　　　　　　　　　　　1,170,000

資本公積——資本溢價　　　　　　　　　　　　　　　　　　　300,000

三、實收資本的後續計量

一般情況下，企業的實收資本保持相對固定不變。但在某些特定情況下，實收資本也可能發生變動。當實收資本發生變動，其數額比原來註冊資本增減幅度超過25%時，企業應當持增資證明或減資證明，向原登記的工商行政管理局變更登記後再進行計量。

1. 實收資本的增加

公司增加實收資本主要有以下七條途徑：

(1) 接受投資者追加投資，其帳務處理方法與初始確認及計量的方法相同。

【例11-4】續【例11-3】，2013年4月5日，A公司收到丁投資者投入土地使用權，評估價值800,000元，丁已辦妥土地轉讓手續；另外丁投資者投入銀行存款100,000元。

借：銀行存款　　　　　　　　　　　　　　　　　　　　　100,000
　　無形資產——土地使用權　　　　　　　　　　　　　　 800,000
貸：實收資本——丁　　　　　　　　　　　　　　　　　　 830,000
　　資本公積——資本溢價　　　　　　　　　　　　　　　　70,000

(2) 資本公積轉增資本。資本公積轉增資本，應該借記「資本公積——資本溢價或股本溢價」帳戶，貸記「實收資本」帳戶。《中華人民共和國公司法》第一百六十九條規定：法定公積金轉為資本時，所留存的該項公積金不得少於轉增前公司註冊資本的百分之二十五。

【例11-5】M公司經公司高層管理機構批准，決定用1,000,000元資本公積轉增資本，已經辦理了登記變更手續。

借：資本公積——資本溢價　　　　　　　　　　　　　　 1,000,000
貸：實收資本　　　　　　　　　　　　　　　　　　　　 1,000,000

(3) 盈餘公積轉增資本。該內容將在本章第四節中介紹。

(4) 分派股票股利。股份公司增發股票、發放股票股利，都會實現增加實收資本的結果。新增資本時，股東有權優先按照實繳的出資比例認繳出資。但是，全體股東約定不按照出資比例分取紅利或者不按照出資比例優先認繳出資的除外。分配的股票股利，分配方案經股東大會批准後，企業應在辦理增資手續後，借記「利潤分配」帳戶，貸記「股本」帳戶。

【例11-6】S公司經股東大會決議，按股票面值的10%分派股票股利，共計分派了500萬股，每股面值1元，分派日每股市價為3元。

借：利潤分配——轉做股本的股利　　　　　　　　　　　15,000,000
貸：股本　　　　　　　　　　　　　　　　　　　　　　 5,000,000
　　資本公積——股本溢價　　　　　　　　　　　　　　　10,000,000

(5) 可轉換債券到期轉為資本。公司發行的可轉換公司債券按規定轉為股本時，應按「應付債券——可轉換公司債券」帳戶餘額，借記「應付債券——可轉換公司債

券」帳戶；按「資本公積——其他資本公積」帳戶中屬於該項可轉換公司債券的權益成分的金額，借記「資本公積——其他資本公積」帳戶，按股票面值和轉換的股數計算股票面值總額，貸記「實收資本」帳戶；按實際用庫存現金支付的不可轉換為股票的部分，貸記「銀行存款」等帳戶，按其差額，貸記「資本公積——股本溢價」帳戶。

企業發行的可轉換公司債券，屬於同時具有負債和權益雙重成分的非衍生金融工具，應將其分拆為負債和權益工具。一般以該項金融工具的帳面價值扣除負債的公允價值後的金額，作為權益成分的初始確認金額；如果負債的公允價值難以確認的，可以不進行分拆，均作為負債進行核算。

（6）債務轉為資本。企業將重組債務轉為資本的，應按重組債務的帳面價值，借記「應付帳款」等帳戶，按債權人放棄債權而享有本企業股份的面值總額，貸記「實收資本」帳戶，按股份的公允價值總額與相應的實收資本或股本之間的差額，貸記或借記「資本公積——資本溢價或股本溢價」帳戶，按重組債務的帳面價值與股份的公允價值總額之間的差額，貸記「營業外收入——債務重組利得」帳戶。

（7）股份期權行權轉為資本。該部分內容將在高級財務會計的股份支付章節中介紹。

2. 實收資本減少

根據《中華人民共和國公司法》規定：公司成立後，股東不得抽逃出資。但符合《中華人民共和國公司法》規定的，可以減少注冊資本，比如企業發生重大虧損、資本過剩、回購股份用於獎勵職工、中外合作企業按照協議歸還股東投資等。公司減少（或增加）注冊資本，須由董事會制訂減資（或增資）方案，經過股東大會決議通過。公司減資後的注冊資本不得低於法定的最低限額。

（1）企業按法定程序報經批準減少注冊資本的，借記「實收資本」帳戶，貸記「庫存現金」「銀行存款」等帳戶。

（2）股份有限公司採用收購本公司股票方式減資的，按股票面值和注銷股數計算的股票面值總額，借記「股本」帳戶，按所注銷庫存股的帳面餘額，貸記「庫存股」帳戶，按其差額，借記「資本公積——股本溢價」帳戶，股本溢價不足冲減的，應借記「盈餘公積」「利潤分配——未分配利潤」帳戶；購回股票支付的價款低於面值總額的，應按股票面值總額，借記本帳戶，按所注銷庫存股的帳面餘額，貸記「庫存股」帳戶，按其差額，貸記「資本公積——股本溢價」帳戶。

庫存股票是指公司收回發行在外，但尚未注銷的本公司股票。公司所持有的其他公司的股票或者本公司尚未發行的股票以及由本公司收回並加以注銷的本公司股票均不屬於庫存股票。

庫存股票不能作為公司的資產，因為公司自己不能投資自己，成為自己的股東。公司應為投資者所有，公司不能通過購買自己的股票像購買資產一樣確認利得或損失。因此，公司取得庫存股票實際上是減少股東權益。

【例 11-7】K 公司以 1,000 萬元，回購發行在外的 800 萬股股票，經公司管理層和相關主管部門批準注銷減資。假定公司已有股本溢價為 1,000 萬元，應進行的帳務處理為：

借：庫存股 10,000,000
　　貸：銀行存款 10,000,000
借：股本 8,000,000
　　資本公積——股本溢價 2,000,000
　　貸：庫存股 10,000,000

第三節　資本公積和其他綜合收益

一、資本公積的內容及帳戶設置

1. 資本公積的內容

（1）企業收到投資者出資超出其在注冊資本或股本中所占的份額。

（2）「直接計入所有者權益的利得和損失」，是指不應計入當期損益、會導致所有者權益發生增減變化的、與所有者投入資本或者向投資者分配利潤無關的利得和損失。

利得是指由企業非日常活動所形成的、會導致所有者權益增加的、與所有者投入資本無關的經濟利益流入；損失是由企業非日常活動所發生的、會導致所有者權益減少的、與向所有者分配利潤無關的經濟利益的流出。

利得和損失可以分為直接計入所有者權益的利得和損失、直接計入當期利潤的利得和損失。直接計入當期利潤的利得和損失會計帳戶通常用「營業外收入」「營業外支出」等帳戶反應。具體內容請參見本書的「收入、費用」相關章節，此處不再詳述。

2. 帳戶設置

為核算資本公積的有關事項，企業需要設置「資本公積」帳戶。本帳戶為所有者權益帳戶，核算企業收到投資者出資額超出其在注冊資本或股本中所占份額的部分以及直接計入所有者權益的利得和損失。本帳戶借方登記轉增資本等原因引起的資本公積的減少，貸方反應資本公積的形成等，期末餘額在貸方，反應企業的資本公積總額。本帳戶應當分別設置「資本溢價（股本溢價）」「其他資本公積」帳戶進行明細核算。

二、資本公積的帳務處理

1. 資本溢價

企業收到投資者投入的資本，借記「銀行存款」「其他應收款」「固定資產」「無形資產」等帳戶，按其在注冊資本或股本中所占份額，貸記「實收資本」或「股本」帳戶，按其差額，貸記「資本公積——資本溢價（或股本溢價）」帳戶。與發行權益性證券直接相關的手續費、傭金等交易費用，借記「資本公積——股本溢價」帳戶，貸記「銀行存款」等帳戶。

【例11-8】H公司委託某證券公司代理發行普通股1,000萬股，每股面值1元，按照每股5元發行。支付給證券公司的手續費按照發行收入總額的3‰計算，從發行費用中扣除。假設發行收入已經存入銀行。

H公司收到證券公司的發行款＝10,000,000×5×（1-3‰）＝49,850,000（元）
計入資本公積的金額＝實際收入-面值＝49,850,000-10,000,000＝39,850,000（元）

借：銀行存款　　　　　　　　　　　　　　　　　　49,850,000
　　貸：股本　　　　　　　　　　　　　　　　　　　10,000,000
　　　　資本公積——股本溢價　　　　　　　　　　　39,850,000

2. 其他資本公積

其他資本公積主要核算的內容是「直接計入所有者權益的利得和損失」，主要包括以權益結算的股份支付和採用權益結算的長期股權投資。

企業的長期股權投資採用權益法核算的，在持股比例不變的情況下，被投資單位除淨損益、其他綜合收益和利潤分配以外所有者權益的其他變動，企業按持股比例計算應享有的份額，借記或貸記「長期股權投資——所有者權益其他變動」帳戶，貸記或借記「資本公積——其他資本公積」。具體參見第6章「長期股權投資」內容。

三、其他綜合收益

其他綜合收益是指企業根據企業會計準則規定未在損益中確認的各項利得和損失扣除所得稅影響後的淨額。包括以後會計期間不能重分類進損益的其他綜合收益和以後會計期間在滿足規定條件時將重分類進損益的其他綜合收益兩類。

1. 以後會計期間不能重分類進損益的其他綜合收益

以後會計期間不能重分類進損益的其他綜合收益主要包括重新計量設定受益計劃淨負債或淨資產導致的變動和按照權益法核算的，在被投資單位以後會計期間不能重分類進損益的其他綜合收益中所享有的份額。

2. 以後會計期間在滿足規定條件時將重分類進損益的其他綜合收益

以後會計期間在滿足規定條件時將重分類進損益的其他綜合收益主要包括：

（1）可供出售金融資產公允價值的變動。資產負債表日，可供出售金融資產的公允價值高於其帳面餘額的差額，借記「可供出售金融資產」帳戶，貸記「其他綜合收益」；公允價值低於其帳面餘額的差額，作相反的會計分錄。具體參見第5章「非貨幣性金融資產」內容。

（2）持有至到期投資與可供出售金融資產的相互轉化。企業根據金融工具確認和計量原則將持有至到期投資重分類為可供出售金融資產的，應在重分類日按該項持有至到期投資的公允價值，借記「可供出售金融資產」帳戶，已計提減值準備的，借記「持有至到期投資減值準備」帳戶，按其帳面餘額，貸記「持有至到期投資」帳戶，按其差額，貸記或借記「其他綜合收益」。具體參見第5章「非貨幣性金融資產」內容。

（3）採用權益法核算的長期股權投資。企業的長期股權投資採用權益法核算的，被投資企業實現其他綜合收益，企業按持股比例計算應享有的份額，借記或貸記「長期股權投資——所有者權益其他變動」帳戶，貸記或借記「其他綜合收益」。具體參見第6章「長期股權投資」內容。

此外，其他綜合收益還包括現金流量套期工具產生的利得或損失中屬於有效套期的部分等其他項目。

第四節　留存收益

一、盈餘公積的核算

1. 帳戶設置

企業應當設置「盈餘公積」帳戶，核算企業從淨利潤中提取的盈餘公積以及盈餘公積的使用情況及餘額。該帳戶為所有者權益帳戶，貸方登記盈餘公積的提取數額，借方登記盈餘公積的使用數額，期末餘額在貸方，反應企業的盈餘公積結餘數額。本帳戶應當分別設置「法定盈餘公積」「任意盈餘公積」帳戶進行明細核算。

2. 提取盈餘公積

企業分配當年淨利潤過程中必須按規定的比例計提法定盈餘公積，一般的比例為淨利潤的10%，法定盈餘公累積計達到註冊資本的50%以上的，可以不再提取。經公司的最高權力機構批準，公司可以按淨利潤的一定比例計提任意盈餘公積。

【例11-9】A公司本年度的淨利潤為1,000,000元，按規定10%的比率提取法定公積金，並根據股東會決議，按5%的比率提取任意盈餘公積。

借：利潤分配——提取法定盈餘公積	100,000
——提取任意盈餘公積	50,000
貸：盈餘公積——法定盈餘公積	100,000
——任意盈餘公積	50,000

3. 使用盈餘公積

（1）彌補虧損

按照中國法律規定，企業發生的虧損有三條彌補渠道：

一是用以後年度的稅前利潤彌補。納稅人發生年度虧損的，可以用以後連續5年內實現的稅前利潤彌補。

二是用稅後利潤彌補。企業發生虧損經過5年期間未彌補足額的，應當使用所得稅稅後利潤即淨利潤彌補。

三是用盈餘公積彌補。在稅前利潤不足以彌補虧損的情況下，也可以用以前年度的盈餘公積補虧。以前年度盈餘公積仍不足彌補虧損的，用提取盈餘公積前的稅後利潤補虧。

企業用盈餘公積彌補虧損時，借記「盈餘公積——法定盈餘公積」或「盈餘公積——任意盈餘公積」帳戶，貸記「利潤分配——盈餘公積補虧」帳戶。

【例11-10】L公司本年發生經營虧損500,000元，經股東大會表決通過，決定以累積的法定盈餘公積400,000元、任意盈餘公積100,000元彌補虧損。帳務處理如下：

借：盈餘公積——法定盈餘公積	400,000
——任意盈餘公積	100,000
貸：利潤分配——盈餘公積補虧	500,000

年度終了，將「利潤分配——盈餘公積補虧」帳戶餘額轉入「利潤分配——未分配利潤」帳戶。

借：利潤分配——盈餘公積補虧　　　　　　　　　　500,000
　　貸：利潤分配——未分配利潤　　　　　　　　　　500,000

（2）轉增資本

企業經股東大會或類似機構決議同意，盈餘公積可以用來轉增資本，但法定公積金（包括資本公積和盈餘公積）轉為資本後，所留存的該項公積金不得少於轉增前公司註冊資本的25%。

用盈餘公積轉增資本，借記「盈餘公積」帳戶，貸記「實收資本」或「股本」帳戶。如果派送新股，按派送新股計算的金額，借記「盈餘公積」帳戶，按股票面值和派送新股總數計算的股票面值總額，貸記「股本」帳戶，按其差額，貸記「資本公積——股本溢價」帳戶。

【例11-11】D公司經股東大會決議，在本期用800,000元法定盈餘公積轉增資本。

借：盈餘公積——法定盈餘公積　　　　　　　　　　800,000
　　貸：實收資本　　　　　　　　　　　　　　　　800,000

二、未分配利潤的核算

未分配利潤反應企業利潤的分配（或虧損的彌補）和歷年分配（或彌補）後的積存餘額。資產負債表上的未分配利潤，在性質上屬於截至本會計年度的累計額，不是當期的發生額。

從未分配利潤的定義可以看出，其形成來源包括本年經營利潤的分配剩餘（或虧損）和以前年度積存利潤（或虧損）。為反應企業的未分配利潤過程及其結果，需要單獨設置「利潤分配」帳戶，該帳戶應當分別「提取法定盈餘公積」「提取任意盈餘公積」「應付庫存現金股利或利潤」「轉作股本的股利」「盈餘公積補虧」和「未分配利潤」等進行明細核算。

年度終了，企業應將全年實現的淨利潤，自「本年利潤」帳戶轉入「利潤分配」帳戶，借記「本年利潤」帳戶，貸記「利潤分配——未分配利潤」帳戶，為淨虧損的，作相反的會計分錄；同時，將「利潤分配」帳戶所屬其他明細帳戶的餘額轉入「利潤分配——未分配利潤」明細帳戶。結轉後，本帳戶除「未分配利潤」明細帳戶外，其他明細帳戶應無餘額。

期末將提取的公積金轉入未分配利潤帳戶中：

借：利潤分配——未分配利潤
　　貸：利潤分配——提取法定盈餘公積
　　　　　　　　——提取任意盈餘公積

具體帳務處理內容及例子將在本書第十三章利潤核算中介紹。

復習思考題

1. 所有者權益包括哪些內容？它與負債區別何在？
2. 企業如何核算投資者投入企業的資本？
3. 資本公積有哪些來源？可用於哪些方面？如何核算？
4. 盈餘公積包括哪些內容？可用於哪些方面？如何核算？
5. 什麼是未分配利潤？什麼是留存收益？兩者有何區別？

第四篇　損益核算篇

- 收入、費用核算

- 利潤核算

第十二章 收入、費用核算

第一節 收入的含義及帳戶設置

一、收入的含義及分類

1. 收入的含義

收入是指企業在日常活動中形成的、會導致所有者權益增加的、與所有者投入資本無關的經濟利益的總流入。

日常活動是指是企業為完成其經營目標所從事的經常性活動以及與之相關的活動。由於各類企業的日常活動的性質不同，因而不同企業的收入具體內容有所區別。

2. 收入分類

（1）收入按企業從事日常活動的性質不同可分為銷售商品收入、提供勞務收入、讓渡資產使用權收入、建造合同收入等。

①銷售商品收入，是指企業通過銷售商品實現的收入，包括工業企業製造並銷售產品、自製半成品取得的收入；商品流通企業銷售商品收入、商業等企業的代銷代購收入；農業企業銷售產品收入；提供工業性作業收入；房地產開發企業土地轉讓收入、商品房及配套設施銷售收入等。

②提供勞務收入，是指企業通過提供勞務實現的收入，例如，保險公司簽發保單、咨詢公司提供咨詢服務、軟件企業為客戶開發軟件、安裝公司提供安裝服務等實現的收入。

③讓渡資產使用權收入，是指企業通過讓渡資產的所有權而獲得的收入，如商業銀行對外貸款、租賃公司出租資產等實現的收入，主要包括利息收入和使用費收入等。

④建造合同收入，是指企業承擔建造合同所形成的收入，包括建造合同規定的初始收入和因建造合同變更、索賠、獎勵等形成的收入。

（2）收入按企業經營業務的主次不同分為主營業務收入和其他業務收入。

①主營業務收入，是指企業為完成其經營目標從事的日常活動中主營業務實現的收入。如工業企業製造並銷售產品收入、商品流通企業銷售商品收入、保險公司簽發保單收入、咨詢公司提供咨詢服務收入、軟件企業為客戶開發軟件收入、安裝公司提供安裝服務收入、商業銀行對外貸款收入、租賃公司出租資產收入等都屬於各類企業的主營業務收入。這些日常活動形成的經濟利益的總流入構成的收入，根據其性質的不同，分別通過「主營業務收入」「利息收入」「保費收入」等會計帳戶進行核算。

② 其他業務收入，是指企業為完成其經營目標從事的主營業務之外的其他日常活動實現的收入。如工業企業對外出售不需用的原材料、對外轉讓無形資產使用權等活動形成的收入。根據這些活動的性質不同，分別通過「其他業務收入」等會計帳戶進行核算。

二、收入核算的主要會計帳戶設置

1. 主營業務收入

「主營業務收入」屬於損益類帳戶，用來核算企業確認的銷售商品、提供勞務等主營業務的收入。該帳戶貸方登記企業已實現的銷售商品收入或提供勞務實現的收入；借方登記銷貨退回、銷售折讓對銷售收入的冲減額以及期末轉入「本年利潤」帳戶的主營業務收入數額；期末結轉後本帳戶無餘額。本帳戶可按主營業務的種類進行明細核算。

2. 發出商品

「發出商品」屬於資產類帳戶，用來核算企業未滿足收入確認條件但已發出商品的實際成本（或進價）或計劃成本（或售價）。本帳戶借方登記未滿足收入確認條件發出商品的實際成本（或進價）或計劃成本（或售價）；貸方登記發出商品發生退回商品的實際成本（或進價）或計劃成本（或售價）以及發出商品滿足收入確認條件時，結轉至「主營業務成本」帳戶的數額；期末借方餘額，反應企業發出商品的實際成本（或進價）或計劃成本（或售價）。本帳戶可按購貨單位、商品類別和品種進行明細核算。

3. 主營業務成本

「主營業務成本」為損益類帳戶，用來核算企業確認銷售商品、提供勞務等主營業務收入時應結轉的成本。本帳戶借方登記因出售商品或提供勞務而結轉的主營業務成本；貸方登記銷售退回商品或勞務的成本以及期末轉入「本年利潤」帳戶的主營業務成本；期末結轉後本帳戶無餘額。本帳戶可按主營業務的種類進行明細核算。

4. 稅金及附加

「稅金及附加」為損益類帳戶，用於核算企業日常活動應負擔的相關稅金及附加，包括企業生產經營活動中發生的消費稅、城市維護建設稅、資源稅和教育費附加等相關稅費。本帳戶借方登記計算確認的各項稅費，貸方登記期末轉入「本年利潤」帳戶的稅金及附加，期末結轉後本帳戶無餘額。

5. 其他業務收入

「其他業務收入」為損益類帳戶，核算企業確認的除主營業務活動以外的其他經營活動實現的收入，包括出租固定資產、出租無形資產、出租包裝物和商品、銷售材料、用材料進行非貨幣性交換或債務重組等實現的收入。本帳戶貸方登記實現的其他業務收入，借方登記期末轉入「本年利潤」帳戶的其他業務收入，期末結轉後本帳戶無餘額。本帳戶可按其他業務收入種類進行明細核算。

6. 其他業務成本

「其他業務成本」為損益類帳戶，核算企業確認的除主營業務活動以外的其他經營

活動所發生的支出，包括銷售材料的成本、出租固定資產的折舊額、出租無形資產的攤銷額、重組包裝物的成本或攤銷額等。本帳戶借方登記確認的其他業務成本，貸方登記期末轉入「本年利潤」帳戶的其他業務成本，期末結轉後本帳戶無餘額。本帳戶可按其他業務成本的種類進行明細核算。

第二節　商品銷售收入

一、銷售商品收入的確認與計量

1. 銷售商品收入的確認條件

企業銷售商品收入必須同時滿足下列五個條件的，才能予以確認：

（1）企業已將商品所有權上的主要風險和報酬轉移給購貨方，是指與商品所有權有關的主要風險和報酬同時轉移。與商品所有權有關的風險，是指商品可能發生減值或毀損等形成的損失；與商品所有權有關的報酬，是指商品價值增值或通過使用商品等產生的經濟利益。

判斷企業是否已將商品所有權上的主要風險和報酬轉移給購貨方，應當關注交易的實質，並結合所有權憑證的轉移進行判斷。

① 通常情況下，轉移商品所有權憑證並交付實物後，商品所有權上的主要風險和報酬隨之轉移，如大多數零售商品。

② 某些情況下，轉移商品所有權憑證但未交付實物，商品所有權上的主要風險和報酬隨之轉移，企業只保留了次要風險和報酬，如交款提貨方式銷售商品。

③ 有時，已交付實物但未轉移商品所有權憑證，商品所有權上的主要風險和報酬未隨之轉移，如採用支付手續費方式委託代銷的商品。

企業已將商品所有權上的主要風險和報酬轉移給購貨方，這構成確認銷售商品收入的重要條件。

（2）企業既沒有保留通常與所有權相聯系的繼續管理權，也沒有對已售出的商品實施有效控制。企業將商品使用權的主要風險和報酬轉移給買方後，如仍然對出售的商品實施控制，則該項銷售不能成立，不能確認相應的銷售收入。例如，生產企業將商品銷售給批發商後，若仍能要求其退回或轉移商品，一般表明生產企業對售出的商品仍在實施控制，不能確認為收入。如果銷售方對售出的商品實施的管理與所有權無關，則應當確認收入。例如，房地產開發企業將其開發的商品房出售後，保留了房產的物業管理權，該項管理權與房產所有權無關，因此該銷售成立，應當確認銷售商品收入。

（3）收入的金額能夠可靠計量，是收入確認的基本前提。收入的金額能夠可靠計量是指收入的金額能夠合理估計。

（4）相關經濟利益很可能流入企業。企業在商品的交易中，與交易相關的經濟利益是指銷售商品的價款。相關經濟利益很可能流入企業是指企業銷售商品的價款收回

的可能性大於 50%；如果價款收回的可能性不大，即使收入確認的其他條件已滿足，也不能夠確認收入。

（5）相關的、已發生的或將發生的成本能夠可靠計量。通常情況下，銷售商品相關的已發生或將要發生的成本能夠合理估計，如庫存商品的成本、商品的運輸費用等；但有時，銷售商品相關的已發生或將要發生的成本不能合理地估計，此時企業不能確認收入，已收到的價款應當確認為負債。

2. 銷售商品收入確認條件的具體應用

（1）一般情況下的銷售商品收入的確認。下列商品銷售，通常按規定的時點確認為收入，有證據表明不滿足收入確認條件的除外：

① 銷售商品採用托收承付方式的，在辦妥托收手續時確認收入。

② 銷售商品採用預收款方式的，在發出商品時確認收入，預收的貨款應確認為負債。

③ 銷售商品需要安裝和檢驗的，在購買方接受商品以及安裝和檢驗完畢前，不確認收入，待安裝和檢驗完畢時確認收入。如果安裝程序比較簡單，可在發出商品時確認收入。

④ 銷售商品採用以舊換新方式的，銷售的商品應當按照銷售商品收入確認條件來確認收入，回收的商品作為購進商品處理。

⑤ 銷售商品採用支付手續費方式委託代銷的，在收到代銷清單時確認收入。

（2）售後回購方式銷售商品收入的確認。採用售後回購方式銷售商品的，收到的款項應確認為負債；回購價格大於原售價的，差額應在回購期間按期計提利息，計入財務費用。有確鑿證據表明售後回購交易滿足銷售商品收入確認條件的，銷售的商品按售價確認收入，回購的商品作為購進商品處理。

（3）售後租回方式銷售商品的確認。採用售後租回方式銷售商品的，收到的款項應確認為負債；售價與資產帳面價值之間的差額，應當採用合理的方法進行分攤，作為折舊費用或租金費用的調整。有確鑿證據表明認定為經營租賃的售後租回交易是按照公允價值達成的，銷售的商品按售價確認收入，並按帳面價值結轉成本。

3. 銷售商品收入的計量

企業銷售商品滿足收入確認條件時，應當按照從購貨方已收或應收合同或協議價款的公允價值確定銷售商品收入金額。

從購貨方已收或應收的合同或協議價款，通常為公允價值。某些情況下，合同或協議明確規定銷售商品需要延期收取價款，如分期收款銷售商品，實質上具有融資性質，應當按照應收的合同或協議價款的現值確定其公允價值。應收的合同或協議價款與其公允價值之間的差額，應當在合同或協議期間內，按照應收款項的攤餘成本和實際利率計算確定的攤銷金額，沖減財務費用。

二、銷售商品收入的會計處理

1. 一般情況下銷售商品收入的帳務處理

（1）一般情況下，企業確認銷售商品收入時，應當按已收到或應收的合同或協議

價款，加上應收取的增值稅稅額，借記「銀行存款」「應收帳款」「應收票據」等帳戶，按確認的營業收入，貸記「主營業務收入」或「其他業務收入」等帳戶；按應當收取的增值稅稅額，貸記「應交稅費——應交增值稅（銷項稅額）」；同時或在資產負債表日按應交的消費稅、資源稅、城市維護建設稅、教育費附加等稅費金額，借記「營業稅金及附加」帳戶，貸記「應交稅費——應交消費稅（資源稅、城市維護建設稅、教育費附加）」帳戶；同時或在資產負債表日按銷售商品的庫存成本結轉銷售成本，借記「主營業務成本」或「其他業務成本」帳戶，貸記「庫存商品」或「原材料」等帳戶。

【例 12-1】光輝公司為一般納稅人，該公司 2013 年 3 月 5 日採用托收承付方式銷售一批商品給乙企業，開出增值稅專用發票，發票上注明金額 200,000 元，稅額 34,000 元，商品已經發運，用現金代墊運費 2,000 元，並向銀行辦妥托收手續，該批商品成本 140,000 元。

編製會計分錄如下：

借：應收帳款——乙企業　　　　　　　　　　　　236,000
　　貸：主營業務收入　　　　　　　　　　　　　　200,000
　　　　應交稅費——應交增值稅（銷項稅額）　　　34,000
　　　　庫存現金　　　　　　　　　　　　　　　　2,000

同時，或者在月末結轉商品成本：

借：主營業務成本　　　　　　　　　　　　　　　140,000
　　貸：庫存商品　　　　　　　　　　　　　　　140,000

（2）如果發出的商品不符合收入確認條件，則不應確認為收入，已發出的商品應當通過「發出商品」帳戶進行核算。

【例 12-2】續【例 12-1】，假定光輝公司在銷售商品時就已經知道乙企業現金流發生了暫時困難，一時收不回貨款，但光輝公司為了減少庫存積壓，同時也為了維持與乙企業長期建立起來的商業關係，仍然將商品發出並辦妥托收手續。

該業務對光輝公司而言是沒有實現收入的，但從稅收角度，納稅義務是發生了的。
會計處理如下：

① 發出商品時。

借：發出商品　　　　　　　　　　　　　　　　　140,000
　　貸：庫存商品　　　　　　　　　　　　　　　140,000
借：應收帳款——乙企業　　　　　　　　　　　　36,000
　　貸：應交稅費——應交增值稅（銷項稅額）　　34,000
　　　　庫存現金　　　　　　　　　　　　　　　2,000

② 如果光輝公司得知乙企業的經營情況出現好轉，而且乙企業承諾近期付款，確認收入實現。

借：應收帳款——乙企業　　　　　　　　　　　　200,000
　　貸：主營業務收入　　　　　　　　　　　　　200,000
借：主營業務成本　　　　　　　　　　　　　　　140,000

貸：發出商品　　　　　　　　　　　　　　　　　　　　　　140,000

2. 銷售商品涉及商業折扣、現金折扣與銷售折讓的會計處理

　　企業在銷售商品中，通常是按已收到或應收的合同或協議價款確定其收入金額。但有時銷售商品也會遇到商業折扣、現金折扣以及銷售折讓等情況，所以在確定銷售商品收入時，要分別不同情況進行會計處理。

　　（1）商業折扣是指企業為促進商品銷售而在商品標價上給予的價格扣除。銷售商品涉及商業折扣的，應當按照扣除商業折扣後的金額來確認銷售商品收入金額。

　　（2）現金折扣，是指債權人為鼓勵債務人在規定的期限內付款而向債務人提供的債務扣除。現金折扣的表示方式一般是：5/10、2/20、n/30，其含義為：10日以內付款，給予5%的現金折扣，20日以內付款給予2%的現金折扣，30日以內付清全部款項。

　　銷售商品涉及現金折扣的，應當按照扣除現金折扣前的金額來確認銷售商品收入金額。現金折扣在實際發生時計入當期損益。

　　（3）銷售折讓是指企業因售出商品的質量不合格等情況而在售價上給予的減讓。

　　如果企業已經確認銷售商品收入的售出商品發生銷售折讓的，應當在發生時冲減當期銷售商品收入。

　　如果銷售折讓屬於資產負債表日後事項的，則按照適用資產負債表日後事項準則的規定進行會計處理。

　　【例12-3】續【例12-1】，如果乙企業在驗收過程中發現商品質量存在問題，要求在價格上給予10%的折讓，光輝公司同意並作會計處理如下：

　　①銷售實現時
　　借：應收帳款——乙企業　　　　　　　　　　　　　　　236,000
　　　　貸：主營業務收入　　　　　　　　　　　　　　　　200,000
　　　　　　應交稅費——應交增值稅（銷項稅額）　　　　 34,000
　　　　　　庫存現金　　　　　　　　　　　　　　　　　　2,000
　　② 發生銷售折讓時
　　借：應收帳款——乙企業　　　　　　　　　　　　　　　 23,400
　　　　貸：主營業務收入　　　　　　　　　　　　　　　　 20,000
　　　　　　應交稅費——應交增值稅（銷項稅額）　　　　　3,400
　　③結轉商品成本
　　借：主營業務成本　　　　　　　　　　　　　　　　　　140,000
　　　　貸：庫存商品　　　　　　　　　　　　　　　　　　140,000

　　注意：在進行銷售折讓處理時，一定要乙企業退回增值稅專用發票並作廢後重新按折讓後的收入金額和稅額開具增值稅專用發票；否則，折讓後的銷項稅額是不能夠冲銷的。

　　【例12-4】光輝公司於2013年4月1日銷售商品一批給甲公司，不含稅價款5,000,000元，增值稅稅率17%，商品成本4,000,000元，合同規定的現金折扣條件

為：2/10、1/20、n/30。甲公司於 2013 年 4 月 9 日付款，款項已存入銀行。（不考慮增值稅的現金折扣）

光輝公司會計處理如下：

（1）銷售商品

借：應收帳款——甲公司　　　　　　　　　　　　　5,850,000
　　貸：主營業務收入　　　　　　　　　　　　　　　　5,000,000
　　　　應交稅費——應交增值稅（銷項稅額）　　　　　　850,000
借：主營業務成本　　　　　　　　　　　　　　　　4,000,000
　　貸：庫存商品　　　　　　　　　　　　　　　　　　4,000,000

（2）4 月 9 日，收到款項

現金折扣 = 5,000,000×2% = 100,000（元）

借：銀行存款　　　　　　　　　　　　　　　　　　5,750,000
　　財務費用　　　　　　　　　　　　　　　　　　　100,000
　　貸：應收帳款——甲公司　　　　　　　　　　　　　5,850,000

3. 銷售退回的會計處理

銷售退回是指企業售出的商品由於質量、品種不符合要求等問題而發生的退貨。

企業已經確認銷售商品收入的售出商品發生銷售退回的，應當在發生時，冲減當期的銷售商品收入；銷售退回屬於資產負債表日後事項的，適用《企業會計準則第 29 號——資產負債表日後事項》。

【例 12-5】續【例 12-4】，到 2013 年 6 月 18 日，光輝公司於 2013 年 4 月 1 日售給甲公司的商品因質量問題被全部退回，但貨款尚未退回。光輝公司會計處理為：

借：應收帳款——甲公司　　　　　　　　　　　　　5,750,000
　　財務費用　　　　　　　　　　　　　　　　　　　100,000
　　貸：主營業務收入　　　　　　　　　　　　　　　　5,000,000
　　　　應交稅費——應交增值稅（銷項稅額）　　　　　　850,000
借：主營業務成本　　　　　　　　　　　　　　　　4,000,000
　　貸：庫存商品　　　　　　　　　　　　　　　　　　4,000,000

4. 附有銷售退回條件的商品銷售的會計處理

附有銷售退回條件的商品銷售，是指購買方依據合同或者協議有權退貨的銷售方式。在這種方式下，企業根據以往經驗能夠合理估計退貨可能性並確認與退貨相關的負債的，通常應當在發出商品時確認收入；企業不能夠合理估計退貨可能性的，通常應當在售出商品退貨期滿時確認收入。

【例 12-6】光輝公司 2013 年 3 月 5 日銷售貨物 1,000 套給 B 公司，單位售價 800 元，單位成本 600 元，開出增值稅專用發票，金額 800,000 元，稅額 136,000 元。銷售合同規定，B 公司於 4 月 2 日之前支付全部款項，同時在 3 個月內有權選擇退貨。該批貨物已經發出，款項尚未收到。假定光輝公司根據以往經驗，估計所售貨物在 3 個月

內的退貨率為10%，實際發生退貨時，有關的增值稅稅額允許沖減；其他因素不考慮。

根據上述資料，光輝公司作相關會計處理如下：

(1) 3月5日發出商品，確認收入，結轉成本

借：預計負債		936,000
貸：主營業務收入		800,000
應交稅費——應交增值稅（銷項稅額）		136,000
借：主營業務成本		600,000
貸：庫存商品		600,000

(2) 3月31日確認估計的銷售退貨

借：主營業務成本		60,000
貸：主營業務收入		80,000
預計負債		20,000

(3) 4月2日收到貨款

借：銀行存款		936,000
貸：預計負債		936,000

(4) 3個月發生退貨時

若實際退貨量為100套：

借：庫存商品		60,000
預計負債		20,000
貸：銀行存款		93,600
應交稅費——應交增值稅（銷項稅額）		13,600

若實際退貨量為50套：

借：庫存商品		30,000
主營業務成本		30,000
預計負債		20,000
貸：銀行存款		46,800
主營業務收入		40,000
應交稅費——應交增值稅（銷項稅額）		6,800

若實際退貨量為200套：

借：庫存商品		120,000
主營業務成本		60,000
預計負債		20,000
貸：銀行存款		187,200
主營業務收入		80,000
應交稅費——應交增值稅（銷項稅額）		27,200

5. 預收款銷售商品的會計處理

預收款銷售商品，是指購買方在商品尚未收到前，按合同或者協議約定分期付款，銷售方在收到最後一筆款項時才交貨的銷售方式。在該方式下，銷售方直到收到最後一筆款項才將商品交付購買方，表明商品所有權上的主要風險和報酬只有在收到最後一筆款項時才轉讓給了購貨方。因此企業通常是在發出商品時確認收入，而在此之前收到的貨款確認為負債（預收帳款）。

【例 12-7】光輝公司採用預收款方式銷售一批商品給丙公司，該批商品的成本為 500,000 元，銷售價格為 800,000 元，雙方協議規定丙公司於 2013 年 3 月 5 日用銀行存款預付貨款的 40%，餘款在 6 月 15 日光輝公司發出商品時，開具期限為 3 個月的等額商業承兌匯票。光輝公司會計處理如下：

（1）收到丙公司的預付款

| 借：銀行存款 | 320,000 |
| 　　貸：預收帳款 | 320,000 |

（2）收到商業匯票並發出商品

借：應收票據	616,000
預收帳款	320,000
貸：主營業務收入	800,000
應交稅費——應交增值稅（銷項稅額）	136,000

（3）結轉成本

| 借：主營業務成本 | 500,000 |
| 　　貸：庫存商品 | 500,000 |

6. 分期收款銷售商品的會計處理

分期收款銷售商品是指商品已經交付，而貨款分期收回的一種銷售商品方式。分期收款銷售商品的特點是：銷售商品的價值大，如房產、汽車、重型設備等；收取貨款期限較長，通常超過 3 年；收取貨款的風險較大。

採用遞延方式分期收款是具有融資性質的銷售商品，其實質是銷售方向購買方提供免息的信貸，企業應當按照應收的合同或者協議價款的公允價值確定收入金額。應收的合同或者協議價款的公允價值，通常應當按照其未來現金流量現值或商品現銷價格計算確定。

應收的合同或者協議價款與公允價值之間的差額，應當在合同或者協議期間內，按照應收帳款的攤餘成本和實際利率計算確定的金額進行攤銷、沖減財務費用。其中，實際利率是指具有類似信用等級的企業發行類型工具的現時利率，或者將應收的合同或協議價款折現為商品現銷價格時的折現率。

應收的合同或者協議價款的公允價值之間的差額，按實際利率法攤銷與直線法攤銷結果相差不大的，也可以採用直線法進行攤銷。

採用遞延方式分期收款、具有融資性質的銷售商品或提供勞務滿足收入確認條件的，按應收合同或協議價款，借記「長期應收款」帳戶，按應收合同或協議價款的公允價值（折現值），貸記本帳戶，按其差額，貸記「未實現融資收益」帳戶。

【例12-8】大眾重型設備公司2013年1月採用分期收款方式銷售一套成本為1,800萬元大型生產設備給丙公司，該套設備合同價格2,500萬元，該公司分5次於每年的12月31日等額收取。該大型生產設備的現銷價格為2,000萬元。大眾公司已於2013年1月3日發出了該套設備，開出了增值稅專用發票，注明增值稅稅額為425萬元，並於當日收到對方匯兌的425萬元的款項。

（1）2013年1月3日收入實現時：

借：長期應收款——丙公司　　　　　　　　　　　　　　　25,000,000
　　銀行存款　　　　　　　　　　　　　　　　　　　　　　4,250,000
　貸：主營業務收入　　　　　　　　　　　　　　　　　　　20,000,000
　　　應交稅費——應交增值稅（銷項稅額）　　　　　　　　　4,250,000
　　　未實現融資收益　　　　　　　　　　　　　　　　　　　5,000,000
借：主營業務成本　　　　　　　　　　　　　　　　　　　　18,000,000
　貸：庫存商品　　　　　　　　　　　　　　　　　　　　　 18,000,000

（2）採用實際利率法確定分期付款期間各期未實現融資收益分攤額：

根據資料分析計算，大眾公司確認的收入為2,000萬元，而現值為2,000萬元，年金為500萬元，期數為5年的折現率為7.93%，將該折現率作為實際利率進行分攤計算各項實現的融資收益，沖減財務費用。編製未實現融資收益分攤表如表12-1所示。

表12-1　　　　　　　　　　未實現融資收益分攤表

時間	分期收款額 A	確認融資收益 B=期初D×7.93%	應收款減少額 C=A-B	應收本金餘額 期末D=期初D-C
2013年1月3日				20,000,000
2013年12月31日	5,000,000	1,586,000	3,414,000	16,586,000
2014年12月31日	5,000,000	1,315,270	3,684,730	12,901,270
2015年12月31日	5,000,000	1,023,071	3,976,929	8,924,341
2016年12月31日	5,000,000	707,700	4,292,300	4,632,041
2017年12月31日	5,000,000	367,959*	4,632,850	0
合計	25,000,000	5,000,000	20,000,000	

注：*最後一年確認的融資收益按實際利率計算的金額為367,321元，差額為638元，系計算時小數點誤差所致。應當直接計算：最後一年確認的融資收益=最後一期收款額-最後二期應收本金餘額=5,000,000-4,632,041=367,959（元）。

（3）根據表12-1的計算結果，編製大眾公司各期的會計分錄。

2013年12月31日，收取貨款時：

借：銀行存款　　　　　　　　　　　　　　　　　　　　　　5,000,000
　貸：長期應收款——丙公司　　　　　　　　　　　　　　　 5,000,000
借：未實現融資收益　　　　　　　　　　　　　　　　　　　 1,586,000
　貸：財務費用　　　　　　　　　　　　　　　　　　　　　 1,586,000

2014 年 12 月 31 日，收取貨款時：
借：銀行存款　　　　　　　　　　　　　　　　　　　5,000,000
　　貸：長期應收款——丙公司　　　　　　　　　　　　　　5,000,000
借：未實現融資收益　　　　　　　　　　　　　　　　　1,315,270
　　貸：財務費用　　　　　　　　　　　　　　　　　　　1,315,270
2015 年 12 月 31 日，收取貨款時：
借：銀行存款　　　　　　　　　　　　　　　　　　　5,000,000
　　貸：長期應收款——丙公司　　　　　　　　　　　　　　5,000,000
借：未實現融資收益　　　　　　　　　　　　　　　　　1,023,071
　　貸：財務費用　　　　　　　　　　　　　　　　　　　1,023,071
2016 年 12 月 31 日，收取貨款時：
借：銀行存款　　　　　　　　　　　　　　　　　　　5,000,000
　　貸：長期應收款——丙公司　　　　　　　　　　　　　　5,000,000
借：未實現融資收益　　　　　　　　　　　　　　　　　　707,700
　　貸：財務費用　　　　　　　　　　　　　　　　　　　　707,700
2017 年 12 月 31 日，收取貨款時：
借：銀行存款　　　　　　　　　　　　　　　　　　　5,000,000
　　貸：長期應收款——丙公司　　　　　　　　　　　　　　5,000,000
借：未實現融資收益　　　　　　　　　　　　　　　　　　367,959
　　貸：財務費用　　　　　　　　　　　　　　　　　　　　367,959

7. 代銷商品的會計處理

代銷商品是指委託方根據代銷協議，委託受託方代銷商品的一種銷售方式，委託雙方在會計處理上都需要設置相應的帳戶進行核算。

委託企業根據代銷協議發出商品時，在不能夠確認收入時，應通過「發出商品」（在收取手續費方式下，可單獨設置「委託代銷商品」）帳戶進行核算。委託方發出商品時，按庫存商品成本，借記「發出商品」帳戶，貸記「庫存商品」帳戶。收到代銷清單確認收入後，結轉銷售成本，借記「主營業務成本」，貸記「發出商品」帳戶。

受託方則須設置「受託代銷商品」和「受託代銷商品款」帳戶進行核算

「受託代銷商品」屬於資產類帳戶，用來核算企業接受其他單位委託代銷的商品；「受託代銷商品款」屬於負債類帳戶，用來核算企業介紹代銷商品的價款。企業收到委託代銷的商品，按約定的價格，借記「受託代銷商品」帳戶，貸記「受託代銷商品款」帳戶。

售出代銷商品後，如果受託方也確認銷售收入的，按約定的價格結轉成本，借記「主營業務成本」，貸記「受託代銷商品」，並轉銷受託代銷商品款，對應「銀行存款」或「應付帳款」帳戶；如採用收取手續費方式的，則無須結轉成本，借記「受託代銷商品款」帳戶，貸記「受託代銷商品」帳戶的轉銷分錄。

代銷商品包括視同買斷和收取手續費兩種方式，兩者在會計處理上有所不同。

（1）視同買斷方式，即由委託方按協議價格收取委託代銷商品的貨款，實際售價

可由受託方自定，實際售價與協議價格之間的差額歸受託方所有的銷售方式。其具體又分兩種情況：

一是雙方代銷協議規定，受託方取得代銷商品後，不論今後是否售出商品，是否獲利，均與委託方無關。所以，這種情況下，代銷行為可視同委託方將商品直接賣給了受託方，在商品交割時，委託方在符合收入確認條件下即可確認銷售商品收入並結轉成本。

二是代銷協議規定，受託方將來能夠將未售出商品退回委託方，或者受託方因代銷商品出現的虧損可以要求委託方補償，則委託方在交付商品時不能確認為銷售商品收入，必須待受託方出售商品後收到受託方提供的代銷清單時，才能確認本企業的收入；受託方則在收到商品時，不作為購進商品處理，待售出後才能按實際售價作為銷售收入，並向委託方出具代銷清單。

【例12-9】光輝公司委託C企業代銷商品500件，單位成本80元，協議價為100元/件。雙方簽訂協議約定，採用視同買斷方式，且C公司可以將沒有代銷出去的商品退回光輝公司。C公司實際銷售價格為120元/件，售出400件，均按17%的稅率開具了增值稅專用發票；餘下100件退回光輝公司。光輝公司收到代銷清單，開具增值稅發票，金額40,000元，稅額為6,800元。雙方的會計處理如下：

委託方光輝公司的帳務處理：

① 發出商品時

借：發出商品	40,000
貸：庫存商品	40,000

② 收到代銷清單

借：應收帳款——C公司	46,800
貸：主營業務收入	40,000
應交稅費——應交增值稅（銷項稅額）	6,800
借：主營業務成本	32,000
貸：發出商品	32,000

③ 收到C公司交來的款項

借：銀行存款	46,800
貸：應收帳款——C公司	46,800

④ 收回未售出商品

借：庫存商品	8,000
貸：發出商品	8,000

受託方C公司的帳務處理：

① 收到代銷商品

借：受託代銷商品	50,000
貸：受託代銷商品款	50,000

② 實際銷售

借：銀行存款	56,160

貸：主營業務收入		48,000
應交稅費——應交增值稅（銷項稅額）		8,160

結轉成本

借：主營業務成本		40,000
貸：受託代銷商品		40,000

③ 將代銷清單送交光輝公司

借：受託代銷商品款		40,000
應交稅費——應交增值稅（進項稅額）		6,800
貸：應付帳款——光輝公司		46,800

④ 支付代銷款

借：應付帳款——光輝公司		46,800
貸：銀行存款		46,800

⑤ 退回未售出商品

借：受託代銷商品款		10,000
貸：受託代銷商品		10,000

（2）收取手續費方式，是指受託方根據代銷商品數量向委託方收取手續費的方式。在該方式下，委託方在發出商品時，不確認收入，而是在收到受託方開具的代銷清單時確認收入；受託方獲取的手續費，實質上是一種勞務收入，所以，受託方在銷售商品後，將手續費確認為收入。

【例12-10】光輝公司委託C企業代銷商品500件，單位成本80元，售價為100元/件。雙方簽訂協議約定，採用收取費方式。光輝公司按售價的10%向C公司支付手續費。C公司對外實際銷售400件，開具增值稅發票注明金額40,000元，稅額為6,800元；光輝公司收到C公司開具的代銷清單後，開出了一張金額與稅額相同的增值稅專用發票。雙方的會計處理如下：

委託方光輝公司的帳務處理：

① 發出商品時

借：委託代銷商品		40,000
貸：庫存商品		40,000

② 收到代銷清單

借：應收帳款——C公司		46,800
貸：主營業務收入		40,000
應交稅費——應交增值稅（銷項稅額）		6,800
借：主營業務成本		32,000
貸：委託代銷商品		32,000
借：銷售費用		4,000
貸：應收帳款——C公司		4,000

③ 收到C公司交來的款項

借：銀行存款		42,800

貸：應收帳款——C 公司　　　　　　　　　　　　　　　　　42,800
④ 對方退回 100 件商品
　借：庫存商品　　　　　　　　　　　　　　　　　　　　　　　8,000
　　　貸：委託代銷商品　　　　　　　　　　　　　　　　　　　　8,000
受託方 C 公司的帳務處理：
① 收到代銷商品
　借：受託代銷商品　　　　　　　　　　　　　　　　　　　　50,000
　　　貸：受託代銷商品款　　　　　　　　　　　　　　　　　　50,000
② 實際銷售
　借：銀行存款　　　　　　　　　　　　　　　　　　　　　　46,800
　　　貸：應付帳款　　　　　　　　　　　　　　　　　　　　　40,000
　　　　　應交稅費——應交增值稅（銷項稅額）　　　　　　　　6,800
③ 將代銷清單送交光輝公司，並收到光輝公司開具的增值稅專用發票
　借：應交稅費——應交增值稅（進項稅額）　　　　　　　　　　6,800
　　　貸：應付帳款——光輝公司　　　　　　　　　　　　　　　6,800
　借：受託代銷商品款　　　　　　　　　　　　　　　　　　　40,000
　　　貸：受託代銷商品　　　　　　　　　　　　　　　　　　　40,000
④ 支付代銷款，確認代銷收入
　借：應付帳款——光輝公司　　　　　　　　　　　　　　　　46,800
　　　貸：銀行存款　　　　　　　　　　　　　　　　　　　　　42,800
　　　　　主營業務收入　　　　　　　　　　　　　　　　　　　4,000

8. 其他業務收入的會計處理
　　企業的日常活動還會涉及對外銷售不需要或多餘的材料、隨商品對外銷售單獨計價的包裝物、出租固定資產、出租無形資產等業務，這些業務在滿足收入確認的條件下，應當確認相關收入及成本，並通過「其他業務收入」和「其他業務成本」帳戶進行核算。
　（1）銷售材料等存貨的帳務處理
　　【例 12-11】光輝公司將剩餘的原材料對外銷售，該批原材料成本為 50,000 元，售價 60,000 元，原材料已經發出，開出增值稅專用發票，且款項已經收存銀行。
　　光輝公司帳務處理如下：
　借：銀行存款　　　　　　　　　　　　　　　　　　　　　　70,200
　　　貸：其他業務收入　　　　　　　　　　　　　　　　　　　60,000
　　　　　應交稅費——應交增值稅（銷項稅額）　　　　　　　　10,200
　借：其他業務成本　　　　　　　　　　　　　　　　　　　　50,000
　　　貸：原材料　　　　　　　　　　　　　　　　　　　　　　50,000
　（2）出租無形資產的帳務處理
　　企業將擁有的無形資產的使用權讓渡給他人，並收取租金，在滿足收入確認的條件下，應當確認收入及成本。

【例 12-12】光輝公司於 2009 年 1 月 1 日將企業的一項專利技術出租給 A 企業使用，為此 A 企業每年支付給光輝公司 800,000 元的專利權使用費。該專利技術帳面餘額 400 萬元，攤銷年限 10 年；不考慮相關稅費。

① 光輝公司取得專利權使用費時確認收入

借：銀行存款　　　　　　　　　　　　　　　　　　　　800,000
　　貸：其他業務收入　　　　　　　　　　　　　　　　　800,000

② 按年確認出租無形資產成本

借：其他業務成本　　　　　　　　　　　　　　　　　　400,000
　　貸：累計攤銷　　　　　　　　　　　　　　　　　　　400,000

其他業務收入的其他內容已在前面的相關章節中介紹，不再重復。

第三節　提供勞務收入

一、提供勞務交易結果能夠可靠估計下的提供勞務收入的帳務處理

企業在資產負債表日提供勞務交易的結果能夠可靠估計的，應當按照完工百分比法確認提供勞務收入。

1. 提供勞務交易的結果能夠可靠估計的條件

提供勞務交易的結果能夠可靠估計，必須同時具備以下四個條件：

（1）收入的金額能夠可靠計量，是指企業提供勞務收入的總額能夠合理地估計。通常情況下，企業應當按照從接受勞務方已收或應收的合同或協議價款確定提供勞務收入總額。隨著勞務的不斷提供，可能會根據實際情況增加或減少已收或應收的合同或協議價款，此時，企業應當及時調整提供勞務收入總額。

（2）相關的經濟利益很可能流入企業，是指企業提供勞務收入總額收回的可能性為 50%以上。企業在確定提供勞務收入總額能否收回時，應當結合接受勞務方的信譽、以往的經驗以及雙方就結算方式和期限達成的合同或協議條款等因素，綜合進行判斷。通常情況下，企業提供的勞務符合合同或協議要求，結算勞務方承諾付款，就表明提供勞務收入總額收回的可能性大於 50%。如果企業判斷提供勞務收入不能很可能流入企業，應當提供確鑿證據。

（3）交易的完工進度能夠可靠確定，是指交易的完工進度能夠合理地估計。企業可採用以下方法確定交易的完工進度：

第一種，已完工作的計量。由專業測量師進行測量，按一定方法計算確定已提供勞務交易的完工程度。

第二種，已經提供的勞務占應提供的勞務總量的比例。這種方法是以勞務量為標準確定提供勞務交易的完工程度。

第三種，已發生的成本占估計總成本的比例。這種方法是以成本為標準確定提供

勞務交易的完工程度。

（4）交易中已發生的和將發生的成本能夠可靠計量，是指交易中已經發生或者將要發生的成本能夠合理地估計。

2. 完工百分比法

完工百分比法，是指按照提供勞務交易的完工進度確認收入與費用的方法。

企業應當在資產負債表日按提供勞務收入總額乘以完工進度扣除以前會計期間累計已確認提供勞務收入後的金額，確認當期提供勞務收入；同時，按照提供勞務總成本乘以完工進度扣除以前會計期間累計已確認提供勞務成本後的金額，確認當期提供勞務成本。用公式表示如下：

本期確認的收入
=勞務總收入×本期末止勞務的完工進度-以前期間已確認的收入
本期確認的費用
=勞務總成本×本期末止勞務的完工進度-以前期間已確認的費用

上述公式中的提供勞務總收入是企業按照從接受勞務方已收或應收的合同或協議價款確認的。

採用完工百分比法確認提供勞務收入的情況下，企業應當按確定的提供勞務金額，借記「應收帳款」「銀行存款」等帳戶，貸記「主營業務收入」帳戶；結轉提供勞務成本時，借記「主營業務成本」，貸記「勞務成本」等帳戶。

【例12-13】華光安裝公司於2012年11月2日接受一項設備安裝任務，安裝期為4個月，合同總收入800,000元。至2012年12月31日，華光公司已預收安裝費640,000元，該安裝任務實際發生安裝費320,000元，估計還將發生180,000元的安裝費。華光公司採用按實際成本占估計總成本的比例來確定勞務完工進度。華光公司的帳務處理如下：

（1）計算完工進度

完工進度=實際發生的成本÷預計總成本=$\frac{320,000}{32,000+180,000}\times 100\%=64\%$

（2）確認收入和成本

2012年12月31日，確認提供勞務收入=800,000×64%-0=512,000（元）

2012年12月31日，確認提供勞務成本=(320,000+180,000)×64%-0
=320,000（元）

（3）編製會計分錄

①實際發生勞務成本時

借：勞務成本　　　　　　　　　　　　　　　　　320,000
　　貸：應付職工薪酬　　　　　　　　　　　　　　　320,000

②預收勞務款時

借：銀行存款　　　　　　　　　　　　　　　　　640,000
　　貸：預收帳款　　　　　　　　　　　　　　　　　640,000

③確認收入與成本時
借：預收帳款　　　　　　　　　　　　　　　　　　　　512,000
　貸：主營業務收入　　　　　　　　　　　　　　　　　　　512,000
借：主營業務成本　　　　　　　　　　　　　　　　　　　320,000
　貸：勞務成本　　　　　　　　　　　　　　　　　　　　320,000

二、提供勞務交易結果不能可靠估計下的提供勞務收入的帳務處理

當企業在資產負債表日提供勞務交易結果不能夠可靠估計，即不能滿足提供勞務交易結果能夠可靠估計的條件時，企業不能採用完工百分比法，而應當區分不同情況進行會計處理。

（1）已發生的勞務成本預計能夠得到全部或部分補償，應按已經發生的勞務成本金額確認收入，並按相同金額結轉成本。此時，企業按已發生或者能夠得到補償的勞務成本金額，借記「應收帳款」「預收帳款」等帳戶；貸記「主營業務收入」等帳戶；同時借記「主營業務成本」帳戶，貸記「勞務成本」帳戶。

（2）已發生的勞務成本預計不能夠得到補償的，應當將已經發生的勞務成本計入當期損益，不確認提供勞務收入。此時，企業應當按已經發生的勞務成本金額，借記「主營業務成本」帳戶，貸記「勞務成本」帳戶。

三、特殊勞務交易收入確認的條件

（1）安裝費，在資產負債表日根據安裝的完工進度確認收入。安裝工作是商品銷售附帶條件的，安裝費在確認商品銷售實現時確認收入。

（2）宣傳媒介的收費，在相關的廣告或商業行為開始出現於公眾面前時確認收入。廣告的製作費，在資產負債表日根據製作廣告的完工進度確認收入。

（3）為特定客戶開發軟件的收費，在資產負債表日根據開發的完工進度確認收入。

（4）包括在商品售價內可區分的服務費，在提供服務的期間內分期確認收入。

（5）藝術表演、招待宴會和其他特殊活動的收費，在相關活動發生時確認收入。收費涉及幾項活動的，預收的款項應合理分配給每項活動，分別確認收入。

（6）申請入會費和會員費只允許取得會籍，所有其他服務或商品都要另行收費的，在款項收回不存在重大不確定性時確認收入。申請入會費和會員費能使會員在會員期內得到各種服務或商品，或者以低於非會員的價格銷售商品或提供服務的，在整個受益期內分期確認收入。

（7）屬於提供設備和其他有形資產的特許權費，在交付資產或轉移資產所有權時確認收入；屬於提供初始及後續服務的特許權費，在提供服務時確認收入。

（8）長期為客戶提供重復的勞務收取的勞務費，在相關勞務活動發生時確認收入。

第四節　讓渡資產使用權收入

一、讓渡資產使用權收入的確認

1. 讓渡資產使用權收入的內容

（1）利息收入，主要是指金融企業對外貸款形成的利息收入，以及同業之間往來形成的利息收入。

（2）使用費收入，是指企業轉讓無形資產等資產的使用權形成的使用費收入。

（3）其他讓渡資產使用權收入，如對外出租資產收取的租金、進行股權投資取得的現金股利、進行債權投資取得的利息等。這些收入雖然也構成讓渡資產使用權收入，但有關的會計處理不是由《收入》準則規範的，而是分別由《租賃》、《長期股權投資》、《金融工具確認與計量》準則規範的，所以，這些收入將分別在其他章節中介紹。

2. 讓渡資產使用權收入確認的條件

在符合收入定義的前提下，同時滿足下列兩個條件的經濟利益流入，才能確認讓渡資產使用權收入：

（1）相關的經濟利益很可能流入企業，是指讓渡資產使用權收入的金額收回的可能性大於不能收回的可能性。企業在確定讓渡資產使用權收入金額能否收回時，應當結合對方企業的信譽和生產經營情況、雙方就結算方式和期限達成的合同或協議條款等因素，綜合進行判斷。如果企業估計讓渡資產使用權收入金額收回的可能性不大，就不能確認收入。

（2）收入的金額能夠可靠計量，是指讓渡資產使用權收入的金額能夠合理地估計；如果不能合理估計收入金額，就不應當確認收入。

二、讓渡資產使用權收入的計量與會計處理

1. 利息收入的計量

企業應當在資產負債表日，按照他人使用本企業貨幣資金的時間和實際利率計算確定利息收入金額。按照確定的利息收入金額，借記「應收利息」「銀行存款」等帳戶，貸記「利息收入」「其他業務收入」等帳戶。

2. 使用費收入

使用費收入金額，按照有關合同或協議約定的收費時間和方法計算確定。不同的使用費收入，收費的時間和方法不同，其會計處理也有所不同。

（1）如果合同或協議規定一次性收取使用費，且不提高後續服務的，應當視同銷售該項資產一次性確認收入；提供後續服務的，應當在合同或協議規定的有效期內分期確認收入。

【例 12-14】2013 年 3 月 1 日，光輝公司將無形資產中的某軟件向 N 企業轉讓其使用權，一次性收取的使用費 800,000 元存入銀行，且該公司不再提供後續服務。

借：銀行存款　　　　　　　　　　　　　　　　　　　　　　　　　800,000
　　貸：其他業務收入　　　　　　　　　　　　　　　　　　　　　　800,000

（2）如果合同或協議規定分期收取使用費，應當按合同或協議規定的收款時間和金額或規定的收費方法計算確定的金額分期確認收入。

【例12-15】2013年1月1日，光輝公司將無形資產中的專利技術向N企業轉讓其使用權，約定N企業每年年末支付使用費120,000元，使用期為8年。該專利技術帳面餘額1,000,000元，攤銷期限為10年。不考慮相關稅費。

每年年末的會計處理如下：
①確認使用費收入
借：銀行存款　　　　　　　　　　　　　　　　　　　　　　　　　120,000
　　貸：其他業務收入　　　　　　　　　　　　　　　　　　　　　　120,000
② 結轉成本
結轉成本＝1,000,000÷10＝100,000（元）
借：其他業務成本　　　　　　　　　　　　　　　　　　　　　　　　100,000
　　貸：累計攤銷　　　　　　　　　　　　　　　　　　　　　　　　100,000

第五節　費用

一、費用的確認

費用是指企業在日常活動中發生的、會導致所有者權益減少的、與向所有者分配利潤無關的經濟利益的總流出。費用應當按照權責發生制進行確認，即凡是屬於本期發生的費用，不論款項是否支付，均確認為本期費用；不屬於本期發生的費用，即使款項已經在本期支付，也不能確認為本期費用。具體在確認費用時，應當分清以下三個界限：

第一，應當分清生產費用與非生產費用的界限。生產費用是指與企業日常生產經營活動有關的費用，如生產產品發生的原材料費用、人工費用、製造費用等；非生產費用是指不應當由生產費用負擔的費用，如用於購建固定資產的費用。

第二，應當分清生產費用與產品成本的界限。生產費用與一定的時期相聯系，而與生產的產品無關；產品成本與一定品種和數量的產品相聯系，而不論發生在哪一個時期。

第三，應當分清生產費用與期間費用的界限。生產費用屬於企業的生產過程發生的耗費，最終計入產品成本，而期間費用是在生產過程之外發生的耗費，直接計入當期損益，期間費用包括管理費用、銷售費用和財務費用。

本節主要介紹期間費用的核算。

二、管理費用的核算

1. 管理費用的內容

管理費用是企業為組織和管理企業生產經營活動所發生的各種費用，包括企業在籌建期間內發生的開辦費、董事會和行政管理部門在企業的經營管理中發生的或者應由企業統一負擔的公司經費（包括行政管理部門職工工資及福利費、物料消耗、低值易耗品攤銷、辦公費和差旅費等）、工會經費、董事會費（包括董事會成員津貼、會議費和差旅費等）、聘請中介機構費、咨詢費（含顧問費）、訴訟費、業務招待費、房產稅、車船使用稅、土地使用稅、印花稅、技術轉讓費、礦產資源補償費、研究費用、排污費等，企業生產車間（部門）和行政管理部門等發生的固定資產修理費用等後續支出，也歸屬於管理費用。

2. 管理費用的帳務處理

企業應當設置「管理費用」帳戶來核算企業為組織和管理生產經營所發生的管理費用。

（1）企業在籌建期間內發生的開辦費，包括人員工資、辦公費、培訓費、差旅費、印刷費、註冊登記費以及不計入固定資產成本的借款費用等在實際發生時，借記「管理費用」（開辦費），貸記「銀行存款」等帳戶。

（2）行政管理部門人員的職工薪酬，借記「管理費用」，貸記「應付職工薪酬」帳戶。

（3）行政管理部門計提的固定資產折舊，借記「管理費用」，貸記「累計折舊」帳戶。

（4）企業發生的辦公費、水電費、業務招待費、聘請中介機構費、咨詢費、訴訟費、技術轉讓費、研究費用，借記「管理費用」，貸記「銀行存款」「研發支出」等帳戶。

（5）按規定計算確定的應交礦產資源補償費、房產稅、車船使用稅、土地使用稅、印花稅，借記「管理費用」，貸記「應交稅費」帳戶。

（6）期末，應將「管理費用」帳戶的餘額轉入「本年利潤」帳戶，結轉後本帳戶無餘額。

（7）本帳戶可按費用項目進行明細核算。

【例12-16】光輝公司2012年9月發生的相關費用支出：以銀行存款支付業務招待費10,000元，購買辦公用品10,000元，支付水電費20,000元；現金購買印花稅票1,000元；分配管理人員工資100,000元，提取10,000元的福利費；計提公司本部固定資產折舊費9,000元，攤銷無形資產3,000元；計算應交土地使用稅3,000元、房產稅5,000元。月底結轉管理費用。

①發生管理費用時

借：管理費用　　　　　　　　　　　　　　　　　　　　171,000
　　貸：銀行存款　　　　　　　　　　　　　　　　　　　40,000
　　　　庫存現金　　　　　　　　　　　　　　　　　　　 1,000

應付職工薪酬——工資		100,000
——福利費		10,000
累計折舊		9,000
累計攤銷		3,000
應交稅費——應交土地使用稅		3,000
——應交房產稅		5,000

② 月底結轉管理費用至「本年利潤」帳戶

借：本年利潤　　　　　　　　　　　　　　　　　171,000
　　貸：管理費用　　　　　　　　　　　　　　　　　　171,000

三、銷售費用的核算

1. 銷售費用的內容

銷售費用是企業在銷售商品和材料、提供勞務的過程中發生的各種費用，包括保險費、包裝費、展覽費和廣告費、商品維修費、預計產品質量保證損失、運輸費、裝卸費以及為銷售本企業商品而專設的銷售機構（含銷售網點、售後服務網點等）的職工薪酬、業務費、折舊費等經營費用；同時企業發生的與專設銷售機構相關的固定資產修理費用等後續支出，也歸屬於銷售費用。

2. 銷售費用的帳務處理

企業應當設置「銷售費用」帳戶來核算企業所發生的銷售費用。

（1）企業在銷售商品過程中發生的包裝費、保險費、展覽費和廣告費、運輸費、裝卸費等費用，借記「銷售費用」，貸記「庫存現金」「銀行存款」等帳戶。

（2）發生的為銷售本企業商品而專設的銷售機構的職工薪酬、業務費等經營費用，借記「銷售費用」，貸記「應付職工薪酬」「銀行存款」「累計折舊」等帳戶。

（3）期末，應將「銷售費用」帳戶餘額轉入「本年利潤」帳戶，結轉後本帳戶無餘額。

（4）本帳戶可按費用項目進行明細核算。

【例12-17】光輝公司2009年9月發生的相關費用支出：以銀行存款支付廣告費20,000元，支付本公司承擔的銷售甲商品的運輸費5,000元；分配本月專設銷售機構職工工資8,000元，提取福利費800元。月末結轉銷售費用。

① 發生銷售費用時

借：銷售費用　　　　　　　　　　　　　　　　　33,800
　　貸：銀行存款　　　　　　　　　　　　　　　　　　25,000
　　　　應付職工薪酬——工資　　　　　　　　　　　　8,000
　　　　　　　　　　——福利費　　　　　　　　　　　　800

② 月底結轉銷售費用至「本年利潤」帳戶

借：本年利潤　　　　　　　　　　　　　　　　　33,800
　　貸：銷售費用　　　　　　　　　　　　　　　　　　33,800

四、財務費用的核算

1. 財務費用的內容

財務費用是指企業為籌集生產經營所需資金等而發生的籌資費用，包括利息支出（減利息收入）、匯兌損益以及相關的手續費、企業發生的現金折扣或收到的現金折扣等。

2. 財務費用的帳務處理

（1）企業發生的財務費用，借記「財務費用」，貸記「銀行存款」「未確認融資費用」等帳戶。

（2）發生的應冲減財務費用的利息收入、匯兌損益、現金折扣，借記「銀行存款」「應付帳款」等帳戶，貸記「財務費用」。

（3）期末，應將財務費用帳戶餘額轉入「本年利潤」帳戶，結轉後帳戶無餘額。

（4）本帳戶可按費用項目進行明細核算。

【例12-18】光輝公司2012年9月底，以銀行存款支付借款利息100,000元；同時接到開戶銀行告知，銀行存款的利息40,000元已入帳。月底結轉財務費用。

①支付利息

借：財務費用　　　　　　　　　　　　　　　　　　　　　　　100,000
　　貸：銀行存款　　　　　　　　　　　　　　　　　　　　　　100,000

②收到利息

借：銀行存款　　　　　　　　　　　　　　　　　　　　　　　　40,000
　　貸：財務費用　　　　　　　　　　　　　　　　　　　　　　 40,000

③月底結轉至「本年利潤」帳戶

借：本年利潤　　　　　　　　　　　　　　　　　　　　　　　　60,000
　　貸：財務費用　　　　　　　　　　　　　　　　　　　　　　 60,000

復習思考題

1. 什麼是企業的收入？在企業會計實務中，收入可以分為哪幾類進行會計處理？
2. 銷售商品收入的確認條件是什麼？企業在其核算中如何具體應用？
3. 什麼是銷售商品中的商業折扣、現金折扣與銷售折讓？在涉及它們時如何正確進行核算？
4. 提供勞務收入的含義是什麼？當提供勞務交易結果能夠可靠估計時應當採用什麼方法來確認提供勞務收入？
5. 提供勞務交易的結果能夠可靠估計的條件是什麼？
6. 什麼是讓渡資產使用權收入？它主要包括哪些內容？
7. 如何對讓渡資產使用權進行確認和計量？
8. 什麼是期間費用？如何正確核算管理費用、財務費用和銷售費用？

第十三章 利潤核算

第一節 利潤形成

一、利潤形成的基本原理

1. 利潤的來源

利潤是指企業在一定會計期間的經營成果。它有兩個來源：收入減去費用後的淨額、直接計入當期利潤的利得和損失。

（1）收入減去費用後的淨額，就是企業的營業利潤，反應的是企業日常經營活動的經營業績。

（2）直接計入當期利潤的利得和損失，反應的是企業非經營活動的業績，即為中國會計核算中的營業外收入和營業外支出項目。

2. 利潤的內容

根據中國企業會計準則的規範，企業的利潤是多步形成的，所以其利潤指標有以下三個：

營業利潤＝營業收入−營業成本−稅金及附加−銷售費用−管理費用
　　　　−財務費用−資產減值損失＋公允價值變動收益＋投資收益
　　　　利潤總額＝營業利潤＋營業外收入−營業外支出
　　　　　　淨利潤＝利潤總額−所得稅費用

這是企業利潤表的基本結構。

3. 利潤形成帳務處理的基本原理

在企業利潤形成的帳務處理中，並不需要分別計算出上述三個利潤指標，而是通過「本年利潤」帳戶直接核算出淨利潤數額。其基本原理如下：

淨利潤＝（主營業務收入＋其他業務收入＋公允價值變動收益＋投資收益＋營業外收入）−（主營業務成本＋其他業務成本＋稅金及附加＋銷售費用＋管理費用＋財務費用＋資產減值損失＋公允價值變動損失＋投資損失＋營業外支出＋所得稅費用）

二、主要帳戶的設置

利潤形成的核算應當根據上述公式中的項目分別設置帳戶，除營業外收入、營業外支出和所得稅費用外，其他的帳戶在前面的內容中都已經介紹過，所以，本節主要

介紹營業外收入、營業外支出、所得稅費用、本年利潤等帳戶。

1. 營業外收入

「營業外收入」為損益類帳戶，核算企業發生的各項營業外收入，主要包括非流動資產處置利得、非貨幣性資產交換利得、債務重組利得、政府補助、盤盈利得、捐贈利得等。本帳戶貸方登記發生的營業外收入，借方登記期末轉入「本年利潤」帳戶的營業外收入，結轉後本帳戶無餘額。本帳戶可按營業外收入項目進行明細核算。

2. 營業外支出

「營業外支出」為損益類帳戶，核算企業發生的各項營業外支出，包括非流動資產處置損失、非貨幣性資產交換損失、債務重組損失、公益性捐贈支出、非常損失、盤虧損失等。本帳戶借方登記發生的營業外支出，貸方登記期末轉入「本年利潤」帳戶的營業外支出，結轉後本帳戶無餘額。本帳戶可按營業外支出項目進行明細核算。

3. 所得稅費用

「所得稅費用」為損益類帳戶，核算企業確認的應從當期利潤總額中扣除的所得稅費用。本帳戶借方登記企業按稅法規定的應納稅所得額計算確定的當期應納所得稅，貸方登記期末轉入「本年利潤」帳戶的所得稅額，結轉後本帳戶無餘額。

本帳戶可按「當期所得稅費用」「遞延所得稅費用」進行明細核算。

4. 本年利潤

「本年利潤」為所有者權益帳戶，核算企業當期實現的淨利潤（或發生的淨虧損）。

本帳戶貸方登記期末從「主營業務收入」「其他業務收入」「營業外收入」「公允價值變動損益」（淨收益）以及「投資收益」（投資淨收益）等帳戶轉入的數額，借方登記期末從「主營業務成本」「稅金及附加」「其他業務成本」「銷售費用」「管理費用」「財務費用」「資產減值損失」「營業外支出」「所得稅費用」「公允價值變動損益」（淨損失）以及「投資收益」（投資淨損失）等帳戶轉入的數額。本期借貸方發生額的差額，表示本期實現的淨利潤（或淨虧損）。年度終了，應將本帳戶餘額轉入「利潤分配」帳戶，結轉後本帳戶無餘額。

三、主要的帳務處理

1. 營業外收入的帳務處理

企業取得應計入營業外收入的利得時，在增加營業外收入的同時，既可能引起貨幣性資產或實物資產的增加，也可能導致「應付帳款」以及借款等負債的減少。

企業確認處置非流動資產利得、非貨幣性資產交換利得、債務重組利得，比照「固定資產清理」「無形資產」「原材料」「庫存商品」「應付帳款」等帳戶的相關規定進行處理。因此，在發生時，應當借記「庫存現金」「銀行存款」「固定資產」「原材料」「庫存商品」「無形資產」等資產帳戶或「應付帳款」「短期借款」「長期借款」等負債帳戶，同時貸記「營業外收入」帳戶。

企業確認的政府補助利得，借記「銀行存款」「遞延收益」等帳戶，貸記「營業外收入」帳戶。

2. 營業外支出的帳務處理

企業發生應計入營業外支出的損失時，在增加營業外支出的同時，既可能引起貨幣性資產或實物資產的減少，也可能導致「應付帳款」等負債的增加。

企業確認處置非流動資產損失、非貨幣性資產交換損失、債務重組損失，比照「固定資產清理」「無形資產」「原材料」「庫存商品」「應付帳款」等帳戶的相關規定進行處理。發生營業外支出時，應借記「營業外支出」帳戶，貸記「庫存現金」「銀行存款」「固定資產」「原材料」「庫存商品」「無形資產」等資產帳戶或「應付帳款」等帳戶。

企業盤虧、毀損的資產發生的淨損失，按管理權限報經批準後，借記「營業外支出」帳戶，貸記「待處理財產損溢」帳戶。

3. 所得稅費用帳務處理

（1）資產負債表日，企業按照稅法規定計算確定的當期應交所得稅，借記「所得稅費用」帳戶（當期所得稅費用），貸記「應交稅費——應交所得稅」帳戶。

（2）資產負債表日，根據遞延所得稅資產的應有餘額大於「遞延所得稅資產」帳戶餘額的差額，借記「遞延所得稅資產」帳戶，貸記「所得稅費用」帳戶（遞延所得稅費用）、「資本公積——其他資本公積」等帳戶；遞延所得稅資產的應有餘額小於「遞延所得稅資產」帳戶餘額的差額做相反的會計分錄。

（3）企業應予確認的遞延所得稅負債，應當比照上述原則調整「所得稅費用」帳戶、「遞延所得稅負債」帳戶及有關帳戶。

有關所得稅費用會計處理的詳細內容將在高級財務會計課程中介紹，本節主要就所得稅費用對當期利潤的形成影響進行處理。

【例13-1】2012年年終，光輝公司全年應納稅所得額為5,000,000元，所得稅稅率25%。則企業應交所得稅為：5,000,000×25% = 1,250,000（元）

帳務處理為：

借：所得稅費用　　　　　　　　　　　　　　1,250,000
　　貸：應交稅費——應交所得稅　　　　　　　　　1,250,000

4. 利潤形成的帳務處理

企業在每期期末，將「主營業務收入」「其他業務收入」「營業外收入」「公允價值變動損益」（淨收益）以及「投資收益」（投資淨收益）等帳戶的貸方餘額轉入「本年利潤」帳戶貸方，將「主營業務成本」「稅金及附加」「其他業務成本」「銷售費用」「管理費用」「財務費用」「資產減值損失」「營業外支出」「所得稅費用」「公允價值變動損益」（淨損失）以及「投資收益」（投資淨損失）等帳戶的借方餘額轉入「本年利潤」帳戶借方，結轉後，「本年利潤」帳戶本期借貸方發生額的差額，即為企業當期淨利潤。

【例13-2】2012年期末，光輝公司結出各有關損益類帳戶餘額如表13-1所示。

表 13-1　　　　　　　　　　　損益類帳戶餘額表　　　　　　　　　單位：元

帳戶名稱	借方餘額	貸方餘額
主營業務收入		5,500,000
其他業務收入		800,000
營業外收入		100,000
公允價值變動損益		500,000
投資收益	300,000	
主營業務成本	3,200,000	
稅金及附加	100,000	
其他業務成本	500,000	
管理費用	500,000	
銷售費用	360,000	
財務費用	240,000	
營業外支出	100,000	
所得稅費用	400,000	
合　計	5,700,000	6,900,000

期末結轉的帳務處理為：
(1) 結轉收入類帳戶餘額
借：主營業務收入　　　　　　　　　　　　　　　　5,500,000
　　其他業務收入　　　　　　　　　　　　　　　　　800,000
　　營業外收入　　　　　　　　　　　　　　　　　　100,000
　　公允價值變動損益　　　　　　　　　　　　　　　500,000
　貸：本年利潤　　　　　　　　　　　　　　　　　6,600,000
　　　投資收益　　　　　　　　　　　　　　　　　　300,000
(2) 結轉費用類帳戶餘額
借：本年利潤　　　　　　　　　　　　　　　　　　5,000,000
　貸：主營業務成本　　　　　　　　　　　　　　　3,200,000
　　　稅金及附加　　　　　　　　　　　　　　　　　100,000
　　　其他業務成本　　　　　　　　　　　　　　　　500,000
　　　管理費用　　　　　　　　　　　　　　　　　　500,000
　　　銷售費用　　　　　　　　　　　　　　　　　　360,000
　　　財務費用　　　　　　　　　　　　　　　　　　240,000
　　　營業外支出　　　　　　　　　　　　　　　　　100,000
企業當期利潤總額＝(6,900,000−300,000)−5,000,000＝1,600,000（元）

(3) 結轉所得稅費用帳戶餘額
借：本年利潤　　　　　　　　　　　　　　　　　　　　400,000
　　貸：所得稅費用　　　　　　　　　　　　　　　　　　400,000
(4) 結出「本年利潤」帳戶貸方餘額，即本期企業實現淨利潤
企業當期淨利潤＝1,600,000－400,000＝1,200,000（元）

第二節　利潤分配

一、企業利潤分配順序

利潤分配是一個法定程序，不能有隨意性，企業必須按照《企業會計準則》和《企業財務通則》以及國家其他的有關政策進行利潤分配。

1. 彌補虧損

企業以前年度的虧損，按稅法規定的法定年限（一般為5年）先用稅前利潤彌補，超過法定的彌補期後，可用淨利潤來彌補，或者經投資者審議後用盈餘公積彌補虧損。在虧損未彌補完以前，後續分配不予進行。

2. 淨利潤的分配順序

企業年度淨利潤，除法律、行政法規另有規定外，按照以下順序分配：

(1) 彌補以前年度虧損。

(2) 提取法定公積金。按淨利潤的10%提取法定公積金。法定公積金累計額達到註冊資本50%以後，可以不再提取。

(3) 提取任意公積金。任意公積金提取比例由投資者決議。

(4) 向投資者分配利潤。企業以前年度未分配的利潤，並入本年度利潤，在充分考慮現金流量狀況後，向投資者分配。屬於各級人民政府及其部門、機構出資的企業，應當將應付國有利潤上繳財政。

(5) 形成企業的未分配利潤。

以上 (2)、(3)、(5) 項構成企業的留存收益。

國有企業可以將任意公積金與法定公積金合併提取。股份有限公司依法回購後暫未轉讓或者註銷的股份，不得參與利潤分配；以回購股份對經營者及其他職工實施股權激勵的，在擬訂利潤分配方案時，應當預留回購股份所需利潤。

二、主要帳戶的設置

1. 利潤分配

本帳戶為所有者權益帳戶，核算企業利潤的分配（或虧損的彌補）和歷年分配（或彌補）後的餘額。本帳戶借方登記按規定提取的盈餘公積、應付現金股利或利潤，以及從「本年利潤」帳戶貸方轉入的全年累計虧損數額；貸方登記年終時從「本年利潤」帳戶借方轉入的全年實現的淨利潤數額，以及以盈餘公積金彌補虧損的數額，年

末餘額一般在貸方，反應企業的累計未分配利潤，若出現借方餘額，表示累計未彌補虧損。本帳戶應當分別設置「提取法定盈餘公積」「提取任意盈餘公積」「應付現金股利或利潤」「轉作股本的股利」「盈餘公積補虧」和「未分配利潤」等進行明細核算。

2. 盈餘公積

本帳戶為所有者權益帳戶，核算企業從淨利潤中提取的盈餘公積。本帳戶貸方登記盈餘公積的提取數額，借方登記盈餘公積的使用數額，期末餘額在貸方，反應企業的盈餘公積結餘數額。本帳戶應當分別設置「法定盈餘公積」「任意盈餘公積」帳戶進行明細核算。

3. 應付股利

本帳戶為負債類帳戶，核算企業分配的現金股利或利潤。本帳戶貸方登記根據企業經董事會或股東大會或類似機構決議通過的利潤分配方案，確定應分配的現金股利或利潤，借方登記實際支付的股利或利潤，期末餘額在貸方，反應企業應付未付的現金股利或利潤。本帳戶可按投資者進行明細核算。

三、主要的帳務處理

1. 盈餘公積的帳務處理

（1）企業按規定提取的盈餘公積，借記「利潤分配——提取法定盈餘公積、提取任意盈餘公積」帳戶，貸記「盈餘公積」（法定盈餘公積、任意盈餘公積）帳戶。

（2）經股東大會或類似機構決議，用盈餘公積彌補虧損或轉增資本，借記「盈餘公積」帳戶，貸記「利潤分配——盈餘公積補虧」「實收資本」或「股本」帳戶。

（3）經股東大會決議，用盈餘公積派送新股，按派送新股計算的金額，借記「盈餘公積」帳戶，按股票面值和派送新股總數計算的股票面值總額，貸記「股本」帳戶。

【例13-3】企業用盈餘公積彌補5年以前的虧損200,000元。

借：盈餘公積——法定盈餘公積　　　　　　　　　200,000
　　貸：利潤分配——盈餘公積補虧　　　　　　　　　200,000

2. 分配股利的帳務處理

企業根據股東大會或類似機構審議批準的利潤分配方案，在宣告日，按應支付的現金股利或利潤，借記「利潤分配」帳戶，貸記「應付股利」帳戶。在股利支付日，實際支付現金股利或利潤，借記「應付股利」帳戶，貸記「銀行存款」等帳戶。董事會或類似機構通過的利潤分配方案中擬分配的現金股利或利潤，不做帳務處理，但應在附注中披露。

股利的會計處理還與幾個特定的日期有關：

（1）宣告日，是董事會根據股東大會通過的股利分配方案宣告分派股利之日，它是公司在會計上確定應付股利負債的日期。

（2）股權登記日，是指公司宣告發放股利後所確定的截止過戶登記的日期。只有在股權登記日的股東名冊上記載的股東，才有權享有股利。

（3）付息日，是實際支付股利的日期。

3. 未分配利潤的帳務處理

年度終了，企業應將本年實現的淨利潤，自「本年利潤」帳戶轉入「利潤分配」帳戶，借記「本年利潤」帳戶，貸記「利潤分配——未分配利潤」帳戶，為淨虧損的做相反的會計分錄；同時，將「利潤分配」帳戶所屬其他明細帳戶的餘額轉入「利潤分配——未分配利潤」帳戶。結轉後，本帳戶除「未分配利潤」明細帳戶外，其他明細帳戶應無餘額。

【例 13-4】M 股份有限公司，股本為 50,000,000 元，每股面值 1 元。2012 年年初未分配利潤 40,000,000 元，全年實現淨利潤 20,000,000 元。該公司 2012 年度利潤分配方案為：按淨利潤的 10% 提取法定盈餘公積，按 5% 提取任意盈餘公積；同時向股東按每股 0.2 元派發現金股利，按 10 送 1 的比例派發股票股利。2013 年 3 月 10 日，股東大會批準該分配方案；2013 年 3 月 18 日，用銀行存款支付全部現金股利，新增股本已經辦理完股權登記和相關增資手續。該公司的帳務處理如下：

（1）2012 年年度終了，結轉本年實現淨利潤

借：本年利潤　　　　　　　　　　　　　　　　　　　　　　20,000,000
　貸：利潤分配——未分配利潤　　　　　　　　　　　　　　　　20,000,000

（2）提取法定盈餘公積和任意盈餘公積

借：利潤分配——提取法定盈餘公積　　　　　　　　　　　　　2,000,000
　　　　　　——提取任意盈餘公積　　　　　　　　　　　　　1,000,000
　貸：盈餘公積——法定盈餘公積　　　　　　　　　　　　　　　2,000,000
　　　　　　——任意盈餘公積　　　　　　　　　　　　　　　1,000,000

（3）結轉「利潤分配」明細帳

借：利潤分配——未分配利潤　　　　　　　　　　　　　　　　3,000,000
　貸：利潤分配——提取法定盈餘公積　　　　　　　　　　　　　2,000,000
　　　　　　——提取任意盈餘公積　　　　　　　　　　　　　1,000,000

M 公司 2012 年年底「利潤分配——未分配利潤」帳戶貸方餘額為：
40,000,000+20,000,000-3,000,000=57,000,000（元）
此時，該公司累計的未分配利潤為 57,000,000 元。

（4）2013 年 3 月 10 日，股東大會批準分配方案

發放現金股利＝50,000,000×20%＝10,000,000（元）

借：利潤分配——應付現金股利　　　　　　　　　　　　　　　10,000,000
　貸：應付股利　　　　　　　　　　　　　　　　　　　　　　10,000,000

（5）2013 年 3 月 18 日，支付現金股利

借：應付股利　　　　　　　　　　　　　　　　　　　　　　　10,000,000
　貸：銀行存款　　　　　　　　　　　　　　　　　　　　　　10,000,000

（6）2013 年 3 月 18 日，派發股票股利

發放股票股利＝50,000,000×1×10%＝5,000,000（元）

借：利潤分配——轉作股本的股利　　　　　　　　　　　　　　5,000,000
　貸：股本　　　　　　　　　　　　　　　　　　　　　　　　5,000,000

(7) 結轉「利潤分配」明細帳

借：利潤分配——未分配利潤　　　　　　　　　　　15,000,000
　　貸：利潤分配——應付現金股利　　　　　　　　10,000,000
　　　　　　——轉作股本的股利　　　　　　　　　 5,000,000

該公司「利潤分配——未分配利潤」帳戶貸方餘額為：
57,000,000-15,000,000＝42,000,000（元）
此時，該公司累計的未分配利潤為 42,000,000 元。

復習思考題

　　1. 企業利潤是怎樣形成的？在利潤形成的核算中應當主要設置哪些帳戶進行帳務處理？

　　2. 企業應當遵循什麼樣的利潤分配程序？如何對利潤分配業務進行正確的會計處理？

第五篇　財務報表篇

- 財務報表概論
- 資產負債表
- 利潤表和所有者權益變動表
- 現金流量表

第十四章　財務報表概論

第一節　財務報表的意義及分類

一、財務報表的意義

財務報表又稱會計報表，是指企業對外提供的、以日常會計核算資料為主要依據，反應企業某一特定日期的財務狀況和某一會計期間的經營成果、現金流量等會計信息的文件，它是對企業財務狀況、經營成果和現金流量的結構性表述。

企業編製財務報表，對於改善企業外部有關方面的經濟決策環境和加強企業內部經營管理，具有重要作用。具體來說，財務報表的作用主要表現在以下幾個方面：

（1）能夠滿足投資者（包括潛在投資者）、債權人（包括潛在債權人）、供應商等有關各方信息使用者的需要。他們通過了解企業的財務狀況、經營成果和現金流量等信息，進行正確的投資決策、信貸決策和銷售策略方面的決策。

（2）能夠滿足企業內部管理者的需要。企業管理者可以利用財務報表資料，掌握本企業的財務收支情況、經營成果和現金流量情況，總結經濟工作的成績和存在的問題，促使企業制定有效的改進措施，提高管理水準，保證企業生產經營的健康發展。

（3）能夠滿足國家有關部門制定宏觀經濟決策的需要。國家有關部門通過財務報表列報提供的會計信息，可以了解和掌握各部門、各地區經濟計劃完成情況、各種財經法律制度的執行情況，並針對存在的問題，及時運用經濟槓桿和其他手段，調節經濟活動，優化資源配置。

二、財務報表的分類

財務報表可以按照不同的標準進行分類。

1. 按反應的資金運動狀況分類

財務報表按反應的資金運動狀況不同可分為靜態財務報表和動態財務報表。

靜態財務報表是綜合反應企業某一特定日期的資產、負債和所有者權益等財務狀況的財務報表，如資產負債表，它提供的是時點指標。

動態財務報表是綜合反應企業一定時期的經營情況或現金流量，以及所有者權益變動情況的財務報表，如利潤表、現金流量表和所有者權益變動表，它們提供的是時期指標。

2. 按編報的時間分類

財務報表按編報的時間不同可分為中期報表和年度報表。

中期報表是企業在短於一個會計年度的報告期間編製的財務報表，包括月度報表、季度報表和半年度報表。

年度報表是企業在年末編製的，反應企業從年初（新成立企業為開業）至年末的一個完整會計年度的生產經營、財務狀況、經營成果和現金流量，以及所有者權益變動情況的財務報表。

3. 按編報主體分類

財務報表按編報主體不同可以分為個別報表和合併報表。

個別報表是只反應企業本身的財務狀況、經營成果和現金流量，以及所有者權益變動情況的財務報表。

合併報表是由企業集團中對其他單位擁有控制權的母公司編製的綜合反應企業集團整體的財務狀況、經營成果和現金流量，以及所有者權益變動情況的財務報表。

4. 按報送的對象分類

財務報表按報送對象不同可以分為內部報表和外部報表。

內部報表是適應企業經營管理需要而編製的各種報表。內部報表不需要對外公開，無須統一規定種類、格式、內容，由企業根據需要自行規定，比如成本報表、管理會計報表等。

外部報表是提供給企業外部，供投資者、債權人、政府有關部門和證券機構等使用的財務報表。外部報表的種類、格式、內容和報送時間等均有國家相應的法律法規規定，企業必須嚴格按照規定編製和報送。

第二節　財務報表列報基本要求

為了保證財務報表的質量，充分發揮財務報表的作用，《企業會計準則第 30 號——財務報表列報》及應用指南對財務報表列報基本要求進行了規範。

一、列報基礎

企業應當以持續經營為基礎，根據實際發生的交易和事項，按照《企業會計準則——基本準則》和其他各項會計準則的規定進行確認和計量，在此基礎上編製財務報表。

在編製財務報表的過程中，企業董事會應當對企業持續經營的能力進行評價，需要考慮的因素包括市場經營風險、企業目前或長期的盈利能力、償債能力、財務彈性以及企業管理層改變經營政策的意向等。評價後對企業持續經營的能力產生嚴重懷疑的，應當在附注中披露導致對持續經營能力產生重大懷疑的重要的不確定因素。

非持續經營是企業在極端情況下呈現的一種狀態。企業存在以下情況之一的，通常表明企業處於非持續經營狀態：①企業已在當期進行清算或停止營業；②企業已經正

式決定在下一個會計期間進行清算或停止營業；③企業已確定在當期或下一個會計期間沒有其他可供選擇的方案而將被迫進行清算或停止營業。企業處於非持續經營狀態時，應當採用其他基礎編製財務報表。比如，企業處於破產狀態時，其資產應當採用可變現淨值計量，負債應當按照其預計的結算金額計量等。在非持續經營情況下，企業應當在附注中聲明財務報表未以持續經營為基礎列報，披露未以持續經營為基礎的原因以及財務報表的編製基礎。

二、重要性和項目列報

關於項目在財務報表中是單獨列報還是合併列報，應當依據重要性原則來判斷。凡財務報表某項目的省略或錯報會影響使用者據此做出經濟決策的，該項目具有重要性。重要性是判斷項目是否單獨列報的重要標準。企業在進行重要性判斷時，應當根據所處環境，從項目的性質和金額大小兩方面予以判斷：一方面，應當考慮該項目的性質是否屬於企業日常活動、是否對企業的財務狀況和經營成果具有較大影響等因素；另一方面，判斷項目金額大小的重要性，應當通過單項金額占資產總額、負債總額、所有者權益總額、營業收入總額、淨利潤等直接相關項目金額的比重加以確定。具體而言：

（1）性質或功能不同的項目，一般應當在財務報表中單獨列報，比如存貨和固定資產在性質上和功能上都有本質差別，必須分別在資產負債表上單獨列報。但是不具有重要性的項目可以合併列報。

（2）性質或功能類似的項目，一般可以合併列報，但是對其具有重要性的類別應該單獨列報。比如原材料、在產品等項目在性質上類似，均通過生產過程形成企業的產品存貨，因此可以合併列報，合併之後的類別統稱為「存貨」在資產負債表上列報。

（3）項目單獨列報的原則不僅適用於報表，還適用於附注。某些項目的重要性程度不足以在資產負債表、利潤表、現金流量表或所有者權益變動表中單獨列報，但是可能對附注而言卻具有重要性，在這種情況下應當在附注中單獨披露。

（4）無論是財務報表列報準則規定的單獨列報項目，還是其他具體會計準則規定單獨列報的項目，企業都應當予以單獨列報。

三、財務報表項目金額間的相互抵銷

財務報表項目應當以總額列報，資產和負債、收入和費用不能相互抵銷，即不得以淨額列報，但企業會計準則另有規定的除外。比如，企業欠客戶的應付帳款不得與預先支付其他客戶的預付帳款相抵銷，如果相互抵銷就掩蓋了交易的實質，不能反應企業真實的資產和負債狀況。

下列兩種情況不屬於抵銷，可以以淨額列示：①資產項目按扣除減值準備後的淨額列示，不屬於抵銷。對資產計提減值準備，表明資產的價值確實已經發生減損，按扣除減值準備後的淨額列示，才反應了資產當時的真實價值。②非日常活動的發生具有偶然性，並非企業主要的業務，從重要性來講，非日常活動產生的損益以收入扣減費用後的淨額列示，更有利於報表使用者的理解，也不屬於抵銷。

四、比較信息的列報

企業在列報當期財務報表時，至少應當提供所有列報項目上一可比會計期間的比較數據，以及與理解當期財務報表相關的說明，目的是向報表使用者提供對比數據，提高信息在會計期間的可比性，以反應企業財務狀況、經營成果和現金流量的發展趨勢，提高報表使用者的判斷與決策能力。

在財務報表項目的列報確需發生變更的情況下，企業應當對上期比較數據按照當期的列報要求進行調整，並在附注中披露調整的原因和性質，以及調整的各項目金額。但是，在某些情況下，對上期比較數據進行調整是不切實可行的，則應當在附注中披露不能調整的原因。

五、財務報表表首的列報要求

財務報表一般分為表首、正表兩部分，其中，在表首部分企業應當概括地說明下列基本信息：①編報企業的名稱，如企業名稱在所屬當期發生了變更的，還應明確標明；②對資產負債表而言，應披露資產負債表日，而對利潤表、現金流量表、所有者權益變動表而言，應披露報表涵蓋的會計期間；③貨幣名稱和單位，按照中國企業會計準則的規定，企業應當以人民幣作為記帳本位幣列報，並標明金額單位，如人民幣元等；④財務報表是合併財務報表的，應當予以標明。

六、報告期間

企業至少應當編製年度財務報表。根據《中華人民共和國會計法》的規定，會計年度自公歷1月1日起至12月31日止。因此，在編製年度財務報表時，可能存在年度財務報表涵蓋的期間短於一年的情況，比如企業在年度中間（如7月1日）開始設立等，在這種情況下，企業應當披露年度財務報表的實際涵蓋期間及其短於一年的原因，並說明由此引起財務報表項目與比較數據不具可比性這一事實。

第三節　財務報表附注

一、附注的性質與作用

附注是對財務報表中列示項目的文字描述或明細資料，以及對未能在這些報表中列示項目的說明等。

附注是財務報表不可或缺的組成部分，報表使用者要了解企業的財務狀況、經營成果和現金流量，應當全面閱讀附注。附注與資產負債表、利潤表、現金流量表和所有者權益變動表等報表具有同等的重要性。

1. 提高可比性

在財務報告中，通過附注，用適當的方式來說明企業所選用的會計政策及其變更，

可以提高不同企業及本企業前後期之間會計資料的可比性。

2. 增進可理解性

財務報表以數字表示為主，而附注則重在文字說明，輔以數字解釋，有助於報表使用者正確理解財務報表，合理利用會計信息。

3. 體現完整性

附注不僅包括了企業採用的主要會計政策、財務報表重要項目的明細資料，還包括了不能在表內反應的對企業重要事項的揭示等。從而使財務報表提供的信息量更加完整，有助於報表使用者更全面地了解企業的財務狀況、經營成果和現金流量等各方面信息。

4. 突出重要性

附注可以將財務報表中的重要數據進一步予以分解說明，以便於幫助使用者了解哪些是重要的信息，並在決策中有所考慮。

二、附注的內容

附注是財務報表的重要組成部分。企業應當按照規定披露附注信息，主要包括如下內容：

1. 企業的基本情況

企業注冊地、組織形式和總部地址；企業的業務性質和主要經營活動；母公司以及集團最終母公司的名稱；財務報告的批準報出者和財務報告的批準報出日。

2. 財務報表的編製基礎

3. 遵循企業會計準則的聲明

企業應當聲明編製的財務報表符合企業會計準則的要求，真實、完整地反應了企業的財務狀況、經營成果和現金流量等有關信息。如果企業編製的財務報表只是部分地遵循了企業會計準則，附注中不得做出這種表述。

4. 重要會計政策和會計估計

企業應當披露採用的重要會計政策和會計估計，不重要的會計政策和會計估計可以不披露。在披露重要會計政策和會計估計時，應當披露財務報表項目的計量基礎和會計政策的確定依據，以及會計估計中所採用的關鍵假設和不確定因素的確定依據。

5. 會計政策和會計估計變更以及差錯更正的說明

會計政策變更的性質、內容和原因；當期和各個列報前期財務報表中受影響的項目名稱和調整金額；會計政策變更無法進行追溯調整的事實和原因以及開始應用變更後的會計政策的時點、具體應用情況；會計估計變更的內容和原因；會計估計變更對當期和未來期間的影響金額；會計估計變更的影響數不能確定的事實和原因；前期差錯的性質；各個列報前期財務報表中受影響的項目名稱和更正金額；前期差錯對當期財務報表有影響的，還應披露當期財務報表中受影響的項目名稱和金額；前期差錯無法進行追溯重述的事實和原因以及對前期差錯開始進行更正的時點、具體更正情況。

6. 報表重要項目的說明

企業應當以文字和數字描述相結合、盡可能以列表形式披露重要報表項目的構成

或當期增減變動情況，並與報表項目相互參照。對重要報表項目的明細說明，應當按照資產負債表、利潤表、現金流量表、所有者權益變動表的順序及其報表項目列示的順序進行披露。報表重要項目的明細金額合計，應當與報表項目金額相銜接。

7. 或有和承諾事項的說明

預計負債的種類、形成原因以及經濟利益流出不確定性的說明；與預計負債有關的預期補償金額和本期已確認的預期補償金額；或有負債的種類、形成原因及經濟利益流出不確定性的說明；或有負債預計產生的財務影響，以及獲得補償的可能性，無法預計的應當說明原因；或有資產很可能會給企業帶來經濟利益的，其形成的原因、預計產生的財務影響等；在涉及未決訴訟、未決仲裁的情況下，披露全部或部分信息預期對企業造成重大不利影響的，該未決訴訟、未決仲裁的性質以及沒有披露這些信息的事實和原因。

8. 資產負債表日後事項的說明

每項重要的資產負債表日後非調整事項的性質、內容，及其對財務狀況和經營成果的影響。無法做出估計的，應當說明原因。

9. 關聯方關係及其交易的說明

母公司和子公司的名稱。母公司不是該企業最終控制方的，說明最終控制方名稱；母公司和子公司的業務性質、註冊地、註冊資本（或實收資本、股本）及其當期發生的變化；母公司對該企業或者該企業對子公司的持股比例和表決權比例；企業與關聯方發生關聯方交易的，與該關聯方關係的性質、交易類型及交易要素。

交易要素至少應當包括：交易的金額；未結算項目的金額、條款和條件，以及有關提供或取得擔保的信息；未結算應收項目的壞帳準備金額；定價政策；企業應當分別關聯方以及交易類型披露關聯方交易。

復習思考題

1. 什麼是財務報表？編製財務報表有何作用？
2. 財務報表列報的基本要求是什麼？
3. 什麼是財務報表附注？其列報有何作用？
4. 財務報表附注主要包括哪些內容？

第十五章　資產負債表

第一節　資產負債表的概念與格式

一、資產負債表的概念及作用

　　資產負債表是指反應企業在某一特定日期財務狀況的會計報表。它反應企業在某一特定日期所擁有或控制的經濟資源、所承擔的現時義務和所有者對淨資產的要求權。

　　通過資產負債表，可以提供某一日期資產的總額及其結構，表明企業擁有或控制的資源及其分佈情況，使用者可以一目了然地從資產負債表上了解企業在某一特定日期所擁有的資產總量及其結構；可以提供某一日期的負債總額及其結構，表明企業未來需要用多少資產或勞務清償債務以及清償時間；可以反應所有者所擁有的權益，據以判斷資本保值、增值的情況以及對負債的保障程度。此外，資產負債表還可以提供進行財務分析的基本資料，如將流動資產與流動負債進行比較，計算出流動比率；將速動資產與流動負債進行比較，計算出速動比率等，可以表明企業的變現能力、償債能力和資金周轉能力，從而有助於報表使用者做出經濟決策。

二、資產負債表的結構

　　資產負債表的結構通常有報告式和帳戶式兩種。

　　報告式資產負債表是將資產負債表的項目自上而下排列，順序列示資產、負債和所有者權益金額，一般使用的是「資產－負債＝所有者權益」的會計平衡公式。

　　帳戶式資產負債表是將表內項目分為左、右兩方，左方列示資產項目，右方列示負債與所有者權益項目，使用的是「資產＝負債＋所有者權益」的會計平衡公式。

　　根據中國《企業會計準則》的規定，企業資產負債表一般應採用帳戶式。報表左方的資產項目按照流動性由強到弱的順序排列，右方的負債及所有者權益項目按償還時間的先後排列。此外，為了便於使用者通過比較不同時點資產負債表的數據，掌握企業財務狀況的變動情況及發展趨勢，企業需要提供比較資產負債表，資產負債表各項目再分為「年初餘額」和「期末餘額」兩欄分別填列。

第二節　資產負債表的填列方法

一、「年初餘額」欄的填列方法

資產負債表中的「年初餘額」欄通常根據上年末有關項目的期末餘額填列，且與上年末資產負債表「期末餘額」欄相一致。如果企業上年度資產負債表規定的項目名稱和內容與本年度不一致，應當對上年年末資產負債表相關項目的名稱和數字按照本年度的規定進行調整，填入「年初餘額」欄。

二、「期末餘額」欄的填列方法

資產負債表「期末餘額」欄總體上應根據有關總帳和明細帳的期末餘額填列，具體填列方法主要包括以下幾種。

1. 直接根據總帳帳戶的餘額填列

例如「以公允價值計量且其變動計入當期損益的金融資產」「固定資產清理」「遞延所得稅資產」「短期借款」「應付票據」「應付職工薪酬」「應交稅費」「應付利息」「應付股利」「其他應付款」「遞延所得稅負債」「實收資本」「資本公積」「其他綜合收益」「盈餘公積」等項目，應根據各相關總帳帳戶餘額直接填列。

2. 根據若干個總帳帳戶的餘額計算填列

例如「貨幣資金」項目，應根據「庫存現金」「銀行存款」「其他貨幣資金」三個總帳帳戶餘額之和計算填列；「未分配利潤」項目，應根據「本年利潤」和「利潤分配」帳戶餘額計算填列。

3. 根據明細帳帳戶的餘額計算填列

例如「開發支出」項目，應根據「研發支出」科目中所屬的「資本化支出」明細科目期末餘額填列；「預收款項」項目，應根據「應收帳款」和「預收帳款」兩個帳戶所屬明細帳戶的期末貸方餘額之和計算填列；「應付帳款」項目，應根據「應付帳款」和「預付帳款」兩個帳戶所屬明細帳戶的期末貸方餘額之和計算填列。

4. 根據總帳帳戶或明細帳帳戶的餘額分析計算填列

例如「長期借款」「應付債券」「長期應付款」等項目，應分別根據「長期借款」「應付債券」「長期應付款」等總帳帳戶餘額扣除其所屬明細帳戶中一年內到期的金額填列；「持有至到期投資」「長期待攤費用」項目應根據「持有至到期投資」「長期待攤費用」總帳帳戶餘額扣除一年內到期的金額計算填列；「長期應收款」項目應根據「長期應收款」總帳帳戶餘額扣除一年內到期的金額填列，如果計提了壞帳準備，則還應減去「壞帳準備」帳戶中根據長期應收款計提的壞帳準備期末餘額。「一年內到期的非流動資產」項目，應根據「持有至到期投資」「長期應收款」「長期待攤費用」等帳戶所屬明細帳戶餘額中將於一年內到期的數額之和計算填列；「一年內到期的非流動負債」項目，應根據「長期借款」「應付債券」「長期應付款」等總帳帳戶所屬明細帳戶

餘額中將於一年內到期的數額之和計算填列。

5. 根據有關帳戶餘額減去其備抵帳戶餘額後的淨額填列

例如「長期股權投資」等項目，應根據「長期股權投資」帳戶的期末餘額減去「長期股權投資減值準備」等帳戶金額後的淨額填列；「固定資產」項目，應根據「固定資產」帳戶的期末餘額減去「累計折舊」「固定資產減值準備」帳戶餘額後的淨額填列；「無形資產」項目，應根據「無形資產」帳戶的期末餘額，減去「累計攤銷」「無形資產減值準備」帳戶餘額後的淨額填列。

6. 綜合運用上述填列方法分析填列

例如「應收帳款」項目，應根據「應收帳款」和「預收帳款」兩個帳戶所屬明細帳戶的期末借方餘額之和減去「壞帳準備」帳戶中根據應收帳款計提的壞帳準備期末餘額填列；「預付款項」項目，應根據「應付帳款」和「預付帳款」兩個帳戶所屬明細帳戶的期末借方餘額之和減去「壞帳準備」帳戶中根據預付帳款計提的壞帳準備期末餘額填列；「存貨」項目，應根據「材料採購」（或「在途材料」）、「原材料」「庫存商品」「周轉材料」「委託加工物資」「材料成本差異」「生產成本」「自制半成品」「發出商品」等總帳帳戶期末餘額的分析匯總數，再減去「存貨跌價準備」帳戶餘額後的金額填列。

第三節　資產負債表編製實例

【例 15-1】甲公司為股份有限公司，股份總額 5,000,000 股。該公司為增值稅一般納稅人，適用增值稅稅率為 17%，所得稅稅率為 25%。2015 年 12 月 31 日的資產負債表如表 15-1 所示。

表 15-1　　　　　　　　　　　資 產 負 債 表　　　　　　　　　　會企 01 表
編製單位：甲公司　　　　　　　　　2015 年 12 月 31 日　　　　　　　　　單位：元

資產	期末餘額	負債和所有者權益	期末餘額
流動資產：		流動負債：	
貨幣資金	820,745.00	短期借款	50,000.00
交易性金融資產		交易性金融負債	
應收票據	46,000.00	應付票據	100,000.00
應收帳款	598,200.00	應付帳款	953,800.00
預付款項	100,000.00	預收款項	
應收利息		應付職工薪酬	180,000.00
應收股利		應交稅費	211,944.00
其他應收款	5,000.00	應付利息	
存貨	2,574,700.00	應付股利	

表15-1(續)

資　產	期末餘額	負債和所有者權益	期末餘額
一年內到期的非流動資產		其他應付款	50,000.00
其他流動資產		一年內到期的非流動負債	
流動資產合計	4,144,645.00	其他流動負債	
非流動資產：		流動負債合計	1,545,744.00
可供出售金融資產		非流動負債：	
持有至到期投資		長期借款	1,160,000.00
長期應收款		應付債券	
長期股權投資	1,250,000.00	長期應付款	
投資性房地產		專項應付款	
固定資產	2,231,000.00	預計負債	
在建工程	578,000.00	遞延所得稅負債	
工程物資	150,000.00	其他非流動負債	
固定資產清理		非流動負債合計	1,160,000.00
生產性生物資產		負債合計	2,705,744.00
油氣資產		所有者權益：	
無形資產	540,000.00	股本	5,000,000.00
開發支出		資本公積	
商譽		減：庫存股	
長期待攤費用	200,000.00	其他綜合收益	
遞延所得稅資產		盈餘公積	1,150,000.00
其他非流動資產		未分配利潤	237,901.00
非流動資產合計	4,949,000.00	所有者權益合計	6,387,901.00
資產總計	9,093,645.00	負債和所有者權益總計	9,093,645.00

　　其中：貨幣資金包括庫存現金 20,745 元，銀行存款 600,000 元，其他貨幣資金 200,000 元；應收帳款帳面餘額 600,000 元，壞帳準備貸方餘額 1,800 元；存貨包括原材料 1,500,000 元，周轉材料（低值易耗品）74,700 元，庫存商品 1,000,000 元；固定資產原值 2,901,000 元，累計折舊 670,000 元；應交稅費包括應交所得稅 105,344 元，其他應交稅費 106,600 元。

　　該公司 2016 年發生如下經濟業務：

　　(1) 收到銀行通知，用銀行存款支付到期的商業承兌匯票 100,000 元。

　　(2) 購入原材料一批，用銀行存款支付貨款 1,500,000 元，以及購入材料支付的增值稅稅額為 255,000 元，款項已付，材料已經驗收入庫。

（3）購入 A 公司股票 10,000 股，價款 105,000 元，交易費用 210 元，購買 B 公司股票 20,000 股，價款 350,000 元，交易費用 700 元。甲公司將 A 股票劃分為交易性金融資產，將 B 股票劃分為可供出售金融資產。

（4）用銀行匯票支付採購材料價款，甲公司收到開戶銀行轉來銀行匯票多餘款通知，通知上填寫的多餘 234 元，購入材料價款 99,800 元，支付的增值稅額 16,966 元，材料已驗收入庫。

（5）銷售產品一批，銷售價款 300,000 元（不含應收取的增值稅），該批產品實際成本 180,000 元，產品已經發出，價款未收回（企業銷售成本期末結轉）。

（6）年初按面值購入 5 年期國庫券 500,000 元，年利率 5%，該國債計劃持有至到期，利息到期一次支付。

（7）購入工程物資一批（用於不動產建造），價款為 100,000 元，增值稅為 17,000 元，已用銀行存款支付。

（8）工程領用工程物資 250,000 元。

（9）工程應付工資 200,000 元，同時分別按 20%、6% 和 2% 計提養老、醫療和失業保險金。

（10）以銀行存款支付上年未交所得稅 105,344 元。

（11）工程完工，計算應負擔的長期借款利息 150,000 元。該借款本息未付（每年付息一次）。

（12）公司在建工程完工，交付生產使用，已辦理竣工手續。結轉在建工程所有帳面成本。

（13）基本生產車間一臺機床報廢，原價 200,000 元，已提折舊 180,000 元，清理費用 500 元，殘值收入 800 元，均通過銀行存款支付。該項固定資產已清理完畢。

（14）從銀行借入 3 年期年利率 5% 的借款 4,000,000 元，借款已入銀行帳戶，該項借款用於購建固定資產。

（15）銷售產品一批，銷售價款 2,000,000 元，應收的增值稅稅額 340,000 元，銷售產品的實際成本 1,200,000 元，一半款項銀行已收妥。

（16）甲公司將到期的一張面值為 46,000 元的無息銀行承兌匯票，連同解訖通知和進帳單交銀行辦理轉帳。收到銀行蓋章退回的進帳單一聯。

（17）收到 2015 年度股利 50,000 元（該項投資占對方股權的 30%，按權益法核算，對方稅率和本企業一致，均為 25%），已存入銀行。2016 年，對方實現淨利潤 1,000,000 元，同時，對方企業其他綜合收益增加 500,000 元。

（18）公司出售一臺不需用設備，收到價款 300,000 元，增值稅 15,000 元（適用簡易辦法徵稅）。該設備原價 400,000 元，已提折舊 150,000 元。該項設備已由購入單位運走。

（19）借入短期借款 250,000 元。

（20）支付工資 800,000 元，其中包括支付給在建工程人員的工資 200,000 元。

（21）分配應支付的職工工資 600,000 元（不包括在建工程應負擔的工資），其中生產人員工資 400,000 元，車間管理人員工資 150,000 元，行政管理部門人員工資

50,000 元。

(22) 分別按上述工資額的 20%、6% 和 2% 計提養老、醫療和失業保險金。

(23) 提取應計入本期損益的借款利息共 52,500 元，其中，短期借款利息 2,500 元（已轉帳支付），長期借款利息 50,000 元（每年付息一次）。

(24) 基本生產車間領用原材料，成本 1,500,000 元，領用低值易耗品 50,000 元，低值易耗品採用一次轉銷法結轉成本。

(25) 計提固定資產減值準備 300,000 元。

(26) 攤銷無形資產 60,000 元，長期待攤費用 100,000 元。

(27) 計提固定資產折舊 150,000 元，其中計入製造費用 100,000 元，管理費用 50,000 元。

(28) 2012 年年末按應收帳款餘額的 5‰ 計提壞帳準備。

(29) 2012 年年度中期（7 月 1 日），發行普通股 1,000,000 股，發行價 1.5 元/股。

(30) 用銀行存款支付產品廣告費 10,000 元。

(31) 計算並結轉本期完工產品成本（沒有期初在產品，本期投產的產品全部完工入庫）。

(32) 發生廣告費 20,000 元，已用銀行存款支付。

(33) 公司採用商業匯票結算方式銷售產品一批，價款 2,500,000 元，增值稅稅額為 425,000 元，收到 2,925,000 元的銀行承兌匯票一張，產品實際成本 1,500,000 元。

(34) 公司將上述承兌匯票到銀行辦理貼現，貼現息為 20,000 元。

(35) 年末 A 公司和 B 公司股票市價分別為 150,000 元和 500,000 元；同時按國庫券的票面利率計提本年度的應計利息收入。

(36) 償還長期借款 500,000 元。

(37) 支付本年已計提的長期借款利息 200,000 元。

(38) 2015 年度利潤分配方案為：按稅後利潤的 10% 計提盈餘公積，40% 用於向投資者分配利潤（已支付）。上年度淨利潤為 238,000 元。

(39) 用銀行存款繳納本期應交增值稅。

(40) 按所繳納的增值稅的 7% 和 3% 計算並繳納本年度的城市維護建設稅和教育費附加。

(41) 用銀行存款繳納所得稅 200,000 元。

(42) 結轉本期產品銷售成本。

(43) 將損益類科目結轉至「本年利潤」科目。

(44) 計算並結轉應交所得稅，同時結轉本年淨利潤（假設納稅所得額等於利潤總額，用應付稅款法進行核算）。

根據上述業務，編製會計分錄如下：

(1) 借：應付票據　　　　　　　　　　　　　　　　　　100,000
　　　貸：銀行存款　　　　　　　　　　　　　　　　　　100,000

(2) 借：原材料　　　　　　　　　　　　　　　　　　1,500,000

		應交稅費——應交增值稅（進項稅額）	255,000
		貸：銀行存款	1,755,000
（3）	借：	交易性金融資產——成本	105,000
		投資收益	210
		可供出售金融資產——成本	350,700
		貸：銀行存款	455,910
（4）	借：	銀行存款	234
		原材料	99,800
		應交稅費——應交增值稅（進項稅額）	16,966
		貸：其他貨幣資金	117,000
（5）	借：	應收帳款	351,000
		貸：主營業務收入	300,000
		應交稅費——應交增值稅（銷項稅額）	51,000
（6）	借：	持有至到期投資——成本	500,000
		貸：銀行存款	500,000
（7）	借：	工程物資	100,000
		應交稅費——應交增值稅（進項稅額）	10,200
		應交稅費——應交增值稅（待抵扣進項稅額）	6,800
		貸：銀行存款	117,000
（8）	借：	在建工程	250,000
		貸：工程物資	250,000
（9）	借：	在建工程	256,000
		貸：應付職工薪酬——工資	200,000
		——社會保險費	56,000
（10）	借：	應交稅費——應交所得稅	105,344
		貸：銀行存款	105,344
（11）	借：	在建工程	150,000
		貸：應付利息	150,000
（12）	借：	固定資產	1,234,000
		貸：在建工程	1,234,000
（13）	借：	固定資產清理	20,000
		累計折舊	180,000
		貸：固定資產	200,000
	借：	固定資產清理	500
		貸：銀行存款	500
	借：	銀行存款	800
		貸：固定資產清理	800
	借：	營業外支出	19,700

　　　　　貸：固定資產清理　　　　　　　　　　　　　　　　　　　　　19,700
（14）借：銀行存款　　　　　　　　　　　　　　　　　　　　　　4,000,000
　　　　　貸：長期借款　　　　　　　　　　　　　　　　　　　　　4,000,000
（15）借：銀行存款　　　　　　　　　　　　　　　　　　　　　　1,170,000
　　　　　應收帳款　　　　　　　　　　　　　　　　　　　　　　1,170,000
　　　　　貸：主營業務收入　　　　　　　　　　　　　　　　　　　2,000,000
　　　　　　　應交稅費——應交增值稅（銷項稅額）　　　　　　　　　340,000
（16）借：銀行存款　　　　　　　　　　　　　　　　　　　　　　　46,000
　　　　　貸：應收票據　　　　　　　　　　　　　　　　　　　　　　46,000
（17）借：銀行存款　　　　　　　　　　　　　　　　　　　　　　　50,000
　　　　　貸：長期股權投資——損益調整　　　　　　　　　　　　　　50,000
　　　　借：長期股權投資——損益調整　　　　　　　　　　　　　　　300,000
　　　　　貸：投資收益　　　　　　　　　　　　　　　　　　　　　300,000
　　　　借：長期股權投資——其他綜合收益　　　　　　　　　　　　　150,000
　　　　　貸：其他綜合收益　　　　　　　　　　　　　　　　　　　150,000
（18）借：固定資產清理　　　　　　　　　　　　　　　　　　　　　250,000
　　　　　累計折舊　　　　　　　　　　　　　　　　　　　　　　　150,000
　　　　　貸：固定資產　　　　　　　　　　　　　　　　　　　　　400,000
　　　　借：銀行存款　　　　　　　　　　　　　　　　　　　　　　315,000
　　　　　貸：固定資產清理　　　　　　　　　　　　　　　　　　　300,000
　　　　　　　應交稅費——應交增值稅（簡易計稅）　　　　　　　　　　15,000
　　　　借：固定資產清理　　　　　　　　　　　　　　　　　　　　　50,000
　　　　　貸：營業外收入　　　　　　　　　　　　　　　　　　　　　50,000
（19）借：銀行存款　　　　　　　　　　　　　　　　　　　　　　　250,000
　　　　　貸：短期借款　　　　　　　　　　　　　　　　　　　　　250,000
（20）借：應付職工薪酬——工資　　　　　　　　　　　　　　　　　800,000
　　　　　貸：銀行存款　　　　　　　　　　　　　　　　　　　　　800,000
（21）借：生產成本　　　　　　　　　　　　　　　　　　　　　　　400,000
　　　　　製造費用　　　　　　　　　　　　　　　　　　　　　　　150,000
　　　　　管理費用　　　　　　　　　　　　　　　　　　　　　　　　50,000
　　　　　貸：應付職工薪酬——工資　　　　　　　　　　　　　　　　600,000
（22）借：生產成本　　　　　　　　　　　　　　　　　　　　　　　112,000
　　　　　製造費用　　　　　　　　　　　　　　　　　　　　　　　　42,000
　　　　　管理費用　　　　　　　　　　　　　　　　　　　　　　　　14,000
　　　　　貸：應付職工薪酬——社會保險費　　　　　　　　　　　　　168,000
（23）借：財務費用　　　　　　　　　　　　　　　　　　　　　　　　52,500
　　　　　貸：銀行存款　　　　　　　　　　　　　　　　　　　　　　2,500
　　　　　　　應付利息　　　　　　　　　　　　　　　　　　　　　　50,000

(24) 借：生產成本　　　　　　　　　　　　　　　　　　150,000
　　　　貸：原材料　　　　　　　　　　　　　　　　　　　150,000
　　　借：製造費用　　　　　　　　　　　　　　　　　　　50,000
　　　　貸：周轉材料　　　　　　　　　　　　　　　　　　50,000
(25) 借：資產減值損失　　　　　　　　　　　　　　　　　300,000
　　　　貸：固定資產減值準備　　　　　　　　　　　　　　300,000
(26) 借：管理費用　　　　　　　　　　　　　　　　　　　160,000
　　　　貸：累計攤銷　　　　　　　　　　　　　　　　　　60,000
　　　　　　長期待攤費用　　　　　　　　　　　　　　　　100,000
(27) 借：製造費用　　　　　　　　　　　　　　　　　　　100,000
　　　　　管理費用　　　　　　　　　　　　　　　　　　　50,000
　　　　貸：累計折舊　　　　　　　　　　　　　　　　　　150,000
(28) 借：資產減值損失　　　　　　　　　　　　　　　　　8,805
　　　　貸：壞帳準備　　　　　　　　　　　　　　　　　　8,805
(29) 借：銀行存款　　　　　　　　　　　　　　　　　　　1,500,000
　　　　貸：股本　　　　　　　　　　　　　　　　　　　　1,000,000
　　　　　　資本公積　　　　　　　　　　　　　　　　　　500,000
(30) 借：銷售費用　　　　　　　　　　　　　　　　　　　10,000
　　　　貸：銀行存款　　　　　　　　　　　　　　　　　　10,000
(31) 借：生產成本　　　　　　　　　　　　　　　　　　　342,000
　　　　貸：製造費用　　　　　　　　　　　　　　　　　　342,000
　　　借：庫存商品　　　　　　　　　　　　　　　　　　　2,354,000
　　　　貸：生產成本　　　　　　　　　　　　　　　　　　2,354,000
(32) 借：銷售費用　　　　　　　　　　　　　　　　　　　20,000
　　　　貸：銀行存款　　　　　　　　　　　　　　　　　　20,000
(33) 借：應收票據　　　　　　　　　　　　　　　　　　　2,925,000
　　　　貸：主營業務收入　　　　　　　　　　　　　　　　2,500,000
　　　　　　應交稅費——應交增值稅（銷項稅額）　　　　　425,000
(34) 借：銀行存款　　　　　　　　　　　　　　　　　　　2,905,000
　　　　　財務費用　　　　　　　　　　　　　　　　　　　20,000
　　　　貸：應收票據　　　　　　　　　　　　　　　　　　2,925,000
(35) 借：交易性金融資產——公允價值變動　　　　　　　　45,000
　　　　　可供出售金融資產——公允價值變動　　　　　　　149,300
　　　　貸：公允價值變動損益　　　　　　　　　　　　　　45,000
　　　　　　其他綜合收益　　　　　　　　　　　　　　　　149,300
　　　借：持有至到期投資——應計利息　　　　　　　　　　25,000
　　　　貸：投資收益　　　　　　　　　　　　　　　　　　25,000
(36) 借：長期借款　　　　　　　　　　　　　　　　　　　500,000

		貸：銀行存款	500,000
(37)	借：應付利息		200,000
		貸：銀行存款	200,000
(38)	借：利潤分配——提取盈餘公積	23,800
		——應付利潤	95,200
		貸：盈餘公積	23,800
		銀行存款	95,200
	借：利潤分配——未分配利潤	119,000
		貸：利潤分配——提取盈餘公積	23,800
		——應付利潤	95,200
(39)	借：應交稅費——應交增值稅（已交稅金）	548,834
		貸：銀行存款	548,834
(40)	借：稅金及附加	54,883.40
		貸：應交稅費——應交城市維護建設稅	38,418.38
		——應交教育費附加	16,465.02
	借：應交稅費——應交城市維護建設稅	38,418.38
		——應交教育費附加	16,465.02
		貸：銀行存款	54,883.40
(41)	借：應交稅費——應交所得稅	200,000
		貸：銀行存款	200,000
(42)	借：主營業務成本	2,880,000
		貸：庫存商品	2,880,000
(43)	借：本年利潤	3,639,888.4
		貸：主營業務成本	2,880,000
		銷售費用	30,000
		管理費用	274,000
		財務費用	72,500
		資產減值損失	308,805
		稅金及附加	54,883.40
		營業外支出	19,700
	借：主營業務收入	4,800,000
	投資收益	324,790
	營業外收入	50,000
	公允價值變動損益	45,000
		貸：本年利潤	5,219,790
(44)	借：所得稅費用	394,975.40
		貸：應交稅費——應交所得稅	394,975.40
	借：本年利潤	394,975.40

貸：所得稅費用　　　　　　　　　　　　　　　394,975.40
　　借：本年利潤　　　　　　　　　　　　　　　1,184,926.20
　　　　貸：利潤分配——未分配利潤　　　　　　　　1,184,926.20
根據上述會計分錄，編製試算平衡表如表15-2所示。

表15-2　　　　　　　　　　　試算平衡表　　　　　　　　　　　單位：元

序號	項目	期初餘額 借方	期初餘額 貸方	本期發生額 借方	本期發生額 貸方	期末餘額 借方	期末餘額 貸方
1	庫存現金	20,745.00				20,745.00	
2	銀行存款	600,000.00		10,237,034.00	5,465,171.40	5,371,862.60	
3	其他貨幣資金	200,000.00			117,000.00	83,000.00	
4	交易性金融資產			150,000.00		150,000.00	
5	應收票據	46,000.00		2,925,000.00	2,971,000.00		
6	應收帳款	600,000.00		1,521,000.00		2,121,000.00	
7	預付帳款	100,000.00				100,000.00	
8	其他應收款	5,000.00				5,000.00	
9	壞帳準備		1,800.00		8,805.00		10,605.00
10	原材料	1,500,000.00		1,599,800.00	1,500,000.00	1,599,800.00	
11	庫存商品	1,000,000.00		2,354,000.00	2,880,000.00	474,000.00	
12	周轉材料	74,700.00			50,000.00	24,700.00	
13	持有至到期投資			525,000.00		525,000.00	
14	可供出售金融資產			500,000.00		500,000.00	
15	長期股權投資	1,250,000.00		450,000.00	50,000.00	1,650,000.00	
16	固定資產	2,901,000.00		1,234,000.00	600,000.00	3,535,000.00	
17	累計折舊		670,000.00	330,000.00	150,000.00		490,000.00
18	固定資產減值準備				300,000.00		300,000.00
19	在建工程	578,000.00		656,000.00	1,234,000.00		
20	工程物資	150,000.00		100,000.00	250,000.00		
21	固定資產清理			320,500.00	320,500.00		
22	無形資產	540,000.00				540,000.00	
23	累計攤銷				60,000.00		60,000.00
24	長期待攤費用	200,000.00			100,000.00	100,000.00	
25	短期借款		50,000.00		250,000.00		300,000.00
26	應付票據		100,000.00	100,000.00			
27	應付帳款		953,800.00				953,800.00
28	應付職工薪酬		180,000.00	800,000.00	1,024,000.00		404,000.00
29	應交稅費		211,944.00	1,198,027.40	1,280,858.80		294,775.40
30	應付利息			200,000.00	200,000.00		
31	其他應付款		50,000.00				50,000.00
32	長期借款		1,160,000.00	500,000.00	4,000,000.00		4,660,000.00

表15-2(續)

序號	項目	期初餘額 借方	期初餘額 貸方	本期發生額 借方	本期發生額 貸方	期末餘額 借方	期末餘額 貸方
33	股本		5,000,000.00		1,000,000.00		6,000,000.00
34	資本公積				500,000.00		500,000.00
35	其他綜合收益				299,300.00		299,300.00
36	盈餘公積		1,150,000.00		23,800.00		1,173,800.00
37	本年利潤			5,219,790.00	5,219,790.00		
38	利潤分配		237,901.00	238,000.00	1,303,926.20		1,303,827.20
39	生產成本			2,354,000.00	2,354,000.00		
40	製造費用			342,000.00	342,000.00		
41	主營業務收入			4,800,000.00	4,800,000.00		
42	公允價值變動損益			45,000.00	45,000.00		
43	投資收益			325,000.00	325,000.00		
44	營業外收入			50,000.00	50,000.00		
45	主營業務成本			2,880,000.00	2,880,000.00		
46	營業稅金及附加			54,883.40	54,883.40		
47	銷售費用			30,000.00	30,000.00		
48	管理費用			274,000.00	274,000.00		
49	財務費用			72,500.00	72,500.00		
50	資產減值損失			308,805.00	308,805.00		
51	營業外支出			19,700.00	19,700.00		
52	所得稅費用			394,975.40	394,975.40		
	合計	9,765,445.00	9,765,445.00	43,109,015.20	43,109,015.20	16,800,107.60	16,800,107.60

根據試算平衡表,編製資產負債表如表15-3所示。

表15-3　　　　　　　　　　　　　　資產負債表　　　　　　　　　　　　會企01表

編製單位:甲公司　　　　　　　　　　2016年12月31日　　　　　　　　　　單位:元

資產	期末餘額	年初餘額	負債和所有者權益	期末餘額	年初餘額
流動資產:			流動負債:		
貨幣資金	5,475,607.60	820,745.00	短期借款	300,000.00	50,000.00
以公允價值計量且其變動計入當期損益的金融資產	150,000.00		以公允價值計量且其變動計入當期損益的金融負債		
應收票據	—	46,000.00	應付票據	—	100,000.00
應收帳款	2,110,395.00	598,200.00	應付帳款	953,800.00	953,800.00
預付款項	100,000.00	100,000.00	預收款項		
應收利息			應付職工薪酬	404,000.00	180,000.00
應收股利			應交稅費	294,775.40	211,944.00

表15-3(續)

資　產	期末餘額	年初餘額	負債和所有者權益	期末餘額	年初餘額
其他應收款	5,000.00	5,000.00	應付利息		
存貨	2,098,500.00	2,574,700.00	應付股利		
一年內到期的非流動資產			其他應付款	50,000.00	50,000.00
其他流動資產			一年內到期的非流動負債		
流動資產合計	9,939,502.60	4,144,645.00	其他流動負債		
非流動資產：			流動負債合計	2,002,575.40	1,545,744.00
可供出售金融資產	500,000.00		非流動負債：		
持有至到期投資	525,000.00		長期借款	4,660,000.00	1,160,000.00
長期應收款			應付債券		
長期股權投資	1,650,000.00	1,250,000.00	長期應付款		
投資性房地產			專項應付款		
固定資產	2,745,000.00	2,231,000.00	預計負債		
在建工程	—	578,000.00	遞延所得稅負債		
工程物資	—	150,000.00	其他非流動負債		
固定資產清理	—		非流動負債合計	4,660,000.00	1,160,000.00
生產性生物資產			負債合計	6,662,575.40	2,705,744.00
油氣資產			所有者權益：		
無形資產	480,000.00	540,000.00	股本	6,000,000.00	5,000,000.00
開發支出			資本公積	500,000.00	
商譽			減：庫存股		
長期待攤費用	100,000.00	200,000.00	其他綜合收益	299,300.00	
遞延所得稅資產			盈餘公積	1,173,800.00	1,150,000.00
其他非流動資產			未分配利潤	1,303,827.20	237,901.00
非流動資產合計	6,000,000.00	4,949,000.00	所有者權益合計	9,276,927.20	6,387,901.00
資產總計	15,939,502.60	9,093,645.00	負債和所有者權益總計	15,939,502.60	9,093,645.00

復習思考題

1. 什麼是資產負債表？有何作用？
2. 資產負債表項目的填列方法有哪些？

第十六章　利潤表和所有者權益變動表

第一節　利潤表

一、利潤表的概念及結構

1. 利潤表的概念及作用

利潤表是反應企業在一定會計期間的經營成果的會計報表。利潤表的列報必須充分反應企業經營業績的主要來源和構成，有助於使用者判斷淨利潤的質量及其風險，有助於使用者預測淨利潤的持續性，從而做出正確的決策。

利潤表可以反應企業一定會計期間收入的實現情況，如實現的營業收入有多少、實現的投資收益有多少、實現的營業外收入有多少等；可以反應一定會計期間的費用耗費情況，如耗費的營業成本有多少、營業稅金及附加有多少及銷售費用、管理費用、財務費用各有多少、營業外支出有多少等；可以反應企業生產經營活動的成果，即淨利潤的實現情況，據以判斷資本保值、增值等情況。

2. 利潤表的結構

利潤表的格式一般有兩種：單步式利潤表和多步式利潤表。單步式利潤表是將當期所有的收入列在一起，然後將所有的費用列在一起，兩者相減得出當期淨利潤。多步式利潤表是通過對當期的收入、費用、支出項目按性質加以歸類，按利潤形成的主要環節列示一些中間性利潤指標，分步計算當期淨利潤。

財務報表列報準則規定，企業應當採用多步式列報利潤表，將不同性質的收入和費用類進行對比，從而可以得出一些中間性的利潤數據，便於使用者理解企業經營成果的不同來源。企業應該分三個步驟編製利潤表：

第一步，以營業收入為基礎，減去營業成本、稅金及附加、銷售費用、管理費用、財務費用、資產減值損失，加上公允價值變動收益（減去公允價值變動損失）和投資收益（減去投資損失），計算出營業利潤；

第二步，以營業利潤為基礎，加上營業外收入，減去營業外支出，計算出利潤總額；

第三步，以利潤總額為基礎，減去所得稅費用，計算出淨利潤（或淨虧損）。

第四步，以淨利潤（或淨虧損）和其他綜合收益的稅後淨額為基礎，計算綜合收益總額。

第五步，以淨利潤（或淨虧損）為基礎，計算每股收益。

此外，為了使報表使用者通過比較不同期間利潤的實現情況，判斷企業經營成果的未來發展趨勢，企業需要提供比較利潤表，利潤表還就各項目再分為「本期金額」和「上期金額」兩欄分別填列。利潤表具體格式參見表16-3。

二、利潤表的填列方法

1.「上期金額」欄的填列方法

利潤表「上期金額」欄內各項數字，應根據上年該期利潤表「本期金額」欄內所列數字填列。如果上年該期利潤表規定的各個項目的名稱和內容同本期不相一致，應對上年該期利潤表各項目的名稱和數字按照本期的規定進行調整，填入表中「上期金額」欄內。

2.「本期金額」欄的填列方法

利潤表「本期金額」欄內各項數字一般應根據相關項目的發生額分析填列。

（1）「營業收入」項目，反應企業銷售產品的銷售收入和提供勞務等經營業務取得的收入總額。本項目應根據企業的「主營業務收入」和「其他業務收入」帳戶的本期發生額分析填列。

（2）「營業成本」項目，反應企業銷售產品和提供勞務等經營業務的實際成本。本項目應根據企業的「主營業務成本」和「其他業務成本」帳戶的本期發生額分析填列。

（3）「稅金及附加」項目，反應企業銷售產品、提供勞務等業務應負擔的消費稅、城建稅、資源稅和教育費附加等稅費。本項目應根據「稅金及附加」帳戶的發生額分析填列。

（4）「銷售費用」項目，反應企業在銷售產品、提供勞務等營業過程中發生的各項銷售費用。本項目應根據「銷售費用」帳戶的發生額分析填列。

（5）「管理費用」項目，反應企業發生的管理費用。本項目應根據「管理費用」帳戶的本期發生額分析填列。

（6）「財務費用」項目，反應企業發生的財務費用。本項目應根據「財務費用」帳戶的本期發生額分析填列。

（7）「資產減值損失」項目，反應企業資產減值所發生的損失。本項目應根據「資產減值損失」帳戶的本期發生額分析填列。

（8）「公允價值變動收益」項目，反應企業採用公允價值模式計量的資產公允價值大於帳面價值所產生的收益，應根據「公允價值變動損益」帳戶的本期借貸方發生額的淨額填列，如為淨損失，以「-」號填列。

（9）「投資收益」項目，反應企業各種對外投資所取得的收益。本項目應根據「投資收益」帳戶的本期借貸方發生額的淨額填列，如為淨損失，以「-」號填列。其中，對聯營企業和合營企業的投資收益應單獨列示。

（10）「營業外收入」和「營業外支出」項目，反應企業營業活動以外的非經常性利得和損失。本項目應根據「營業外收入」和「營業外支出」帳戶的本期發生額分別填列。其中，處置非流動資產淨損失應單獨列示。

（11）「利潤總額」項目，反應企業實現的利潤總額。如為虧損總額，以「-」號

填列。

(12)「所得稅費用」項目，反應企業根據所得稅準則確認的應從當期利潤總額中扣除的所得稅費用。

(13)「其他綜合收益的稅後淨額」項目，反應企業根據其他會計準則規定未在當期損益中確認的各項利得和損失扣除所得稅影響後的淨額。本項目應根據「其他綜合收益」科目及其所屬明細科目的本期發生額分析填列。

(14)「綜合收益總額」項目，反應淨利潤和其他綜合收益扣除所得稅影響後的淨額的合計金額。

(15)「每股收益」項目，包括基本每股收益和稀釋每股收益。具體計算方法將在本節後面單獨介紹。

三、每股收益計算及列報

每股收益是指普通股股東每持有一股股票所能享有的企業利潤或需承擔的企業虧損。每股收益通常被用於反應企業的經營成果，衡量普通股的獲利水準及投資風險，是投資者等信息使用者據以評價企業盈利能力、預測企業成長潛力，進而做出相關經濟決策的重要的財務指標之一。

普通股或潛在普通股已公開交易的企業，以及正處於公開發行普通股或潛在普通股過程中的企業，應當計算每股收益指標，並在招股說明書、年度財務報告、中期財務報告等公開披露信息中予以列報。每股收益的計算以及相關信息的列報應當嚴格遵循每股收益準則的規定。企業對外提供合併財務報表的，每股收益準則僅要求其以合併財務報表為基礎計算每股收益，並在合併財務報表中予以列報；與合併財務報表一同提供的母公司財務報表中不要求計算和列報每股收益，如果企業自行選擇列報的，應以母公司個別財務報表為基礎計算每股收益，並在其個別財務報表中予以列報。

每股收益包括基本每股收益和稀釋每股收益兩類。

1. 基本每股收益

基本每股收益只考慮當期實際發行在外的普通股股份，按照歸屬於普通股股東的當期淨利潤除以當期實際發行在外普通股的加權平均數計算確定。

(1) 分子的確定

計算基本每股收益時，分子為歸屬於普通股股東的當期淨利潤，即企業當期實現的可供普通股股東分配的淨利潤或應由普通股股東分擔的淨虧損金額。發生虧損的企業，每股收益以負數列示。以合併財務報表為基礎計算的每股收益，分子應當是歸屬於母公司普通股股東的當期合併淨利潤，即扣減少數股東損益後的餘額。與合併財務報表一同提供的母公司財務報表中企業自行選擇列報每股收益的，以母公司個別財務報表為基礎計算的每股收益，分子應當是歸屬於母公司全部普通股股東的當期淨利潤。

(2) 分母的確定

計算基本每股收益時，分母為當期發行在外普通股的加權平均數，即期初發行在外普通股股數根據當期新發行或回購的普通股股數與相應時間權數的乘積進行調整後的股數。需要注意的是，公司庫存股不屬於發行在外的普通股，且無權參與利潤分配，

應當在計算分母時扣除。

發行在外普通股加權平均數＝期初發行在外普通股股數＋當期新發行普通股股數×已發行時間÷報告期時間－當期回購普通股股數×已回購時間÷報告期時間

其中，作為權數的已發行時間、報告期時間和已回購時間通常按天數計算，在不影響計算結果合理性的前提下，也可以採用簡化的計算方法，如按月數計算。

【例 16-1】某公司按月數計算每股收益的時間權數。2016 年期初發行在外的普通股為 2,000 萬股；2 月 28 日新發普通股 600 萬股；12 月 1 日回購普通股 300 萬股，以備將來獎勵職工之用。該公司當年度實現淨利潤 495 萬元。2016 年度基本每股收益計算如下：

發行在外普通股加權平均數為：

2,000×12/12＋600×10/12－300×1/12＝2,475（萬股）

或者 2,000×2/12＋2,600×10/12＋2,300×1/12＝2,475（萬股）

基本每股收益＝495/2,475＝0.2（元）

新發行普通股股數應當根據發行合同的具體條款，從應收對價之日（一般為股票發行日）起計算確定。通常包括下列情況：①為收取現金而發行的普通股股數，從應收現金之日起計算。②因債務轉資本而發行的普通股股數，從停計債務利息之日或結算日起計算。③非同一控制下的企業合併，作為對價發行的普通股股數，從購買日起計算；同一控制下的企業合併，作為對價發行的普通股股數，應當計入各列報期間普通股的加權平均數。④為收購非現金資產而發行的普通股股數，從確認收購之日起計算。

2. 稀釋每股收益

稀釋每股收益是以基本每股收益為基礎，假定企業所有發行在外的稀釋性潛在普通股均已轉換為普通股，從而分別調整歸屬於普通股股東的當期淨利潤以及發行在外的普通股加權平均數計算的每股收益。

（1）基本計算原則

企業在計算稀釋每股收益時應當考慮稀釋性潛在普通股以及對分子和分母調整因素的影響。

①稀釋性潛在普通股

潛在普通股是指賦予其持有者在報告期或以後期間享有取得普通股權利的一種金融工具或其他合同。目前，中國企業發行的潛在普通股主要有可轉換公司債券、認股權證、股份期權等。

稀釋性潛在普通股，是指假設當期轉換為普通股會減少每股收益的潛在普通股。比如某盈利公司發行認股權證 10 萬份（每份認股權證可認購 1 股股票），行權價格 5 元，目前股票市價為 10 元。當持有者行權時，企業可以獲得資金 50 萬元，而如果按市價發行股票的話，籌集同樣的資金只需發行 5 萬股股票。因為認股權證的發行，使公司多發行了 5 萬股股票。隨著普通股股數的增加，每股收益必然會下降。

對於虧損企業而言，稀釋性潛在普通股假定當期轉換為普通股，將會增加企業每股虧損的金額。如果潛在普通股轉換為普通股，將增加每股收益或降低每股虧損的金

額，則表明該潛在普通股不具有稀釋性，而是具有反稀釋性，在計算稀釋每股收益時不應予以考慮。

②分子的調整

計算稀釋每股收益時，應當根據下列事項對歸屬於普通股股東的當期淨利潤進行調整：第一，當期已確認為費用的稀釋性潛在普通股的利息。第二，稀釋性潛在普通股轉換時將產生的收益或費用。上述調整應當考慮相關的所得稅影響，即按照稅後影響金額進行調整。對於包含負債和權益成分的金融工具，僅需調整屬於金融負債部分的相關利息、利得或損失。

③分母的調整

計算稀釋每股收益時，當期發行在外普通股的加權平均數應當為計算基本每股收益時普通股的加權平均數與假定稀釋性潛在普通股轉換為已發行普通股而增加的普通股股數的加權平均數之和。

假定稀釋性潛在普通股轉換為已發行普通股而增加的普通股股數應當按照其發行在外時間進行加權平均。以前期間發行的稀釋性潛在普通股，應當假設在當期期初轉換為普通股；當期發行的稀釋性潛在普通股，應當假設在發行日轉換為普通股；當期被注銷或終止的稀釋性潛在普通股，應當按照當期發行在外的時間加權平均計入稀釋每股收益；當期被轉換或行權的稀釋性潛在普通股，應當從當期期初至轉換日（或行權日）計入稀釋每股收益中，從轉換日（或行權日）起所轉換的普通股則計入基本每股收益中。

(2) 可轉換公司債券

可轉換公司債券是指發行公司依法發行，在一定期間內依據約定的條件可以轉換成股份的公司債券。對於可轉換公司債券，可以採用假設轉換法判斷其稀釋性，並計算稀釋每股收益。首先，假定這部分可轉換公司債券在當期期初（或發行日）即已轉換成普通股，從而一方面增加了發行在外的普通股股數，另一方面節約了公司債券的利息費用，增加了歸屬於普通股股東的當期淨利潤。然後，用增加的淨利潤除以增加的普通股股數，得出增量股的每股收益，與原來的每股收益比較。如果增量股的每股收益小於原每股收益，則說明該可轉換公司債券具有稀釋作用，應當計入稀釋每股收益的計算中。

【例16-2】某上市公司2016年歸屬於普通股股東的淨利潤為1,500萬元，期初發行在外普通股股數1,000萬股，假設年內普通股股數未發生變化。2016年1月1日，公司按面值發行5,000萬元的三年期可轉換公司債券，債券每張面值100元，票面固定年利率為4%，利息自發行之日起每年支付一次，即每年12月31日為付息日。該批可轉換公司債券自發行結束後12個月以後即可轉換為公司股票。轉股價格為每股20元，即每100元債券可轉換為5股面值為1元的普通股。債券利息不符合資本化條件，直接計入當期損益，所得稅稅率為25%。

假設不具備轉換選擇權的類似債券的市場利率為6%。公司在對該批可轉換公司債券初始確認時，將負債和權益成分進行了分拆。2016年度每股收益計算如下：

基本每股收益＝1,500/1,000＝1.5（元）

每年支付利息＝5,000×4%＝200（萬元）
負債成分公允價值＝200×2.673,0+5,000×0.839,6①＝4,732.6（萬元）
權益成分公允價值＝5,000-4,732.6＝267.4（萬元）
假設轉換所增加的淨利潤＝4,732.6×6%×（1-25%）＝212.967②（萬元）
假設轉換所增加的普通股股數＝5,000/20＝250（萬股）
增量股的每股收益＝212.967/250＝0.85（元）

增量股的每股收益0.85元小於基本每股收益1.5元，可轉換公司債券具有稀釋作用。

稀釋每股收益＝（1,500+212.967）/（1,000+250）＝1.37（元）

(3) 認股權證和股份期權

認股權證是指公司發行的、約定持有人有權在履約期間內或特定到期日按約定價格向本公司購買新股的有價證券。股份期權是指公司授予持有人在未來一定期限內以預先確定的價格和條件購買本公司一定數量股份的權利，股份期權持有人對於其享有的股份期權，可以在規定的期間內以預先確定的價格和條件購買公司一定數量的股份，也可以放棄該種權利。

對於盈利企業，認股權證、股份期權等的行權價格低於當期普通股平均市場價格時，具有稀釋性。對於虧損企業，認股權證、股份期權的假設行權一般不影響淨虧損，但增加普通股股數，從而導致每股虧損金額的減少，實際上產生了反稀釋的作用，因此，這種情況下，不應當計算稀釋每股收益。

對於稀釋性認股權證、股份期權，計算稀釋每股收益時，一般無須調整分子淨利潤金額，只需要按照下列步驟調整分母普通股加權平均數：

第一步，假設這些認股權證、股份期權在當期期初（或發行日）已經行權，計算按約定行權價格發行普通股將取得的股款金額。

第二步，假設按照當期普通股平均市場價格發行股票，計算需發行多少普通股能夠帶來上述相同的股款金額。

第三步，比較行使股份期權、認股權證將發行的普通股股數與按照平均市場價格發行的普通股股數，差額部分相當於無對價發行的普通股，作為發行在外普通股股數的淨增加。

普通股平均市場價格的計算，實務操作中通常對每周或每月具有代表性的股票交易價格進行簡單算術平均計算獲取。股票價格比較平穩的情況下，可以採用每周或每月股票的收盤價作為代表性價格；股票價格波動較大的情況下，可以採用每周或每月股票最高價與最低價的平均值作為代表性價格。無論採用何種方法計算平均市場價格，一經確定，不得隨意變更，除非有確鑿證據表明原計算方法不再適用。當期發行認股權證或股份期權的，普通股平均市場價格應當自認股權證或股份期權的發行日起計算。

第四步，將淨增加的普通股股數乘以其假設發行在外的時間權數，據此調整稀釋

---

① 年金現值系數 $PVIFA_{6\%,3}$＝2.673,0，復利現值系數 $PVIF_{6\%,3}$＝0.839,6。
② 如果不考慮負債和權益成分的分拆，則直接按負債5,000萬元計算確定轉換增加的淨利潤。

每股收益的計算分母。

【例16-3】某公司2016年度歸屬於普通股股東的淨利潤為1,320萬元，發行在外普通股加權平均數為1,000萬股，該普通股平均每股市場價格為20元。2016年1月1日，該公司對外發行200萬份認股權證，行權日為2017年3月1日，每份認股權證可以在行權日以10元的價格認購本公司1股新發行的股份。該公司2016年度每股收益計算如下：

基本每股收益＝1,320/1,000＝1.32（元）
假設認股權證在期初行權，公司將獲得股款金額＝200×10＝2,000（萬元）
假設按市價發行股票，獲得等量股款需發行股數＝2,000/20＝100（萬股）
增加的普通股股數＝200－100＝100（萬股）
稀釋每股收益＝1,320/（1,000+100）＝1.2（元）

（4）多項潛在普通股

企業對外發行不同潛在普通股的，單獨考察其中某潛在普通股可能具有稀釋作用，但如果和其他潛在普通股一併考察時可能恰恰變為反稀釋作用。

為了反應潛在普通股最大的稀釋作用，應當按照各潛在普通股的稀釋程度從大到小的順序計入稀釋每股收益，直至稀釋每股收益達到最小值。稀釋程度根據增量股的每股收益衡量，即假定稀釋性潛在普通股轉換為普通股的情況下，將增加的歸屬於普通股股東的當期淨利潤除以增加的普通股股數的金額。通常情況下，股份期權和認股權證排在前面計算，因為其假設行權一般不影響淨利潤。

對外發行多項潛在普通股的企業應當按照下列步驟計算稀釋每股收益：

第一步，列出企業在外發行的各潛在普通股。

第二步，假設各潛在普通股已於當期期初（或發行日）轉換為普通股，確定其對歸屬於普通股股東當期淨利潤的影響金額。可轉換公司債券的假設轉換一般會增加當期淨利潤金額；股份期權和認股權證的假設行權一般不影響當期淨利潤。

第三步，確定各潛在普通股假設轉換後將增加的普通股股數。

第四步，計算各潛在普通股的增量股每股收益，判斷其稀釋性。增量股每股收益越小的潛在普通股稀釋程度越大。

第五步，按照潛在普通股稀釋程度從大到小的順序，將各稀釋性潛在普通股分別計入稀釋每股收益中。分步計算過程中，如果下一步得出的每股收益小於上一步得出的每股收益，表明新計入的潛在普通股具有稀釋作用，應當計入稀釋每股收益中；反之，則表明具有反稀釋作用，不計入稀釋每股收益中。

第六步，最後得出的最小每股收益金額即為稀釋每股收益。

【例16-4】某公司2016年度歸屬於普通股股東的淨利潤為1,320萬元，發行在外普通股加權平均數為1,000萬股。年初已發行在外的潛在普通股有：

（1）認股權證400萬份，行權日為2017年6月1日，每份認股權證可以在行權日以15元的價格認購1股本公司新發股票。

（2）按面值發行的五年期可轉換公司債券4,000萬元，債券每張面值100元，票面年利率為6%，轉股價格為每股25元，即每100元債券可轉換為4股面值為1元的普通股。

（3）按面值發行的三年期可轉換公司債券 5,000 萬元，債券每張面值 100 元，票面年利率為 3%，轉股價格為每股 20 元，即每 100 元債券可轉換為 5 股面值為 1 元的普通股。

當期普通股平均市場價格為 24 元，2016 年度內沒有認股權證被行權，也沒有可轉換公司債券被轉換或贖回，所得稅稅率為 25%。

假設不考慮可轉換公司債券在負債和權益成分的分拆，且債券票面利率等於實際利率。

2016 年度每股收益計算如下：

基本每股收益＝1,320/1,000＝1.32（元）

計算稀釋每股收益：

（1）假設潛在普通股轉換為普通股，計算增量股每股收益並排序。相關計算如表 16-1 所示。

表 16-1　　　　　　　　　　增量股每股收益計算表

	淨利潤增加（萬元）	股數增加（萬股）	增量股的每股收益（元/股）	順序
認股權證	—	150[①]	—	1
4%債券	180[②]	160[③]	1.125	3
3%債券	112.5[④]	250[⑤]	0.45	2

注：

[①]400－400×15÷24＝150（萬股）

[②]4,000×6%×(1－25%)＝180（萬元）

[③]4,000÷25＝160（萬股）

[④]5,000×3%×(1－25%)＝112.5（萬元）

[⑤]5,000÷20＝250（萬股）

由此可見，認股權證的稀釋性最大，票面年利率為 4% 的可轉換公司債券的稀釋性最小。

（2）分步計入稀釋每股收益。相關計算如表 16-2 所示。

表 16-2　　　　　　　　　　稀釋每股收益計算表

	淨利潤（萬元）	股數（萬股）	每股收益（元/股）	稀釋性
基本每股收益	1,320	1,000	1.32	
認股權證	0	150		
	1,320	1,150	1.148	稀釋
3%債券	112.5	250		
	1,432.5	1,400	1.023	稀釋
6%債券	180	160		
	1,612.5	1,560	1.034	反稀釋

因此，稀釋每股收益為1.023元。

3. 每股收益的重新計算

（1）派發股票股利、公積金轉增資本、拆股和並股

企業派發股票股利、公積金轉增資本、拆股或並股等，會增加或減少其發行在外普通股或潛在普通股的數量，但並不影響所有者權益金額，這既不影響企業所擁有或控制的經濟資源，也不改變企業的盈利能力，即意味著同樣的損益現在要由擴大或縮小了的股份規模來享有或分擔。因此，為了保持會計指標的前後期可比性，企業應當在相關報批手續全部完成後，按調整後的股數重新計算各列報期間的每股收益。上述變化發生於資產負債表日至財務報告批準報出日之間的，應當以調整後的股數重新計算各列報期間的每股收益。

【例16-5】某企業2015年和2016年歸屬於普通股股東的淨利潤分別為303.6萬元和331.2萬元，2015年1月1日發行在外的普通股1,000萬股，2015年4月1日按市價新發行普通股200萬股，2016年7月1日分派股票股利，以2015年12月31日總股本1,200萬股為基數每10股送2股，假設不存在其他股數變動因素。

2016年度比較利潤表中基本每股收益的計算如下：

2016年度發行在外普通股加權平均數＝（1,000+200+240）×12/12
　　　　　　　　　　　　　　　　＝1,440（萬股）

2015年度發行在外普通股加權平均數＝1,000×1.2×12/12+200×1.2×9/12
　　　　　　　　　　　　　　　　＝1,380（萬股）

2016年度基本每股收益＝331.2/1,440＝0.23（元）

2015年度基本每股收益＝303.6/1,380＝0.22（元）

（2）配股

配股在計算每股收益時比較特殊，因為它是向全部現有股東以低於當前股票市價的價格發行普通股，實際上可以理解為按市價發行股票和無對價送股的混合體。也就是說，配股中包含的送股因素具有與股票股利相同的效果，導致發行在外普通股股數增加的同時，卻沒有相應的經濟資源流入。因此，計算基本每股收益時，應當考慮配股中的送股因素，將這部分無對價的送股（不是全部配發的普通股）視同列報最早期間期初就已發行在外，並據以調整各列報期間發行在外普通股的加權平均數，計算各列報期間的每股收益。

為此，企業首先應當計算出一個調整系數，再用配股前發行在外普通股的股數乘以該調整系數，得出計算每股收益時應採用的普通股股數。

每股理論除權價格＝（行權前發行在外普通股的公允價值總額+配股收到的款項）
　　　　　　　　　÷行權後發行在外的普通股股數

調整系數＝行權前發行在外普通股的每股公允價值÷每股理論除權價格

因配股重新計算的上年度基本每股收益＝上年度基本每股收益÷調整系數

本年度基本每股收益＝歸屬於普通股股東的當期淨利潤÷（配股前發行在外普通股股數×調整系數×配股前普通股發行在外的時間權重+配股後發行在外普通股加權平均數）

【例16-6】某企業2016年度歸屬於普通股股東的淨利潤為1,058萬元，2016年1月1日發行在外普通股股數為4,000萬股，2016年6月10日，該企業發布增資配股公告，向截止到2016年6月30日（股權登記日）所有登記在冊的老股東配股，配股比例為每5股配1股（共800萬股），配股價格為每股5元，除權交易基準日為2016年7月1日。假設行權前一日的市價為每股11元，2015年度基本每股收益為0.22元。

2016年度比較利潤表中基本每股收益的計算如下：

每股理論除權價格＝（11×4,000＋5×800）÷（4,000＋800）＝10（元）

調整系數＝11÷10＝1.1

因配股重新計算的2015年度基本每股收益＝0.22÷1.1＝0.2（元）

2016年度基本每股收益＝1,058÷（4,000×1.1×6/12＋4,800×6/12）＝0.23（元）

需要特別說明的是，企業向特定對象以低於當前市價的價格發行股票的，不考慮送股因素。雖然它與配股具有相似的特徵，即發行價格低於市價。但是，後者屬於向非特定對象增發股票；而前者往往是企業出於某種戰略考慮或其他動機向特定對象以較低的價格發行股票，或者特定對象除認購股份以外還需以其他形式予以補償。因此，倘若綜合這些因素，向特定對象發行股票的行為可以視為不存在送股因素，視同發行新股處理。

4. 每股收益列報

不存在稀釋性潛在普通股的企業應當在利潤表中單獨列示基本每股收益。存在稀釋性潛在普通股的企業應當在利潤表中單獨列示基本每股收益和稀釋每股收益。編製比較財務報表時，各列報期間中只要有一個期間列示了稀釋每股收益，那麼所有列報期間均應當列示稀釋每股收益，即使其金額與基本每股收益相等。

企業應當在附注中披露與每股收益有關的下列信息：

（1）基本每股收益和稀釋每股收益分子、分母的計算過程。

（2）列報期間不具有稀釋性但以後期間很可能具有稀釋性的潛在普通股。

（3）在資產負債表日至財務報告批準報出日之間，企業發行在外普通股或潛在普通股發生重大變化的情況。

企業如有終止經營的情況，應當在附注中分別持續經營和終止經營披露基本每股收益和稀釋每股收益。

四、利潤表編製實例

【例16-7】續例【例15-1】，甲公司利潤表如表16-3所示。

表16-3　　　　　　　　　　　利潤表　　　　　　　　　　　會企02表

編製單位：甲公司　　　　　　　　2016年　　　　　　　　　　單位：元

項目	本期金額	上期金額
一、營業收入	4,800,000.00	
減：營業成本	2,880,000.00	
稅金及附加	54,883.40	

表16-3(續)

項　目	本期金額	上期金額
銷售費用	30,000.00	
管理費用	274,000.00	
財務費用	72,500.00	
資產減值損失	308,805.00	
加：公允價值變動收益（損失以「－」號填列）	45,000.00	
投資收益（損失以「－」號填列）	324,790.00	
其中：對聯營企業和合營企業的投資收益		
二、營業利潤（虧損以「－」號填列）	1,549,601.60	
加：營業外收入	50,000.00	
減：營業外支出	19,700.00	
其中：非流動資產處置損失		
三、利潤總額（虧損總額以「－」號填列）	1,579,901.60	
減：所得稅費用	394,975.40	
四、淨利潤（淨虧損以「－」號填列）	1,184,926.20	
五、其他綜合收益的稅後淨額	299,300.00	
（一）以後不能重分類進損益的其他綜合收益		
1. 重新計量設定受益計劃淨負債或淨資產的變動		
2. 權益法下在被投資單位不能重分類進損益的其他綜合收益中享有的份額		
（二）以後將重分類進損益的其他綜合收益		
1. 權益法下在被投資單位以後將重分類進損益的其他綜合收益中享有的份額	150,000.00	
2. 可供出售金融資產公允價值變動損益	149,300.00	
3. 持有至到期投資重分類為可供出售金融資產損益		
4. 現金流經套期損益的有效部分		
5. 外幣財務報表折算差額		
七、綜合收益總額	1,484,226.20	
五、每股收益：		
（一）基本每股收益	0.22	
（二）稀釋每股收益		

其中：

基本每股收益 = 1,184,926.20÷（5,000,000+1,000,000×6/12）= 0.22（元/股）

第二節　所有者權益變動表

一、所有者權益變動表的概念及結構

1. 所有者權益變動表的概念及內容

所有者權益變動表是指反應構成所有者權益各組成部分當期增減變動情況的報表。所有者權益變動表應當全面反應一定時期所有者權益變動的情況，不僅包括所有者權益總量的增減變動，還包括所有者權益增減變動的重要結構性信息，特別是要反應直接計入所有者權益的利得和損失，讓報表使用者準確理解所有者權益增減變動的根源。

在所有者權益變動表中，企業至少應當單獨列示反應下列信息的項目：①綜合收益總額；②會計政策變更和差錯更正的累積影響金額；③所有者投入資本和向所有者分配利潤等；④提取的盈餘公積；⑤所有者權益各組成部分的期初和期末餘額及其調節情況。

2. 所有者權益變動表的結構

為了清楚地表明構成所有者權益的各組成部分當期的增減變動情況，所有者權益變動表應當以矩陣的形式列示：一方面，列示導致所有者權益變動的交易或事項，從所有者權益變動的來源對一定時期所有者權益變動情況進行全面反應；另一方面，按照所有者權益各組成部分（包括實收資本、資本公積、其他綜合收益、盈餘公積、未分配利潤和庫存股）及其總額列示交易或事項對所有者權益的影響。此外，企業還需要提供比較所有者權益變動表，所有者權益變動表應就各項目再分為「本年金額」和「上年金額」兩欄分別填列。具體格式如表 16-4 所示。

二、所有者權益變動表的填列方法

1. 「上年金額」欄的填列方法

所有者權益變動表「上年金額」欄內各項數字，應根據上年度所有者權益變動表「本年金額」欄內所列數字填列。如果上年度所有者權益變動表規定的各個項目的名稱和內容同本年度不相一致，應對上年度所有者權益變動表各項目的名稱和數字按本年度的規定進行調整，填入所有者權益變動表「上年金額」欄內。

2. 「本年金額」欄的填列方法

所有者權益變動表「本年金額」欄內各項數字一般應根據「實收資本（或股本）」「資本公積」「其他綜合收益」「盈餘公積」「利潤分配」「庫存股」「以前年度損益調整」等科目及其明細科目的發生額分析填列。

三、所有者權益變動表編製實例

【例 16-8】續【例 15-1】，甲公司所有者權益變動表如表 16-4 所示。

表 16-4
编制单位：甲公司

所有者权益变动表
2012 年度

会企 04 表
单位：元

项目	本年金额							上年金额						
	实收资本（或股本）	资本公积	减：库存股	其他综合收益	盈余公积	未分配利润	所有者权益合计	实收资本（或股本）	资本公积	减：库存股	其他综合收益	盈余公积	未分配利润	所有者权益合计
一、上年末余额	5000000				1150000	237901	6387901							
加：会计政策变更														
前期差错更正														
二、本年年初余额	5000000				1150000	237901	6387901							
三、本年增减变动金额（减少以"-"号填列）														
（一）综合收益总额				299300		1184926.2	1484226.2							
（二）所有者投入和减少资本	1000000	500000					1500000							
1. 所有者投入资本														
2. 股份支付计入所有者权益的金额														
3. 其他														
（三）利润分配					23800	-23800								
1. 提取盈余公积														
2. 对所有者（或股东）的分配						-95200	-95200							
3. 其他														
（四）所有者权益内部结转														
1. 资本公积转增资本（或股本）														
2. 盈余公积转增资本（或股本）														
3. 盈余公积弥补亏损														
4. 其他														
四、本年年末余额	6000000	500000		299300	1173800	1303827.2	9276927.2							

復習思考題

1. 多步式利潤表的步驟有哪些？
2. 利潤表的填列方法是什麼？
3. 什麼是每股收益？如何計算基本每股收益和稀釋每股收益？
4. 如何進行每股收益的重新計算？
5. 所有者權益變動表的主要內容和填列方法是什麼？

第十七章　現金流量表

第一節　現金流量表的概念及編製基礎

一、現金流量表的概念及作用

現金流量表，是反應企業一定會計期間現金和現金等價物流入和流出的報表。編製現金流量表的主要目的，是為財務報表使用者提供企業一定會計期間內現金和現金等價物流入和流出的信息，以便於財務報表使用者了解和評價企業獲取現金和現金等價物的能力，並據以預測企業未來現金流量。現金流量表的作用主要體現在以下幾個方面：

一是有助於評價企業支付能力、償債能力和周轉能力；

二是有助於預測企業未來現金流量；

三是有助於分析企業收益質量及影響現金淨流量的因素，掌握企業經營活動、投資活動和籌資活動的現金流量，可以從現金流量的角度了解淨利潤的質量，為分析和判斷企業的財務前景提供信息。

二、現金流量表的編製基礎

現金流量表以現金及現金等價物為基礎編製，按照收付實現制原則，將權責發生制下的盈利信息調整為收付實現制下的現金流量信息。

1. 現金

現金，是指企業庫存現金以及可以隨時用於支付的存款。它主要包括庫存現金、銀行存款和其他貨幣資金。不能隨時用於支付的銀行存款不屬於現金。但是，提前通知金融機構便可支取的定期存款則應包括在現金範圍內。

2. 現金等價物

現金等價物，是指企業持有的期限短、流動性強、易於轉換為已知金額現金、價值變動風險很小的投資。其中，「期限短」一般是指從購買日起3個月內到期。現金等價物通常包括3個月內到期的短期債券投資。權益性投資變現的金額通常不確定，因而不屬於現金等價物。

現金等價物雖然不是現金，但其支付能力與現金的差別不大，可視為現金。例如，企業為保證支付能力，持有必要的現金，為了不使現金閒置，可以購買短期債券，在需要現金時，短期債券隨時可以變現。

三、現金流量的分類及列示

1. 現金流量的分類

現金流量指企業現金（包括現金和現金等價物，下同）的流入和流出。根據企業業務活動的性質和現金流量的來源，《企業會計準則第 31 號——現金流量表》將企業一定期間產生的現金流量分為三類：經營活動現金流量、投資活動現金流量和籌資活動現金流量。

（1）經營活動現金流量

經營活動是指企業投資活動和籌資活動以外的所有交易和事項。各類企業由於行業特點不同，對經營活動的認定存在一定差異。對於工商企業而言，經營活動主要包括銷售商品、提供勞務、購買商品、接受勞務、支付稅費等。

（2）投資活動現金流量

投資活動是指企業長期資產的購建和不包括在現金等價物範圍內的投資及其處置活動。長期資產是指固定資產、無形資產、在建工程、其他資產等持有期限在一年或一個營業週期以上的資產。

（3）籌資活動現金流量

籌資活動是指導致企業資本及債務規模和構成發生變化的活動。這里所說的資本，既包括實收資本（股本），也包括資本溢價（股本溢價）；這里所說的債務，指對外舉債，包括向銀行借款、發行債券以及償還債務等。通常情況下，應付帳款、應付票據等屬於經營活動，不屬於籌資活動。

對於企業日常活動之外特殊的、不經常發生的特殊項目，如自然災害損失、保險賠款、捐贈等，應當歸並到相關類別中，並單獨反應。比如，對於自然災害損失和保險賠款，如果能夠確指屬於流動資產損失，應當列入經營活動產生的現金流量；屬於固定資產損失，應當列入投資活動產生的現金流量。如果不能確指，則可以列入經營活動產生的現金流量。捐贈收入和支出，可以列入經營活動。如果特殊項目的現金流量金額不大，則可以列入現金流量類別下的「其他」項目，不單列項目。

2. 現金流量的列示

通常情況下，現金流量應當分別按照現金流入和現金流出總額列報，從而全面揭示企業現金流量的方向、規模和結構。但是，下列各項可以按照淨額列報：

（1）代客戶收取或支付的現金以及周轉快、金額大、期限短項目的現金流入和現金流出。例如，證券公司代收的客戶證券買賣交割費、印花稅等，旅遊公司代遊客支付的房費、餐費、交通費、文娛費、行李托運費、門票費、票務費、簽證費等費用。

（2）金融企業的有關項目，主要指期限較短、流動性強的項目。對於商業銀行而言，主要包括短期貸款發放與收回的貸款本金、活期存款的吸收與支付、同業存款和存放同業款項的存取、向其他金融企業拆入拆出資金等淨額；對於保險公司而言，主要包括再保險業務收到或支付的現金淨額；對於證券公司而言，主要包括自營證券和代理業務收到或支付的現金淨額等。

第二節　現金流量表的編製方法及程序

一、直接法和間接法

　　編製現金流量表時，列報經營活動現金流量的方法有兩種：直接法和間接法。這兩種方法通常也稱為編製現金流量表的方法。

　　所謂直接法，是指按現金收入和現金支出的主要類別直接反應企業經營活動產生的現金流量，如銷售商品、提供勞務收到的現金；購買商品、接受勞務支付的現金等就是按現金收入和支出的類別直接反應的。在直接法下，一般是以利潤表中的營業收入為起算點，調節與經營活動有關的項目的增減變動，然後計算出經營活動產生的現金流量。

　　所謂間接法，是指以淨利潤為起算點，調整不涉及現金的收入、費用、營業外收支等有關項目，剔除投資活動、籌資活動對現金流量的影響，據此計算出經營活動產生的現金流量。由於淨利潤是按照權責發生制原則確定的，且包括了與投資活動和籌資活動相關的收益和費用，將淨利潤調節為經營活動現金流量，實際上就是將按權責發生制原則確定的淨利潤調整為現金淨流入，並剔除投資活動和籌資活動對現金流量的影響。

　　採用直接法編製的現金流量表，便於分析企業經營活動產生的現金流量的來源和用途，預測企業現金流量的未來前景；採用間接法編報現金流量表，便於將淨利潤與經營活動產生的現金流量淨額進行比較，了解淨利潤與經營活動產生的現金流量差異的原因，從現金流量的角度分析淨利潤的質量。所以，現金流量表準則規定企業應當採用直接法編報現金流量表，同時要求在附註中提供以淨利潤為基礎調節為經營活動現金流量的信息。

二、工作底稿法、T形帳戶法和分析填列法

　　在具體編製現金流量表時，可以採用工作底稿法或T形帳戶法，也可以根據有關科目記錄分析填列。

　　1. 工作底稿法

　　採用工作底稿法編製現金流量表，是以工作底稿為手段，以資產負債表和利潤表數據為基礎，對每一項目進行分析並編製調整分錄，從而編製現金流量表。工作底稿法的程序是：

　　第一步，將資產負債表的期初數和期末數過入工作底稿的期初數欄和期末數欄。

　　第二步，對當期業務進行分析並編製調整分錄。編製調整分錄時，要以利潤表項目為基礎，從「營業收入」開始，結合資產負債表項目逐一進行分析。在調整分錄中，有關現金和現金等價物的事項，並不直接借記或貸記現金，而是分別計入「經營活動產生的現金流量」「投資活動產生的現金流量」「籌資活動產生的現金流量」有關項目。借記表示現金流入，貸記表示現金流出。

第三步，將調整分錄過入工作底稿中的相應部分。

第四步，核對調整分錄，借方、貸方合計數均已經相等，資產負債表項目期初數加減調整分錄中的借貸金額以後，也等於期末數。

第五步，根據工作底稿中的現金流量表項目部分編製正式的現金流量表。

2. T形帳戶法

採用T形帳戶法編製現金流量表，是以T形帳戶為手段，以資產負債表和利潤表數據為基礎，對每一項目進行分析並編製調整分錄，從而編製現金流量表。T形帳戶法的程序是：

第一步，為所有的非現金項目（包括資產負債表項目和利潤表項目）分別開設T形帳戶，並將各自的期末、期初變動數過入各相關帳戶。如果項目的期末數大於期初數，則將差額過入和項目餘額相同的方向；反之，過入相反的方向。

第二步，開設一個大的「現金及現金等價物」T形帳戶，每邊分為經營活動、投資活動和籌資活動三個部分，左邊記現金流入，右邊記現金流出。與其他帳戶一樣，過入期末、期初變動數。

第三步，以利潤表項目為基礎，結合資產負債表分析每一個非現金項目的增減變動，並據此編製調整分錄。

第四步，將調整分錄過入各T形帳戶，並進行核對，該帳戶借貸相抵後的餘額與原先過入的期末、期初變動數應當一致。

第五步，根據大的「現金及現金等價物」T形帳戶編製正式的現金流量表。

3. 分析填列法

分析填列法是直接根據資產負債表、利潤表和有關會計科目明細帳的記錄，分析計算出現金流量表各項目的金額，並據以編製現金流量表的一種方法。

第三節　現金流量表的填列方法

一、現金流量表各項目的填列方法

1. 經營活動產生的現金流量有關項目的填列

（1）銷售商品、提供勞務收到的現金

本項目反應企業銷售商品、提供勞務實際收到的現金，包括銷售收入和應向購買者收取的增值稅銷項稅額，具體包括：本期銷售商品、提供勞務收到的現金，以及前期銷售商品、提供勞務本期收到的現金和本期預收的款項，減去本期銷售本期退回的商品和前期銷售本期退回的商品支付的現金。企業銷售材料和代購代銷業務收到的現金，也在本項目反應。本項目可以根據「庫存現金」「銀行存款」「應收票據」「應收帳款」「預收帳款」「主營業務收入」「其他業務收入」等科目的記錄分析填列。

（2）收到的稅費返還

本項目反應企業收到返還的各種稅費，如收到的增值稅、營業稅、所得稅、消費

稅、關稅和教育費附加返還款等。本項目可以根據「庫存現金」「銀行存款」「稅金及附加」「營業外收入」等科目的記錄分析填列。

(3) 收到的其他與經營活動有關的現金

本項目反應企業除上述各項目外，收到的其他與經營活動有關的現金，如罰款收入、經營租賃固定資產收到的現金、投資性房地產收到的租金收入、流動資產損失中由個人賠償的現金收入、除稅費返還外的其他政府補助收入等。其他與經營活動有關的現金流入，如果價值較大的，應單列項目反應，本項目可以根據「庫存現金」「銀行存款」「管理費用」「銷售費用」等科目的記錄分析填列。

(4) 購買商品、接受勞務支付的現金

本項目反應企業購買材料、商品、接受勞務實際支付的現金，包括支付的貨款以及與貨款一併支付的增值稅進項稅額，具體包括：本期購買商品、接受勞務支付的現金，以及本期支付前期購買商品、接受勞務的未付款項和本期預付款項，減去本期發生的購貨退回收到的現金。為購置存貨而發生的借款利息資本化部分，應在「分配股利、利潤或償付利息支付的現金」項目中反應。本項目可以根據「庫存現金」「銀行存款」「應付票據」「應付帳款」「預付帳款」「主營業務成本」「其他業務成本」等科目的記錄分析填列。

(5) 支付給職工以及為職工支付的現金

本項目反應企業實際支付給職工的現金以及為職工支付的現金，包括企業為獲得職工提供的服務，本期實際給予各種形式的報酬以及其他相關支出，如支付給職工的工資、獎金、各種津貼和補貼等，以及為職工支付的其他費用。不包括支付給在建工程人員的工資。支付的在建工程人員的工資，在「購建固定資產、無形資產和其他長期資產所支付的現金」項目中反應。

企業為職工支付的醫療、養老、失業、工傷、生育等社會保險基金，補充養老保險，住房公積金，企業為職工繳納的商業保險金，因解除與職工勞動關係給予的補償，現金結算的股份支付，以及企業支付給職工或為職工支付的其他福利費用等，應根據職工的工作性質和服務對象，分別在「購建固定資產、無形資產和其他長期資產所支付的現金」和「支付給職工以及為職工支付的現金」項目中反應。

本項目可以根據「庫存現金」「銀行存款」「應付職工薪酬」等科目的記錄分析填列。

(6) 支付的各項稅費

本項目反應企業按規定支付的各項稅費，包括本期發生並支付的稅費，以及本期支付以前各期發生的稅費和預交的稅金，如支付的營業稅、增值稅、消費稅、所得稅、教育費附加、印花稅、房產稅、土地增值稅、車船使用稅等。不包括本期退回的增值稅、所得稅。本期退回的增值稅、所得稅等，在「收到的稅費返還」項目中反應。本項目可以根據「應交稅費」「庫存現金」「銀行存款」等科目的記錄分析填列。

(7) 支付的其他與經營活動有關的現金

本項目反應企業除上述各項目外，支付的其他與經營活動有關的現金，如罰款支出、支付的差旅費、業務招待費、保險費、經營租賃支付的現金等。其他與經營活動

有關的現金流出，如果金額較大的，應單列項目反應。本項目可以根據有關科目的記錄分析填列。

2. 投資活動產生的現金流量有關項目的填列

（1）收回投資收到的現金

本項目反應企業出售、轉讓或到期收回除現金等價物以外的交易性金融資產、持有至到期投資、可供出售金融資產、長期股權投資等而收到的現金。本項目不包括債權性投資收回的利息、收回的非現金資產，以及處置子公司及其他營業單位收到的現金淨額。債權性投資收回的本金，在本項目反應，債權性投資收回的利息，不在本項目中反應，而在「取得投資收益所收到的現金」項目中反應。處置子公司及其他營業單位收到的現金淨額單設項目反應。本項目可以根據「交易性金融資產」「持有至到期投資」「可供出售金融資產」「長期股權投資」「庫存現金」「銀行存款」等科目的記錄分析填列。

（2）取得投資收益收到的現金

本項目反應企業因股權性投資而分得的現金股利，因債權性投資而取得的現金利息收入。股票股利由於不產生現金流量，不在本項目中反應。包括在現金等價物範圍內的債券投資，其利息收入也在本項目中反應。本項目可以根據「應收股利」「應收利息」「投資收益」「庫存現金」「銀行存款」等科目的記錄分析填列。

（3）處置固定資產、無形資產和其他長期資產收回的現金淨額

本項目反應企業出售固定資產、無形資產和其他長期資產（如投資性房地產）所取得的現金，減去為處置這些資產而支付的有關稅費後的淨額。處置固定資產、無形資產和其他長期資產所收到的現金，與處置活動支付的現金，兩者在時間上比較接近，以淨額反應更能準確反應處置活動對現金流量的影響。由於自然災害等原因所造成的固定資產等長期資產報廢、毀損而收到的保險賠償收入，在本項目中反應。如處置固定資產、無形資產和其他長期資產所收回的現金淨額為負數，則應作為投資活動產生的現金流量，在「支付的其他與投資活動有關的現金」項目中反應。本項目可以根據「固定資產清理」「庫存現金」「銀行存款」等科目的記錄分析填列。

（4）處置子公司及其他營業單位收到的現金淨額

本項目反應企業處置子公司及其他營業單位所取得的現金減去子公司或其他營業單位持有的現金和現金等價物以及相關處置費用後的淨額。本項目可以根據有關科目的記錄分析填列。

企業處置子公司及其他營業單位是整體交易，子公司和其他營業單位可能持有現金和現金等價物。這樣，整體處置子公司或其他營業單位的現金流量，就應以處置價款中收到現金的部分，減去子公司或其他營業單位持有的現金和現金等價物以及相關處置費用後的淨額反應。

處置子公司及其他營業單位收到的現金淨額如為負數，應將該金額填列至「支付其他與投資活動有關的現金」項目中。

（5）收到的其他與投資活動有關的現金

本項目反應企業除上述各項外，收到的其他與投資活動有關的現金。其他與投

資活動有關的現金流入,如果價值較大的,應單列項目反應。本項目可以根據有關科目的記錄分析填列。

(6) 購建固定資產、無形資產和其他長期資產支付的現金

本項目反應企業購買、建造固定資產,取得無形資產和其他長期資產(如投資性房地產)支付的現金,包括購買機器設備所支付的現金、建造工程支付的現金、支付在建工程人員的工資等現金支出。不包括為購建固定資產、無形資產和其他長期資產而發生的借款利息資本化部分,以及融資租入固定資產所支付的租賃費。為購建固定資產、無形資產和其他長期資產而發生的借款利息資本化部分,在「分配股利、利潤或償付利息支付的現金」項目中反應;融資租入固定資產所支付的租賃費,在「支付的其他與籌資活動有關的現金」項目中反應,不在本項目中反應。本項目可以根據「固定資產」「在建工程」「工程物資」「無形資產」、「庫存現金」「銀行存款」等科目的記錄分析填列。

(7) 投資支付的現金

本項目反應企業進行權益性投資和債權性投資所支付的現金,包括企業取得的除現金等價物以外的交易性金融資產、持有至到期投資、可供出售金融資產而支付的現金,以及支付的傭金、手續費等交易費用。

企業購買股票和債券時,實際支付的價款中包含的已宣告但尚未領取的現金股利或已到付息期但尚未領取的債券利息,應在「支付的其他與投資活動有關的現金」項目中反應;收回購買股票和債券時支付的已宣告但尚未領取的現金股利或已到付息期但尚未領取的債券利息,應在「收到的其他與投資活動有關的現金」項目中反應。

本項目可以根據「交易性金融資產」「持有至到期投資」「可供出售金融資產」「長期股權投資」「庫存現金」「銀行存款」等科目的記錄分析填列。

(8) 取得子公司及其他營業單位支付的現金淨額

本項目反應企業取得子公司及其他營業單位購買出價中以現金支付的部分,減去子公司或其他營業單位持有的現金和現金等價物後的淨額。本項目可以根據有關科目的記錄分析填列。

整體購買一個單位,其結算方式是多種多樣的,比如,購買方全部以現金支付或一部分以現金支付而另一部分以實物清償。同時,企業購買子公司及其他營業單位是整體交易,子公司和其他營業單位除有固定資產和存貨外,還可能持有現金和現金等價物。這樣,整體購買子公司或其他營業單位的現金流量,就應以購買出價中以現金支付的部分減去子公司或其他營業單位持有的現金和現金等價物後的淨額反應,如為負數,應在「收到其他與投資活動有關的現金」項目中反應。

(9) 支付的其他與投資活動有關的現金

本項目反應企業除上述各項目外,支付的其他與投資活動有關的現金。其他與投資活動有關的現金流出,如果價值較大的,應單列項目反應。本項目可以根據有關科目的記錄分析填列。

3. 籌資活動產生的現金流量有關項目的填列

(1) 吸收投資收到的現金

本項目反應企業以發行股票等方式籌集資金實際收到的款項淨額(發行收入減去

支付的備金等發行費用後的淨額)。以發行股票等方式籌集資金而由企業直接支付的審計、咨詢費用等,在「支付的其他與籌資活動有關的現金」項目中反應;本項目可以根據「實收資本(或股本)」「資本公積」「庫存現金」「銀行存款」等科目的記錄分析填列。

(2) 借款收到的現金

本項目反應企業舉借各種短期、長期借款而收到的現金,以及發行債券實際收到的款項淨額(發行收入減去直接支付的備金等發行費用後的淨額)。本項目可以根據「短期借款」「長期借款」「交易性金融負債」「應付債券」「庫存現金」「銀行存款」等科目的記錄分析填列。

(3) 收到的其他與籌資活動有關的現金

本項目反應企業除上述各項目外,收到的其他與籌資活動有關的現金。其他與籌資活動有關的現金流入,如果價值較大的,應單列項目反應。本項目可根據有關科目的記錄分析填列。

(4) 償還債務所支付的現金

本項目反應企業以現金償還債務的本金,包括歸還金融企業的借款本金、償付企業到期的債券本金等。企業支付的借款利息、債券利息,在「分配股利、利潤或償付利息所支付的現金」項目中反應。本項目可以根據「短期借款」「長期借款」「交易性金融負債」「應付債券」「庫存現金」「銀行存款」等科目的記錄分析填列。

(5) 分配股利、利潤或償付利息支付的現金

本項目反應企業實際支付的現金股利、支付給其他投資單位的利潤或用現金支付的借款利息、債券利息。不同用途的借款,其利息的開支渠道不一樣,如在建工程、財務費用等,均在本項目中反應。本項目可以根據「應付股利」「應付利息」「利潤分配」「財務費用」「在建工程」「製造費用」「研發支出」「庫存現金」「銀行存款」等科目的記錄分析填列。

(6) 支付的其他與籌資活動有關的現金

本項目反應企業除上述各項目外,支付的其他與籌資活動有關的現金,如以發行股票、債券等方式籌集資金而由企業直接支付的審計、咨詢等費用,融資租賃各期支付的現金、以分期付款方式購建固定資產、無形資產等各期支付的現金。其他與籌資活動有關的現金流出,如果價值較大的,應單列項目反應。本項目可以根據有關科目的記錄分析填列。

4. 匯率變動對現金的影響

企業外幣現金流量及境外子公司的現金流量折算成記帳本位幣時,所採用的是現金流量發生日的匯率或即期匯率的近似匯率,而現金流量表「現金及現金等價物淨增加額」項目中外幣現金淨增加額是按資產負債表日的即期匯率折算。這兩者的差額即為匯率變動對現金的影響。

5. 現金及現金等價物淨增加額

該項目反應企業本期現金的淨增加額或淨減少額,是上述三類現金流量淨額與匯率變動對現金的影響額的合計數。

二、現金流量表附注項目的填列方法

1. 現金流量表補充資料的披露

現金流量表補充資料包括將淨利潤調節為經營活動現金流量、不涉及現金收支的重大投資和籌資活動、現金及現金等價物淨變動情況等信息。現金流量表補充資料的具體格式如表 17-1 所示。

表 17-1　　　　　　　　　　　　現金流量表補充資料　　　　　　　　　　單位：元

補充資料	本期金額	上期金額
1. 將淨利潤調節為經營活動現金流量：		
淨利潤		
加：資產減值準備		
固定資產折舊、油氣資產折耗、生產性生物資產折舊		
無形資產攤銷		
長期待攤費用攤銷		
處置固定資產、無形資產和其他長期資產的損失（收益以「-」號填列）		
固定資產報廢損失（收益以「-」號填列）		
公允價值變動損失（收益以「-」號填列）		
財務費用（收益以「-」號填列）		
投資損失（收益以「-」號填列）		
遞延所得稅資產減少（增加以「-」號填列）		
遞延所得稅負債增加（減少以「-」號填列）		
存貨的減少（增加以「-」號填列）		
經營性應收項目的減少（增加以「-」號填列）		
經營性應付項目的增加（減少以「-」號填列）		
其他		
經營活動產生的現金流量淨額		
2. 不涉及現金收支的重大投資和籌資活動：		
債務轉為資本		
一年內到期的可轉換公司債券		
融資租入固定資產		
3. 現金及現金等價物淨變動情況：		
現金的期末餘額		
減：現金的期初餘額		
加：現金等價物的期末餘額		
減：現金等價物的期初餘額		
現金及現金等價物淨增加額		

表 17-1 中主要項目的填列方法如下：
(1) 資產減值準備
　　資產減值準備，指當期計提扣除轉回的減值準備，包括壞帳準備、存貨跌價準備、投資性房地產減值準備、長期股權投資減值準備、持有至到期投資減值準備、固定資產減值準備、在建工程減值準備、工程物資減值準備、生物性資產減值準備、無形資產減值準備、商譽減值準備等。企業當期計提和按規定轉回的各項資產減值準備，包括在利潤表中，屬於利潤的減除項目，但沒有發生現金流出。所以，在將淨利潤調節為經營活動現金流量時，需要加回。本項目可根據「資產減值損失」科目的記錄分析填列。

(2) 固定資產折舊
　　企業計提的固定資產折舊，有的包括在管理費用中，有的包括在製造費用中。計入管理費用中的部分，作為期間費用在計算淨利潤時從中扣除，但沒有發生現金流出，在將淨利潤調節為經營活動現金流量時，需要予以加回。計入製造費用中的已經變現的部分，在計算淨利潤時通過銷售成本予以扣除，但沒有發生現金流出；計入製造費用中的沒有變現的部分，既不涉及現金收支，也不影響企業當期淨利潤。由於在調節存貨時，已經從中扣除，在此處將淨利潤調節為經營活動現金流量時，需要予以加回。本項目可根據「累計折舊」科目的貸方發生額分析填列。

(3) 無形資產攤銷和長期待攤費用攤銷
　　企業對使用壽命有限的無形資產進行攤銷時，計入管理費用或製造費用。長期待攤費攤銷時，有的計入管理費用，有的計入銷售費用，有的計入製造費用。計入管理費用等期間費用和計入製造費用中的已變現的部分，在計算淨利潤時已從中扣除，但沒有發生現金流出；計入製造費用中的沒有變現的部分，在調節存貨已經從中扣除，但不涉及現金收支，所以，在此處將淨利潤調節為經營活動現金流量時，需要予以加回。這個項目可根據「累計攤銷」「長期待攤費用」科目的貸方發生額分析填列。

(4) 處置固定資產、無形資產和其他長期資產的損失（減：收益）
　　企業處置固定資產、無形資產和其他長期資產發生的損益，屬於投資活動產生的損益，不屬於經營活動產生的損益，所以，在將淨利潤調節為經營活動現金流量時，需要予以剔除。如為損失，在將淨利潤調節為經營活動現金流量時，應當加回；如為收益，在將淨利潤調節為經營活動現金流量時，應當扣除。本項目可根據「營業外收入」「營業外支出」等科目所屬有關明細科目的記錄分析填列，淨收益以「-」號填列。

(5) 固定資產報廢損失（減：收益）
　　企業發生的固定資產報廢損益，屬於投資活動產生的損益，不屬於經營活動產生的損益，所以，在將淨利潤調節為經營活動現金流量時，需要予以剔除。如為淨損失，在將淨利潤調節為經營活動現金流量時，應當加回；如為淨收益，在將淨利潤調節為經營活動現金流量時，應當扣除。本項目可根據「營業外支出」「營業外收入」等科目所屬有關明細科目的記錄分析填列。

(6) 公允價值變動損失（減：收益）
　　公允價值變動損失反應企業交易性金融資產、投資性房地產等公允價值變動形成

的應計入當期損益的利得或損失。企業發生的公允價值變動損益，通常與企業的投資活動或籌資活動有關，而且並不影響企業當期的現金流量。為此，在將淨利潤調節為經營活動現金流量時，應當將其從淨利潤中剔除。本項目可以根據「公允價值變動損益」科目的發生額分析填列。如為持有損失，在將淨利潤調節為經營活動現金流量時，應當加回；如為持有利得，在將淨利潤調節為經營活動現金流量時，應當扣除。

（7）財務費用

企業發生的財務費用中不屬於經營活動的部分，應當在將淨利潤調節為經營活動現金流量時將其加回。本項目可根據「財務費用」科目的本期借方發生額分析填列；如為收益，以「-」號填列。

（8）投資損失（減：收益）

企業發生的投資損益，屬於投資活動產生的損益，不屬於經營活動產生的損益，所以，在將淨利潤調節為經營活動現金流量時，需要予以剔除。如為淨損失，在將淨利潤調節為經營活動現金流量時，應當加回；如為淨收益，在將淨利潤調節為經營活動現金流量時，應當扣除。本項目可根據利潤表中「投資收益」項目的數字填列；如為投資收益，以「-」號填列。

（9）遞延所得稅資產減少（減：增加）

遞延所得稅資產減少使計入所得稅費用的金額大於當期應交的所得稅金額，其差額沒有發生現金流出，但在計算淨利潤時已經扣除，在將淨利潤調節為經營活動現金流量時，應當加回。遞延所得稅資產增加使計入所得稅費用的金額小於當期應交的所得稅金額，兩者之間的差額並沒有發生現金流入，但在計算淨利潤時已經包括在內，在將淨利潤調節為經營活動現金流量時，應當扣除。本項目可以根據資產負債表「遞延所得稅資產」項目期初、期末餘額分析填列。

（10）遞延所得稅負債增加（減：減少）

遞延所得稅負債增加使計入所得稅費用的金額大於當期應交的所得稅金額，其差額沒有發生現金流出，但在計算淨利潤時已經扣除，在將淨利潤調節為經營活動現金流量時，應當加回。如果遞延所得稅負債減少使計入當期所得稅費用的金額小於當期應交的所得稅金額，其差額並沒有發生現金流入，但在計算淨利潤時已經包括在內，在將淨利潤調節為經營活動現金流量時，應當扣除。本項目可以根據資產負債表「遞延所得稅負債」項目期初、期末餘額分析填列。

（11）存貨的減少（減：增加）

期末存貨比期初存貨減少，說明本期生產經營過程耗用的存貨有一部分是期初的存貨，耗用這部分存貨並沒有發生現金流出，但在計算淨利潤時已經扣除，所以，在將淨利潤調節為經營活動現金流量時，應當加回。期末存貨比期初存貨增加，說明當期購入的存貨除耗用外，還剩餘了一部分，這部分存貨也發生了現金流出，但在計算淨利潤時沒有包括在內，所以，在將淨利潤調節為經營活動現金流量時，需要扣除。當然，存貨的增減變化過程還涉及應付項目，這一因素在「經營性應付項目的增加（減：減少）」中考慮。本項目可根據資產負債表中「存貨」項目的期初數、期末數之間的差額填列；期末數大於期初數的差額，以「-」號填列。如果存貨的增減變化過

程屬於投資活動，如在建工程領用存貨，應當將這一因素剔除。

（12）經營性應收項目的減少（減：增加）

經營性應收項目包括應收票據、應收帳款、預付帳款、長期應收款和其他應收款中與經營活動有關的部分，以及應收的增值稅銷項稅額等。經營性應收項目期末餘額小於經營性應收項目期初餘額，說明本期收回的現金大於利潤表中所確認的銷售收入，所以，在將淨利潤調節為經營活動現金流量時，需要加回。經營性應收項目期末餘額大於經營性應收項目期初餘額，說明本期銷售收入中有一部分沒有收回現金，但是，在計算淨利潤時這部分銷售收入已包括在內，所以，在將淨利潤調節為經營活動現金流量時，需要扣除。本項目應當根據有關科目的期初、期末餘額分析填列；如為增加，以「-」號填列。

（13）經營性應付項目的增加（減：減少）

經營性應付項目包括應付票據、應付帳款、預收帳款、應付職工薪酬、應交稅費、應付利息、長期應付款、其他應付款中與經營活動有關的部分，以及應付的增值稅進項稅額等。經營性應付項目期末餘額大於經營性應付項目期初餘額，說明本期購入的存貨中有一部分沒有支付現金，但是，在計算淨利潤時卻通過銷售成本包括在內，在將淨利潤調節為經營活動現金流量時，需要加回；經營性應付項目期末餘額小於經營性應付項目期初餘額，說明本期支付的現金大於利潤表中所確認的銷售成本，在將淨利潤調節為經營活動產生的現金流量時，需要扣除。本項目應當根據有關科目的期初、期末餘額分析填列；如為減少，以「-」號填列。

2. 當期取得或處置子公司及其他營業單位的有關信息披露

企業應在現金流量表附注中披露當期取得和處置其他營業單位有關信息。其中取得子公司及其他營業單位的有關信息包括取得的價格、支付的現金和現金等價物金額、支付的現金和現金等價物淨額、取得子公司淨資產等信息。處置子公司及其他營業單位的有關信息包括處置的價格、收到的現金和現金等價物金額、收到的現金淨額、處置子公司的淨資產等信息，具體格式如表 17-2 所示。

表 17-2　　　　取得或處置子公司及其他營業單位的有關信息披露　　　　單位：元

項目	金額
一、取得子公司及其他營業單位的有關信息：	
1. 取得子公司及其他營業單位的價格	
2. 取得子公司及其他營業單位支付的現金和現金等價物	
減：子公司及其他營業單位持有的現金和現金等價物	
3. 取得子公司及其他營業單位支付的現金淨額	
4. 取得子公司的淨資產	
流動資產	
非流動資產	
流動負債	

表17-2(續)

項目	金額
非流動負債	
二、處置子公司及其他營業單位的有關信息：	
1. 處置子公司及其他營業單位的價格	
2. 處置子公司及其他營業單位收到的現金和現金等價物	
減：子公司及其他營業單位持有的現金和現金等價物	
3. 處置子公司及其他營業單位收到的現金淨額	
4. 處置子公司的淨資產	
流動資產	
非流動資產	
流動負債	
非流動負債	

3. 現金和現金等價物的披露

企業應在現金流量表附注中披露與現金和現金等價物有關的信息：①現金和現金等價物的構成及其在資產負債表中的相應金額；②企業持有但不能由母公司或集團內其他子公司使用的大額現金和現金等價物金額。具體格式如表17-3所示。

表 17-3　　　　　　　　　現金和現金等價物的披露　　　　　　　　單位：元

項目	本期金額	上期金額
一、現金		
其中：庫存現金		
可隨時用於支付的銀行存款		
可隨時用於支付的其他貨幣資金		
可用於支付的存放中央銀行款項		
存放同業款項		
拆放同業款項		
二、現金等價物		
其中：三個月內到期的債券投資		
三、期末現金及現金等價物餘額		
其中：母公司或集團內子公司使用受限制的現金和現金等價物		

第四節　現金流量表編製實務

【例17-1】續【例15-1】，運用工作底稿法編製甲公司現金流量表如下：

第一步，將資產負債表的期初數和期末數過入工作底稿的期初數欄和期末數欄，將利潤表的本年數過入工作底稿的本期數欄。

第二步，根據資產負債表、利潤表及相關業務編製調整分錄。編製調整分錄時要以利潤表項目為基礎，從「營業收入」項目開始，結合資產負債表項目對當期業務進行分析。編製調整分錄如下：

(1) 分析調整營業收入

借：經營活動現金流量——銷售商品收到的現金　　　　4,156,000
　　應收帳款　　　　　　　　　　　　　　　　　　　1,521,000
　貸：營業收入　　　　　　　　　　　　　　　　　　　　4,800,000
　　　應收票據　　　　　　　　　　　　　　　　　　　　　46,000
　　　應交稅費——應交增值稅　　　　　　　　　　　　　831,000

利潤表中的「營業收入」是按權責發生制反應的，應轉換為收付實現制。為此，應調整應收帳款和應收票據的增減變動。本例應收帳款增加1,521,000元，應減少經營活動產生的現金流量；而應收票據減少46,000元，應增加經營活動產生的現金流量。而應交增值稅銷項稅額應當和營業收入匹配，所收到現金應在「經營活動現金流量——銷售商品收到的現金」項目中反應。

(2) 分析調整營業成本

借：營業成本　　　　　　　　　　　　　　　　　　　2,880,000
　　應付票據　　　　　　　　　　　　　　　　　　　　　100,000
　　應交稅費——應交增值稅　　　　　　　　　　　　　288,966
　貸：經營活動現金流量——購買商品支付的現金　　　　　2,792,766
　　　存貨　　　　　　　　　　　　　　　　　　　　　　476,200

應付票據減少100,000元，表明本期用於購買存貨的現金支出增加100,000元；存貨減少476,200元，表明本期消耗的存貨中有476,200元是原來庫存的，即購買商品支付現金減少476,200元。應負擔的增值稅進項稅額271,966元應當包含在「經營活動現金流量——購買商品支付的現金」項目之中。

(3) 分析調整稅金及附加

借：稅金及附加　　　　　　　　　　　　　　　　　　　54,883.4
　貸：經營活動現金流量——支付的各項稅費　　　　　　　54,883.4

(4) 分析調整銷售費用

借：銷售費用　　　　　　　　　　　　　　　　　　　　　30,000
　貸：經營活動現金流量——支付的其他與經營活動有關的現金　30,000

(5) 分析調整管理費用

借：管理費用 274,000

　　貸：經營活動現金流量——支付的其他與經營活動有關的現金 274,000

管理費用中包含著不涉及現金支出的項目，此筆分錄先將管理費用全部轉入「經營活動現金流量——支付的其他與經營活動有關的現金」項目中，至於不涉及現金支出的項目，再分別進行調整。

(6) 分析調整財務費用

借：財務費用 72,500

　　貸：經營活動現金流量——銷售商品收到的現金 20,000

　　　　籌資活動現金流量——分配股利、利潤和償付利息支付的現金 52,500

本期增加的財務費用中，有 20,000 元是票據貼現利息，由於在調整應收票據時已全額計入「經營活動現金流量——銷售商品收到的現金」，所以要從「經營活動現金流量——銷售商品收到的現金」項目內沖回，不能作為現金流出。支付的短期借款利息 2,500 元和長期借款利息 50,000 元應列入「籌資活動現金流量——分配股利、利潤和償付利息支付的現金」項目。

(7) 分析調整資產減值損失

借：資產減值損失 308,805

　　貸：固定資產減值準備 300,000

　　　　壞帳準備 8,805

本期發生的資產減值損失不涉及現金的支付，直接調整資產負債表項目。

(8) 分析調整公允價值變動損益

借：交易性金融資產 45,000

　　可供出售金融資產 149,300

　　貸：公允價值變動損益 45,000

　　　　其他綜合收益 149,300

本期發生的公允價值變動損益也不涉及現金的支付，直接調整資產負債表項目。

(9) 分析調整投資收益

借：投資活動現金流量——取得投資收益收到的現金 50,000

　　長期股權投資 250,000

　　持有至到期投資 25,000

　　貸：投資收益 324,790

　　　　投資活動現金流量——投資支付的現金 210

分得的股利 50,000 元應列入「投資活動現金流量——取得投資收益收到的現金」項目，取得交易性金融資產時發生的交易費用 210 元應列入「投資活動現金流量——投資支付的現金」項目。

(10) 分析調整營業外收入

借：投資活動現金流量——處置固定資產收回的現金淨額 300,000

　　累計折舊 150,000

貸：固定資產		400,000
營業外收入		50,000

（11）分析調整營業外支出

借：投資活動現金流量——處置固定資產收回的現金淨額		300
營業外支出		19,700
累計折舊		180,000
貸：固定資產		200,000

編製現金流量表時，需要對營業外收入和支出進行分析，以列入現金流量表的不同部分。本例中營業外收入 50,000 元是處置固定資產的利得，處置過程中收到的現金 300,000 元應列入投資活動現金流量中。營業外支出 19,700 元，為處置固定資產損失，處置過程中收到的現金 300 元應列入投資活動現金流量中。

（12）分析調整所得稅費用

借：所得稅費用		395,095.4
貸：應交稅費——應交所得稅		395,095.4

此筆分錄先不考慮所得稅的繳納，實際繳納所得稅支付的現金，在分析調整資產負債表項目「應交稅費」時再處理。

（13）分析調整交易性金融資產

借：交易性金融資產		105,000
貸：投資活動現金流量——投資支付的現金		105,000

（14）分析調整可供出售金融資產

借：可供出售金融資產		350,700
貸：投資活動現金流量——投資支付的現金		350,700

（15）分析調整持有至到期投資

借：持有至到期投資		500,000
貸：投資活動現金流量——投資支付的現金		500,000

（16）分析調整長期股權投資

借：長期股權投資		150,000
貸：其他綜合收益		150,000

長期股權投資的增加，是被投資企業其他權益變動所導致，不涉及現金的支付，直接調整資本公積項目。

（17）分析調整固定資產

借：固定資產		1,234,000
貸：在建工程		1,234,000

本期固定資產的增加數在建工程完工轉入。

（18）分析調整累計折舊

借：經營活動現金流量——支付的其他與經營活動有關的現金		50,000
——購買商品接受勞務支付的現金		100,000
貸：累計折舊		150,000

本期計提的折舊 150,000 元中，計入管理費用的為 50,000 元，計入製造費用的 100,000 元。計入管理費用的折舊，由於已經計入「經營活動現金流量——支付的其他與經營活動有關的現金」項目，而折舊為非付現費用，應作冲銷調整。計入製造費用的折舊，已經計入存貨成本中，已經計入「經營活動現金流量——購買商品支付的現金」項目，而折舊為非付現費用，應作冲銷調整。

(19) 分析調整在建工程

借：在建工程	656,000
貸：投資活動現金流量——購建固定資產支付的現金	300,000
籌資活動現金流量——分配股利和償付利息支付的現金	150,000
應付職工薪酬	56,000
工程物資	150,000

本期在建工程增加的原因，包括這樣四個方面：一是以現金購入工程物資 117,000 元及支付工程人員工資 200,000 元；二是長期借款利息資本化 150,000 元；三是根據工程人員工資計提的社會保險費 56,000 元，四是領用前期購入的工程物資 150,000 元。

(20) 分析調整無形資產攤銷

借：經營活動現金流量——支付的其他與經營活動有關的現金	60,000
貸：累計攤銷	60,000

(21) 分析調整長期待攤費用

借：經營活動現金流量——支付的其他與經營活動有關的現金	100,000
貸：長期待攤費用	100,000

無形資產和長期待攤費用攤銷時均已計入管理費用，所以應作冲銷調整。理由同第 (18) 筆分錄。

(22) 分析調整短期借款

借：籌資活動現金流量——取得借款收到的現金	250,000
貸：短期借款	250,000

(23) 分析調整應付職工薪酬

借：應付職工薪酬	600,000
貸：經營活動現金流量——支付給職工以及為職工支付的現金	600,000
借：經營活動現金流量——購買商品接受勞務支付的現金	704,000
——支付的其他與經營活動有關的現金	64,000
貸：應付職工薪酬	768,000

本期支付非工程人員工資 600,000 元，計入「經營活動產生的現金流量——支付給職工以及為職工支付的現金」項目。職工工資分配時分別計入製造費用和管理費用，和第 (18) 筆分錄同理，要冲銷調整經營活動現金流量。

(24) 分析調整應交稅費

借：應交稅費	854,178
貸：經營活動現金流量——支付的各項稅費	854,178

(25) 分析調整長期借款

借：籌資活動現金流量——取得借款收到的現金　　　4,000,000
　　貸：長期借款　　　　　　　　　　　　　　　　　　4,000,000
借：長期借款　　　　　　　　　　　　　　　　　　　　500,000
　　貸：籌資活動現金流量——償還債務支付的現金　　　　500,000

本期借入和歸還的長期借款分別流入籌資活動的現金流入和流出項目。

(26) 分析調整股本

借：籌資活動現金流量——吸收投資收到的現金　　　1,500,000
　　貸：股本　　　　　　　　　　　　　　　　　　　　1,000,000
　　　　資本公積　　　　　　　　　　　　　　　　　　　500,000

(27) 分析調整盈餘公積和未分配利潤

借：未分配利潤　　　　　　　　　　　　　　　　　　　119,000
　　貸：盈餘公積　　　　　　　　　　　　　　　　　　　23,800
　　　　應付股利　　　　　　　　　　　　　　　　　　　95,200

(28) 結轉淨利潤

借：淨利潤　　　　　　　　　　　　　　　　　　　1,184,926.2
　　貸：未分配利潤　　　　　　　　　　　　　　　　1,184,926.2

(29) 調整現金及現金等價物淨增加額

借：貨幣資金　　　　　　　　　　　　　　　　　　4,654,862.6
　　貸：現金及現金等價物淨增加額　　　　　　　　　4,654,862.6

第三步，將調整分錄過入工作底稿的相應部分，現金流量表工作底稿如表 17-4 所示。

表 17-4　　　　　　　　　　現金流量表工作底稿　　　　　　　　　　單位：元

項目	期初數	調整分錄借方	調整分錄貸方	期末數
資產負債表項目				
貨幣資金	820,745.00	4,654,862.60		5,475,607.60
交易性金融資產		150,000.00		150,000.00
應收票據	46,000.00		46,000.00	—
應收帳款	600,000.00	1,521,000.00		2,121,000.00
壞帳準備	1,800.00		8,805.00	10,605.00
預付款項	100,000.00			100,000.00
其他應收款	5,000.00			5,000.00
存貨	2,574,700.00		476,200.00	2,098,500.00
可供出售金融資產		500,000.00		500,000.00
持有至到期投資		525,000.00		525,000.00
長期股權投資	1,250,000.00	400,000.00		1,650,000.00

表17-4(續)

項目	期初數	調整分錄借方	調整分錄貸方	期末數
固定資產	2,901,000.00	1,234,000.00	600,000.00	3,535,000.00
累計折舊	670,000.00	330,000.00	150,000.00	490,000.00
固定資產減值準備			300,000.00	300,000.00
在建工程	578,000.00	656,000.00	1,234,000.00	—
工程物資	150,000.00		150,000.00	—
固定資產清理				—
無形資產	540,000.00			540,000.00
累計攤銷			60,000.00	60,000.00
長期待攤費用	200,000.00		100,000.00	100,000.00
短期借款	50,000.00		250,000.00	300,000.00
應付票據	100,000.00	100,000.00		—
應付帳款	953,800.00			953,800.00
應付職工薪酬	180,000.00	600,000.00	824,000.00	404,000.00
應交稅費	211,944.00	1,143,144.00	1,225,975.40	294,775.40
應付利息				
其他應付款	50,000.00			50,000.00
長期借款	1,160,000.00	500,000.00	4,000,000.00	4,660,000.00
實收資本	5,000,000.00		1,000,000.00	6,000,000.00
資本公積			799,300.00	799,300.00
其他綜合收益	1,150,000.00		23,800.00	1,173,800.00
盈餘公積	237,901.00	119,000.00	1,184,926.20	1,303,827.20
未分配利潤	820,745.00	4,654,862.60		5,475,607.60
利潤表項目				本期數
營業收入			4,800,000.00	4,800,000.00
營業成本		2,880,000.00		2,880,000.00
稅金及附加		54,883.40		54,883.40
銷售費用		30,000.00		30,000.00
管理費用		274,000.00		274,000.00
財務費用		72,500.00		72,500.00
資產減值損失		308,805.00		308,805.00
公允價值變動收益			45,000.00	45,000.00
投資收益			324,790.00	324,790.00
營業外收入			50,000.00	50,000.00

表17-4(續)

項目	期初數	調整分錄借方	調整分錄貸方	期末數
營業外支出		19,700.00		19,700.00
所得稅費用		394,975.40		394,975.40
淨利潤		1,184,926.20		1,184,926.20
現金流量表項目				本期數
一、經營活動產生的現金流量:				
銷售商品、提供勞務收到的現金		4,156,000.00	20,000.00	4,136,000.00
收到的稅費返還				
收到其他與經營活動有關的現金				
經營活動現金流入小計				4,136,000.00
購買商品、接受勞務支付的現金		804,000.00	2,792,766.00	1,988,766.00
支付給職工以及為職工支付的現金			600,000.00	600,000.00
支付的各項稅費			909,061.40	909,061.40
支付其他與經營活動有關的現金		274,000.00	304,000.00	30,000.00
經營活動現金流出小計				3,527,827.40
經營活動產生的現金流量淨額				608,172.60
二、投資活動產生的現金流量:				
收回投資收到的現金				
取得投資收益收到的現金		50,000.00		50,000.00
處置固定資產、無形資產和其他長期資產收回的現金淨額		300,300.00		300,300.00
處置子公司及其他營業單位收到的現金淨額				
收到其他與投資活動有關的現金				
投資活動現金流入小計				350,300.00
購建固定資產、無形資產和其他長期資產支付的現金			300,000.00	300,000.00
投資支付的現金			955,910.00	955,910.00
取得子公司及其他營業單位支付的現金淨額				—
支付其他與投資活動有關的現金				—
投資活動現金流出小計				1,255,910.00
投資活動產生的現金流量淨額				-905,610.00
三、籌資活動產生的現金流量:				
吸收投資收到的現金		1,500,000.00		1,500,000.00

表17-4(續)

項目	期初數	調整分錄借方	調整分錄貸方	期末數
取得借款收到的現金		4,250,000.00		4,250,000.00
收到其他與籌資活動有關的現金				—
籌資活動現金流入小計				5,750,000.00
償還債務支付的現金			500,000.00	500,000.00
分配股利、利潤或償付利息支付的現金			297,700.00	297,700.00
支付其他與籌資活動有關的現金				—
籌資活動現金流出小計				797,700.00
籌資活動產生的現金流量淨額				4,952,300.00
四、匯率變動對現金及現金等價物的影響				
五、現金及現金等價物淨增加額			4,654,862.60	4,654,862.60
加：期初現金及現金等價物餘額				820,745.00
六、期末現金及現金等價物餘額				5,475,607.60

　　第四步，核對調整分錄，借方、貸方合計數應當相等，資產負債表項目期初數加減調整分錄的借貸金額以後，也應與期末數相等。

　　第五步，根據工作底稿中現金流量表項目部分編製正式的現金流量表。現金流量表如表17-5所示。

表17-5　　　　　　　　　　　現金流量表　　　　　　　　　　　會企03表
編製單位：甲公司　　　　　　　　　2016年　　　　　　　　　　　單位：元

項目	本期金額	上期金額
一、經營活動產生的現金流量：		
銷售商品、提供勞務收到的現金	4,136,000.00	
收到的稅費返還		
收到其他與經營活動有關的現金		
經營活動現金流入小計	4,136,000.00	
購買商品、接受勞務支付的現金	1,988,766.00	
支付給職工以及為職工支付的現金	600,000.00	
支付的各項稅費	909,061.40	
支付其他與經營活動有關的現金	30,000.00	
經營活動現金流出小計	3,527,827.40	
經營活動產生的現金流量淨額	608,172.60	
二、投資活動產生的現金流量：		
收回投資收到的現金		

表17-5(續)

項目	本期金額	上期金額
取得投資收益收到的現金	50,000.00	
處置固定資產、無形資產和其他長期資產收回的現金淨額	300,300.00	
處置子公司及其他營業單位收到的現金淨額		
收到其他與投資活動有關的現金		
投資活動現金流入小計	350,300.00	
購建固定資產、無形資產和其他長期資產支付的現金	300,000.00	
投資支付的現金	955,910.00	
取得子公司及其他營業單位支付的現金淨額	—	
支付其他與投資活動有關的現金	—	
投資活動現金流出小計	1,255,910.00	
投資活動產生的現金流量淨額	-905,610.00	
三、籌資活動產生的現金流量:		
吸收投資收到的現金	1,500,000.00	
取得借款收到的現金	4,250,000.00	
收到其他與籌資活動有關的現金	—	
籌資活動現金流入小計	5,750,000.00	
償還債務支付的現金	500,000.00	
分配股利、利潤或償付利息支付的現金	297,700.00	
支付其他與籌資活動有關的現金	—	
籌資活動現金流出小計	797,700.00	
籌資活動產生的現金流量淨額	4,952,300.00	
四、匯率變動對現金及現金等價物的影響		
五、現金及現金等價物淨增加額	4,654,862.60	
加：期初現金及現金等價物餘額	820,745.00	
六、期末現金及現金等價物餘額	5,475,607.60	

復習思考題

1. 現金流量表的編製基礎是什麼？
2. 現金流量分為哪幾類？
3. 什麼是直接法和間接法？
4. 什麼是工作底稿法和T形帳戶法？
5. 現金流量表項目的填列方法是什麼？
6. 現金流量表附注如何填列？

國家圖書館出版品預行編目（CIP）資料

中級財務會計(第二版) / 胡世強 等 主編. -- 第二版.
-- 臺北市：崧博出版：崧燁文化發行, 2019.05
　　面；　公分
POD版

ISBN 978-957-735-820-2(平裝)

1.財務會計

495.4　　　　　　　　　　　　　108006140

書　　名：中級財務會計(第二版)
作　　者：胡世強 等 主編
發 行 人：黃振庭
出 版 者：崧博出版事業有限公司
發 行 者：崧燁文化事業有限公司
E-mail：sonbookservice@gmail.com
粉絲頁：　　　　　網址：
地　　址：台北市中正區重慶南路一段六十一號八樓815室
8F.-815, No.61, Sec. 1, Chongqing S. Rd., Zhongzheng Dist., Taipei City 100, Taiwan (R.O.C.)
電　　話：(02)2370-3310　傳　真：(02) 2370-3210
總 經 銷：紅螞蟻圖書有限公司
地　　址：台北市內湖區舊宗路二段 121 巷 19 號
電　　話：02-2795-3656　傳真:02-2795-4100　　網址：
印　　刷：京峯彩色印刷有限公司（京峰數位）

　本書版權為西南財經大學出版社所有授權崧博出版事業股份有限公司獨家發行電子書及繁體書繁體字版。若有其他相關權利及授權需求請與本公司聯繫。

定　　價：450元
發行日期：2019 年 05 月第二版

◎ 本書以 POD 印製發行